普通高等教育计算机系列教材

基于任务驱动
大学计算机基础实训教程
（第 2 版）

陈 俊　陈明锐　主 编

电子工业出版社

Publishing House of Electronics Industry

北京·BEIJING

内 容 简 介

全书共 7 个单元，主要涵盖全国计算机等级考试（一级）计算机基础及 MS Office 应用考试内容，包括 Windows 7 操作系统的使用，MS Office 2016 中 Word、Excel、PowerPoint 的使用，以及 Internet 应用和计算机基础知识等。

本书结合高职学生特点和全国计算机等级考试（一级）计算机基础及 MS Office 应用考试大纲（2021 年版）最新要求，按照高职计算机公共基础课程基本学时，以任务驱动教学模式精心组织安排实训项目。全书实训内容典型、综合、全面，实训步骤清楚、详细，图文并茂，真正让读者快速看得懂、学得会、用得上。

本书实用性、针对性和可操作性强，适合作为高职院校各专业计算机公共基础课程实践教材，还可以作为计算机等级考试培训教材，也可供不同层次从事办公自动化的相关人员学习参考。

未经许可，不得以任何方式复制或抄袭本书之部分或全部内容。
版权所有，侵权必究。

图书在版编目（CIP）数据

基于任务驱动大学计算机基础实训教程 / 陈俊，陈明锐主编. —2 版. —北京：电子工业出版社，2021.8
ISBN 978-7-121-41691-0

Ⅰ. ①基… Ⅱ. ①陈… ②陈… Ⅲ. ①电子计算机－高等职业教育－教材 Ⅳ. ①TP3

中国版本图书馆 CIP 数据核字（2021）第 151820 号

责任编辑：程超群
印　　刷：大厂回族自治县聚鑫印刷有限责任公司
装　　订：大厂回族自治县聚鑫印刷有限责任公司
出版发行：电子工业出版社
　　　　　北京市海淀区万寿路 173 信箱　邮编 100036
开　　本：787×1 092　1/16　印张：17.75　字数：454.4 千字
版　　次：2016 年 8 月第 1 版
　　　　　2021 年 8 月第 2 版
印　　次：2024 年 7 月第 9 次印刷
定　　价：55.00 元

凡所购买电子工业出版社图书有缺损问题，请向购买书店调换。若书店售缺，请与本社发行部联系，联系及邮购电话：(010) 88254888，88258888。
质量投诉请发邮件至 zlts@phei.com.cn，盗版侵权举报请发邮件至 dbqq@phei.com.cn。
本书咨询联系方式：(010) 88254577，ccq@phei.com.cn。

前　　言

　　大学计算机基础课程是全国所有高校各专业计算机基础教育的必修科目，其目的是提高大学生应用计算机的能力。实践是计算机教学中的一个重要环节，提高实践教学的质量是培养学生计算机基本操作能力和综合应用能力的重要途径。以此为出发点，编者在第1版高职教学实践基础上，参考最新全国计算机一级等级考试大纲要求，基于任务驱动教学模式编写本书。

　　全书共7个单元。第1~5单元为实训任务操作与指导，内容包括Windows 7基本操作、Word 2016文字处理、Excel 2016电子表格制作、PowerPoint 2016演示文稿制作和Internet应用，每单元主要由3~5个相对独立的基础实训任务、一次一级等级考试单元综合实训和一次综合应用实战训练任务组成。第6~7单元为理论与实践综合测试，内容包括一级考试计算机基础知识选择题和模拟综合测试题。

　　本书结合高职学生特点和全国计算机一级等级考试大纲最新要求，按照高职计算机公共基础课程基本学时，以任务驱动教学模式精心组织安排实训内容。在每个实训任务设计上，以实用性、可操作性为原则，尽可能将理论知识点融会贯通。每个实训任务都是一个典型、实用的具体可操作项目，对应一个或多个教学知识点。学生在实训前通过任务驱动引导，激发出马上要学习操作的热情；在明确"实训目的"和"实训内容"后，按照"实训步骤"一步步自行完成整个实训任务。"实训步骤"中适时插入"提示"和"提高"性内容，用以补充说明操作步骤，提示操作中应注意的问题，避免发生错误，并总结各种操作技巧，引导学生深入学习。此外，第1~6单元最后都安排了相关知识介绍，并且以表格形式分类列出常用操作命令概览。这样不仅内容更精练、结构更紧凑，也方便学生在实际操作中或之后能随时查阅相关知识点，达到全面理解和掌握的目的。同时，附录增加了对应金山WPS新增特性或有特色内容的介绍，并编排到相关单元，方便比较学习和全面掌握常用的各种现代办公软件。使用本实训教材进行操作训练，不仅能够快速学会基本操作，而且能够举一反三，使学生的知识和能力得到进一步的拓展和提高。

　　全书编排合理，图文并茂，实训步骤清楚详细，易学易懂，并配有实训操作微视频（建议在WiFi环境下扫码观看），能够指导读者独立地上机操作，使读者边学边做边理解，真正让读者快速看得懂、学得会、用得上。

　　本书的结构和内容自成体系，可作为高职"大学计算机基础"课程教材单独使用，也可作为社会培训教材使用。只要合理分配学时，就可以做到既能提升大学生计算思维能力，又能提高大学生计算机实际应用能力。

　　本书由陈俊、陈明锐担任主编。具体单元编写分工如下：第1单元由韩霜编写，第2单元由王晶晶编写，第3单元由杨阳、陈俊编写，第4单元由金晶、陈俊编写，第5单元由羊美清编写，第6单元和第7单元由祁冰编写。全书由陈俊和陈明锐统筹策划和编纂定稿。

　　由于编者水平有限，书中难免存在错误和不妥之处，敬请广大读者批评指正。

编　者

本书视频目录

(建议在 WiFi 环境下扫码观看)

序号	视频内容及所在章节	序号	视频内容及所在章节
1	1.1 Windows 7 基本操作实训	14	3.3 公式与函数应用实训-视频 2
2	1.2 资源管理器文件与文件夹操作实训	15	3.4 数据统计与管理实训
3	1.3 Windows 7 综合实训 1	16	3.5 图表的建立与编辑实训
4	1.3 Windows 7 综合实训 2	17	4.1 演示文稿幻灯片基本操作实训
5	2.1 文档基本操作实训	18	4.2 演示文稿统一美化设计实训
6	2.2 文档排版实训	19	4.3 演示文稿动画播放制作实训
7	2.3 文档样式应用实训	20	5.1 使用 IE 浏览器及搜索引擎实训
8	2.4.1 制作表格	21	5.2.1 使用 Outlook 收发邮件实训
9	2.4.2 文本转换为表格	22	5.2.2 使用 QQ 邮箱发送邮件实训
10	2.5 图文混排实训	23	5.2.3 使用 QQ 邮箱收邮件并保存附件实训
11	3.1 电子表格基本操作实训	24	5.3.1 IE 题专项训练
12	3.2 工作表格式化实训	25	5.3.2 发邮件专项训练
13	3.3 公式与函数应用实训-视频 1	26	5.3.3 收邮件专项训练

目 录

第 1 单元　Windows 7 基本操作 ·································· 1

1.1　Windows 7 基本操作实训 ·································· 1
1.2　资源管理器文件与文件夹操作实训 ·································· 9
1.3　Windows 7 综合实训 ·································· 14
1.4　Windows 7 操作系统基本知识 ·································· 21
　　1.4.1　Windows 7 操作系统简介 ·································· 21
　　1.4.2　文件与文件夹 ·································· 29
　　1.4.3　Windows 7 常用操作概览 ·································· 31
1.5　其他常用操作系统介绍 ·································· 31
　　1.5.1　Windows 10 ·································· 31
　　1.5.2　UNIX ·································· 32
　　1.5.3　Linux ·································· 32
附录 1.1　计算机键盘指法 ·································· 33
附录 1.2　常用的中文输入法 ·································· 35

第 2 单元　Word 2016 文字处理 ·································· 36

2.1　文档基本操作实训 ·································· 36
2.2　文档排版实训 ·································· 41
2.3　文档样式应用实训 ·································· 50
2.4　表格制作实训 ·································· 53
　　2.4.1　制作表格 ·································· 53
　　2.4.2　文本转换为表格 ·································· 59
2.5　图文混排实训 ·································· 63
2.6　文字处理一级考试综合实训 ·································· 70
　　2.6.1　文字处理综合实训（一） ·································· 71
　　2.6.2　文字处理综合实训（二） ·································· 76
2.7　文字处理应用实战训练 ·································· 82
2.8　Word 2016 相关知识 ·································· 86
　　2.8.1　Word 2016 简介 ·································· 86
　　2.8.2　Word 2016 窗口 ·································· 86
　　2.8.3　Word 2016 常用操作概览 ·································· 89
附录 2　WPS 文字处理介绍 ·································· 89

第 3 单元　Excel 2016 电子表格制作 ·· 92

- 3.1　电子表格基本操作实训 ··· 92
- 3.2　工作表格式化实训 ·· 99
- 3.3　公式和函数应用实训 ·· 105
- 3.4　数据统计与管理实训 ·· 111
- 3.5　图表的建立与编辑实训 ·· 116
- 3.6　电子表格一级考试综合实训 ·· 122
  - 3.6.1　电子表格一级考试综合实训（一）··· 122
  - 3.6.2　电子表格一级考试综合实训（二）··· 125
- 3.7　电子表格应用实战训练 ·· 128
- 3.8　Excel 2016 相关知识 ·· 134
  - 3.8.1　Excel 2016 简介 ·· 134
  - 3.8.2　Excel 2016 窗口 ·· 135
  - 3.8.3　Excel 2016 数据分析和统计管理功能 ··· 142
  - 3.8.4　Excel 2016 常用操作概览 ·· 148
- 附录 3　WPS 电子表格介绍 ·· 149

第 4 单元　PowerPoint 2016 演示文稿制作 ······························· 152

- 4.1　演示文稿幻灯片基本操作实训 ·· 152
- 4.2　演示文稿统一美化设计实训 ·· 164
- 4.3　演示文稿动画播放制作实训 ·· 173
- 4.4　演示文稿一级考试综合实训 ·· 180
  - 4.4.1　综合实训一 ··· 180
  - 4.4.2　综合实训二 ··· 182
- 4.5　演示文稿应用实战训练 ·· 188
- 4.6　PowerPoint 2016 相关知识 ·· 198
  - 4.6.1　PowerPoint 2016 简介 ·· 198
  - 4.6.2　PowerPoint 2016 窗口 ·· 198
  - 4.6.3　PowerPoint 2016 常用操作概览 ·· 201
- 附录 4　WPS 演示文稿介绍 ·· 206

第 5 单元　Internet 应用 ·· 208

- 5.1　使用 IE 浏览器及搜索引擎实训 ·· 208
- 5.2　使用 Outlook、QQ 收发邮件实训 ·· 213
  - 5.2.1　使用 Outlook 收发邮件实训 ·· 213
  - 5.2.2　使用 QQ 邮箱发送邮件实训 ·· 215
  - 5.2.3　使用 QQ 邮箱收邮件并保存附件实训 ··· 216
- 5.3　一级考试 Internet 应用综合实训 ··· 217

  5.3.1 IE 专项训练 ·· 217
  5.3.2 发邮件专项训练 ··· 219
  5.3.3 收邮件专项训练 ··· 222
 5.4 Internet 应用相关知识 ·· 225
  5.4.1 常用浏览器及搜索引擎简介 ·· 225
  5.4.2 电子邮件概述 ·· 226
  5.4.3 Internet 应用其他相关知识 ·· 226

第 6 单元 计算机基础知识训练 ·· 229

 6.1 计算机基础知识测试与解析 ·· 229
 6.2 计算机基础知识要点 ··· 233
  6.2.1 计算机概述 ··· 233
  6.2.2 信息在计算机内的表示 ··· 235
  6.2.3 计算机系统 ··· 237
  6.2.4 计算机安全 ··· 242
  6.2.5 计算机网络 ··· 243
 6.3 拓展知识：计算思维 ··· 244
  6.3.1 计算思维的概念 ··· 244
  6.3.2 计算思维的组成部分 ·· 246
  6.3.3 计算思维的主要特性 ·· 247
  6.3.4 学习计算思维的意义 ·· 247
  6.3.5 计算思维的应用 ··· 248
  6.3.6 问题解答 ·· 248
 附录 6.1 计算机基础知识选择题库与解答 ·· 249
 附录 6.2 ASCII 码表 ··· 258

第 7 单元 综合实训 ··· 260

 7.1 综合实训一 ·· 261
 7.2 综合实训二 ·· 264
 7.3 综合实训三 ·· 267
 附录 7 全国计算机等级考试一级 MS Office 考试大纲（2021 版） ························· 270

参考文献 ··· 273

第1单元　Windows 7 基本操作

【单元概述】

本单元主要介绍 Windows 7 操作系统及文件与文件夹的基本知识，包括 Windows 7 操作系统简介、Windows 7 基本操作，资源管理器、文件与文件夹的概念，常见文件类型及扩展名，文件与文件夹的复制、移动、删除等基本操作，文件和文件夹的重命名、属性及快捷方式的创建，使用通配符进行文件或文件夹的搜索等。为此，本单元专门安排了 2 个基础实训和 1 个综合实训，使学生尽快系统地掌握 Windows 7 操作系统及文件与文件夹的使用。特别在综合实训中选择了全国一级等级考试有关计算机操作的 2 道真题，供准备参加一级考试的学生练习与参考。另外还对其他常用的操作系统进行了简要介绍。

1.1　Windows 7 基本操作实训

【任务导入】

人物介绍：学生小李（大一某班班长）　张老师（大学计算机基础课老师）

张老师：同学们，打开个人电脑你们看到的是什么？知道是做什么用的吗？

学生小李：我知道，是人机交互的操作系统桌面。

张老师：很好！小李，个性化桌面设计你知道吧？

学生小李：是的，我会一点。可以把自己喜欢的生活照、艺术照设置为桌面背景。

张老师：小李，注意，桌面背景的图片尺寸不能太大或太小，太大了会影响电脑的运行速度，太小了会模糊不清。

学生小李：确实，图片太大了电脑速度好慢，太小了图片会模糊不清。老师，那如何确定图片的大小呢？

张老师：图片尺寸的大小应该和电脑屏幕的分辨率相匹配，比如你的电脑屏幕分辨率是 1440×900 像素，你就找一下分辨率是 1440×900 像素的图片，包你满意。

学生小李：哦！

张老师：刚才小李同学的回答和提问都很好，说明他有一定基础，但同时他也有不明白的，还需要系统地学习。现在我们还有一部分同学没接触过电脑，所以我们大家一起从 Windows 7 电脑基础操作开始吧！

1. 实训目的

（1）熟悉 Windows 7 的启动和退出；

（2）熟悉桌面图标操作；

（3）掌握个性化桌面设置；

（4）熟练掌握窗口的基本操作。

2．实训内容
（1）Windows 7 的启动和退出；
（2）管理桌面图标：图标显示、排序设置；
（3）个性化桌面设置：主题、桌面背景、分辨率、屏幕保护设置；
（4）窗口基本操作：移动窗口、调整窗口大小、切换窗口、关闭窗口。

3．实训步骤
（1）Windows 7 的启动和退出。

 操作结果

操作结果如图 1-1 所示。

图 1-1　关闭计算机

 操作步骤

①Windows 7 的启动。
首先连接电源和数据线，打开显示器，然后按下主机上的电源按钮，即可启动。
②Windows 7 的退出。
单击"开始"菜单，选择"关机"选项。

 提示

在启动前，确保 Windows 7 系统已正确安装。

 注意

在关闭计算机之前，其他运行程序要保存后退出，以避免造成数据的丢失。

 技巧

启动计算机的几种常用方法如下。
方法一：冷启动，直接按电源开关启动；
方法二：热启动，按组合键"Ctrl+Alt+Del"启动；
方法三：复位启动，按主机箱上的 Reset 按钮启动。
关闭计算机的几种常用方法如下。
方法一："开始"菜单→"关机"；

方法二：按 Alt+F4 组合键，关闭计算机；
方法三：按下电源按钮，关闭计算机（在电源管理中设置按下电源按钮时为"关机"）；
方法四：按组合键"Ctrl+Alt+End"；
方法五：执行"开始"→"运行"命令，输入"Shutdown –a"命令，快速关机。
（2）管理桌面图标：图标显示、排序设置。

操作结果

操作结果如图 1-2 所示。

图 1-2　桌面操作

操作步骤

①在桌面空白处右击，弹出如图 1-3 所示的菜单。

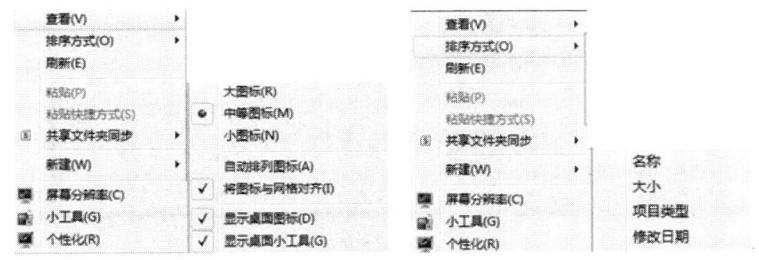

图 1-3　图标显示与排序菜单

②桌面图标显示与排序。
显示方式有：大图标、中等图标、小图标等；
排序方式有：名称、大小、项目类型以及修改日期。

提示

由于每台计算机安装程序不同，桌面图标也不尽相同。

注意

在图标查看方式中，取消对"自动排列图标"的选择，可以任意排列计算机桌面图标。

技巧

桌面图标不见了怎么办？在桌面空白处右击，在弹出的快捷菜单中选择"显示桌面图标"命令，如图 1-4 和图 1-5 所示。

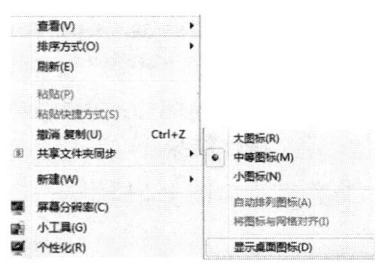

图 1-4　系统桌面　　　　　　　　　　图 1-5　显示桌面图标

（3）个性化桌面设置：主题、桌面背景、分辨率、屏幕保护设置。

<1>　Windows 7 主题设置

 操作结果

操作结果如图 1-6 所示。

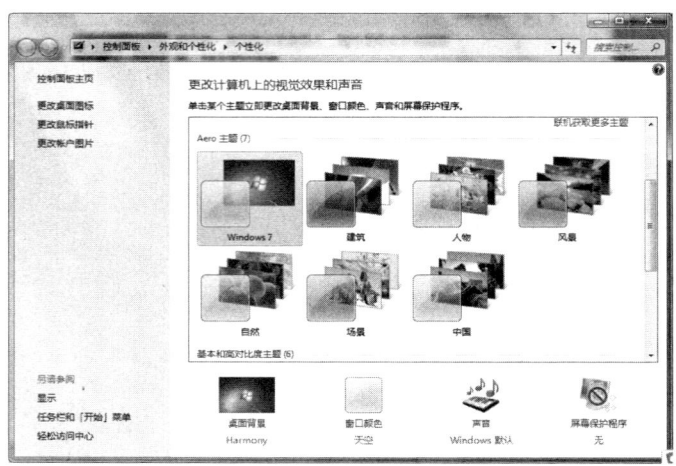

图 1-6　主题设置

操作步骤

①在桌面空白处右击，在弹出的快捷菜单中选择"个性化"菜单项，如图 1-7 所示。

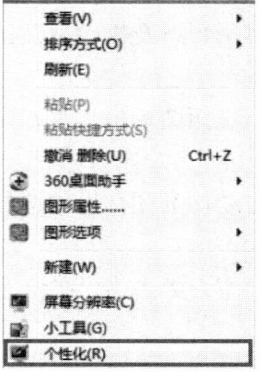

图 1-7　选择"个性化"菜单项

②打开"个性化"窗口,在"更改计算机上的视觉效果和声音"列表中选择准备应用的主题选项,如图1-8所示。

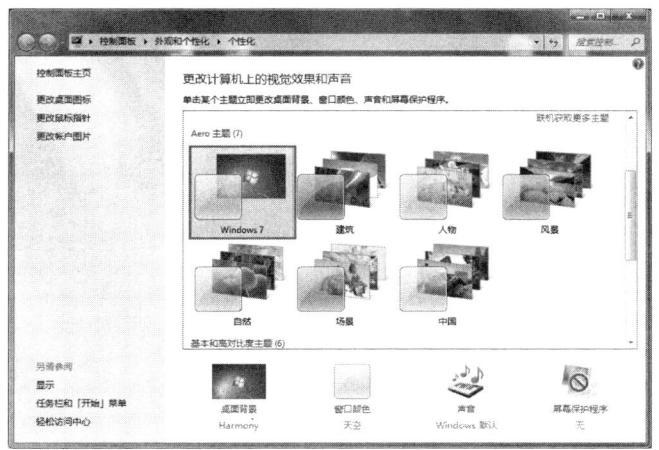

图1-8　更换主题

<2> 桌面背景设置

 操作结果

操作结果如图1-9所示。

图1-9　更改的壁纸

操作步骤

①在桌面空白处右击,在弹出的快捷菜单中选择"个性化"菜单项,如图1-10所示。

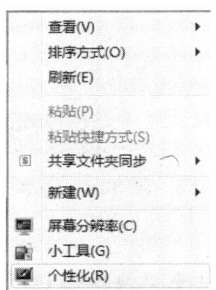

图1-10　选择"个性化"菜单项

②更改桌面背景，如图 1-11 所示。

图 1-11　更改桌面背景

提示

桌面背景尽显个性化，可将我们自己的生活照、艺术照等作为桌面背景。

注意

计算机桌面东西太多，特别是我们平时处理的文件，习惯放在桌面，这样会占用大量的计算机内存，影响计算机的运行速度。

<3> 分辨率设置

操作结果

操作结果如图 1-12 所示。

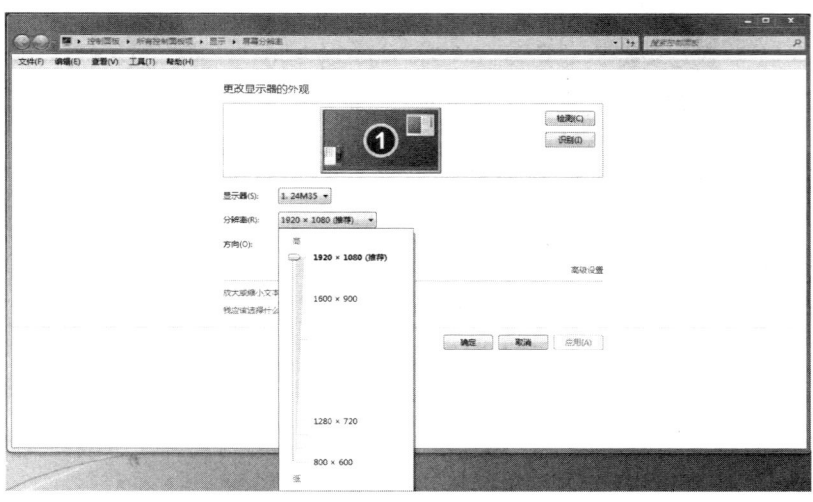

图 1-12　屏幕分辨率的设置

操作步骤

①在桌面空白处右击，在弹出的快捷菜单中选择"屏幕分辨率"菜单项，如图 1-13 所示。
②设置屏幕分辨率，如图 1-14 所示。

Windows 7 基本操作 第 1 单元

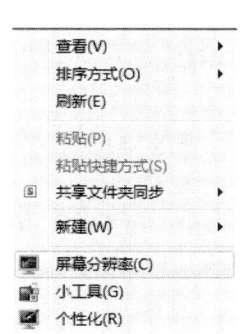

图 1-13 选择"屏幕分辨率"菜单项　　　　　　图 1-14 设置屏幕分辨率

 提示

由于显示器性能不同，分辨率也不尽相同。

注意

若显示器的分辨率没有调整到合适的大小，会影响显示效果，眼睛容易疲劳。

技巧

显示器的分辨率设置成多少合适？

- 显示器分辨率的设置：分辨率是定义画面解析度的标准，由每帧画面的像素数量决定。分辨率越高，显示的图像就越清晰，但这并不是说把分辨率设置得越高越好，因为显示器的分辨率最终是由显像管的尺寸和点距所决定的。
- 显示器刷新率的设置：刷新率即场频，指每秒钟重复绘制画面的次数。刷新率越高，画面显示越稳定，闪烁感就越小。
- 建议：14 英寸和 15 英寸显示器，分辨率和刷新率为 800×600/85Hz；17 英寸显示器的分辨率和刷新率为 1024×768/85Hz；19 英寸及 19 英寸以上显示器的分辨率和刷新率为 1280×1024/85Hz 及以上。

<4> 屏幕保护设置

操作结果

操作结果如图 1-15 所示。

图 1-15 屏幕保护设置

操作步骤

①在桌面空白处右击,在弹出的快捷菜单中选择"个性化"菜单项,如图 1-16 所示。

②打开"个性化"窗口,单击"屏幕保护程序",打开"屏幕保护程序设置"对话框,如图 1-17 所示。

③在"屏幕保护程序设置"对话框的"屏幕保护程序"下拉列表中选择"气泡"选项,并设置等待时间,单击"确定"按钮即可,如图 1-18 所示。

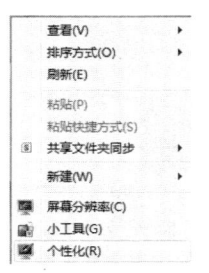

图 1-16　选择"个性化"菜单项

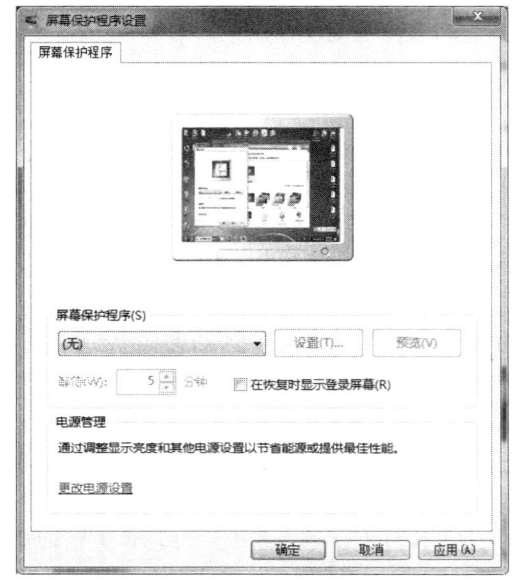

图 1-17　"屏幕保护程序设置"对话框

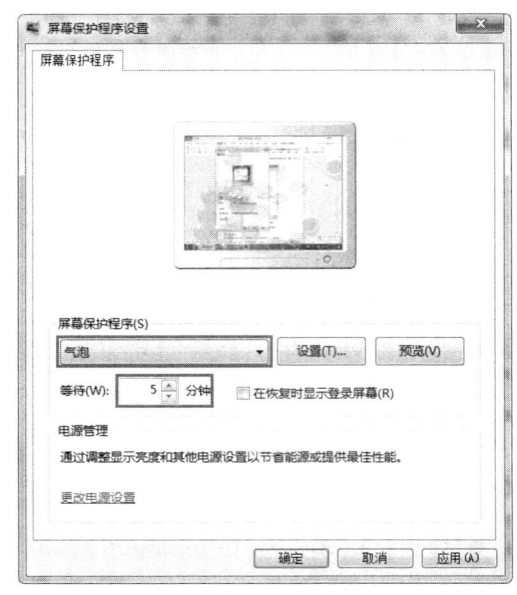

图 1-18　屏幕保护设置

(4)窗口基本操作:移动窗口、调整窗口大小、切换窗口、关闭窗口。

窗口介绍

窗口介绍如图 1-19 所示。

图 1-19　窗口介绍

<1> 移动窗口

操作步骤

将鼠标指针指向标题栏,然后将窗口拖动到希望的目标位置。

<2> 调整窗口大小

操作步骤

①若要使窗口填满整个屏幕,单击其"最大化"按钮或双击该窗口的标题栏。

②若要将最大化的窗口还原到以前大小,单击其"还原"按钮,或者双击窗口的标题栏。

③若要调整窗口的大小(使其变小或变大),指向窗口的任意边框或角。当鼠标指针变成双箭头时,拖动边框或角可以缩小或放大窗口。

注意

虽然多数窗口可被最大化和调整大小,但也有一些固定大小的窗口,如对话框不能改变窗口大小,如图 1-20 所示。

<3> 切换窗口

操作步骤

①使用任务栏切换窗口。任务栏提供了整理所有窗口的方式。每个窗口都在任务栏上具有相应的按钮。若要切换到其他窗口,只需单击其任务栏按钮。该窗口将出现在所有其他窗口的前面,成为活动窗口。

②使用"Alt+Tab"组合键切换窗口(按图标方式切换)。通过按"Alt+Tab"组合键可以切换到先前的窗口,或者通过按住"Alt"键并重复按"Tab"键循环切换所有打开的窗口和桌面。释放"Alt"键可以显示所选的窗口。

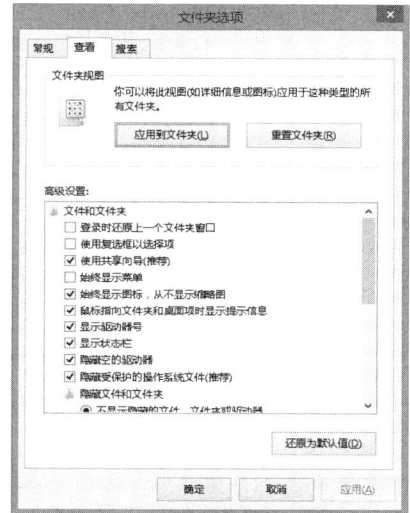

图 1-20 "文件夹选项"对话框

③使用"Alt+Esc"组合键切换窗口(按窗口方式切换)。按下"Alt"键不松开,然后通过按 Esc 键,就可以在各个打开的窗口间进行转换。

<4> 关闭窗口

操作步骤

①单击窗口右上角关闭窗口的红色叉号按钮;
②执行 "文件"→"关闭"或者"退出"命令;
③右击该窗口对应的任务按钮,选择"关闭"命令;
④在窗口标题栏上右击,选择"关闭"命令;
⑤在窗口上按"Alt+F4"组合键关闭窗口;
⑥双击窗口左上角标题栏内的窗口图标;
⑦按"Ctrl+Alt+Del"组合键,在弹出的任务管理器中结束窗口程序。

1.2 资源管理器文件与文件夹操作实训

【任务导入】

张老师:小李,我们放在电脑上的一些资料文档是如何组织管理的?

学生小李：采用文件或文件夹组织管理，如同图书目录组织结构。而且在电脑上我们可以对文件和文件夹进行一系列的操作，比如复制、移动、删除、恢复等。

张老师：小李，注意，有很多同学不知道自己下载的东西放在哪儿，你知道吗？

学生小李：老师，我知道，保存下载的资料要先选择存放的位置，再进行保存就可以了。

张老师：好的，是这样的。

学生小李：好的，老师，那我们就开始学习吧。

1．实训目的

让学生熟练掌握 Windows 文件和文件夹的基本操作。

（1）创建文件和文件夹；

（2）搜索文件和文件夹；

（3）文件和文件夹的重命名；

（4）文件和文件夹的属性设置及快捷方式的创建。

2．实训内容

请在"实训文件夹"中完成以下题目：

（1）在文件夹下分别建立 G1 和 G2 两个文件夹。

（2）将文件夹下的 CAD.TXT 文件复制到 G1 文件夹中。

（3）将文件夹下的 FAT 文件夹中的文件 DONG.DBF 重命名为 YANG.DBF。

（4）搜索文件夹中的 CAP.WRI 文件，然后将其设置为"只读"属性。

（5）为文件夹下的 DV\XUAN 文件夹建立名为 XUAN 的快捷方式，并保存在 G2 文件夹下。

3．实训步骤

（1）在"实训文件夹"下分别建立 G1 和 G2 两个文件夹。

操作结果

操作结果如图 1-21 所示。

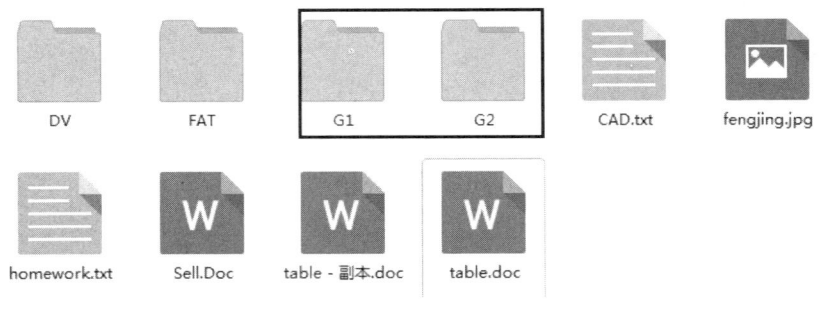

图 1-21　创建的文件夹

操作步骤

①在"实训文件夹"的空白处右击，出现如图 1-22 所示的菜单，执行"新建"→"文件夹"命令。

②重命名得到 G1 文件夹，同理创建 G2 文件夹，如图 1-23 所示。

Windows 7 基本操作 第 1 单元

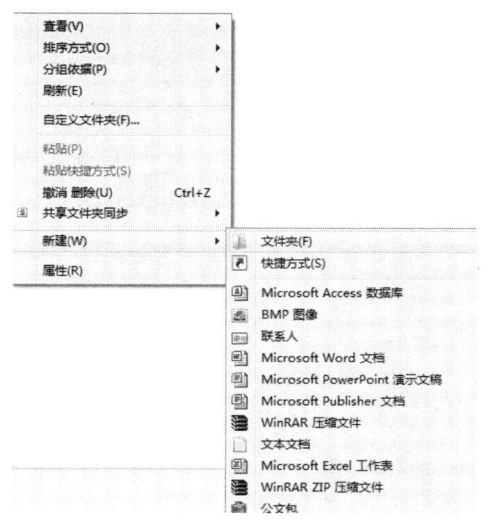
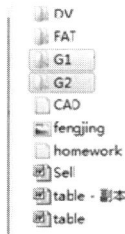

图 1-22　新建文件夹　　　　　　　　　图 1-23　创建文件夹

📖 **提示**

按题目要求在"实训文件夹"下创建 G1、G2 两个文件夹。

🎩 **注意**

如果要求指定在某磁盘文件夹下创建，请先选择路径。

✏️ **技巧**

创建文件夹的几种常用方法如下。

方法一：菜单栏→"文件"→"新建"→"文件夹"；

方法二：工具栏→新建文件夹；

方法三：右击，"新建"→"文件夹"。

（2）将文件夹下的 CAD.TXT 文件复制到 G1 文件夹中。

😊 **操作结果**

操作结果如图 1-24 所示。

图 1-24　复制文件

👉 **操作步骤**

①选择 CAD.TXT 文件，然后单击鼠标右键，在弹出的快捷菜单中选择"复制"命令。

②打开 G1 文件夹，在空白处单击鼠标右键，在弹出的快捷菜单中选择"粘贴"命令。

📖 **提示**

原文件夹和 G1 文件夹下均有 CAD.TXT 文件。

🎩 **注意**

复制后必须进行粘贴，因为复制只是把要复制的内容临时存放在系统的剪贴板上。

✏️ **技巧**

方法一：选择菜单栏→"编辑"→"复制"/"粘贴"；

11

方法二：选择工具栏上的"复制"/"粘贴"；
方法三：按快捷键"Ctrl+C"复制、"Ctrl+V"粘贴；
方法四：选择对象，单击鼠标右键选择"复制"，再进行"粘贴"；
方法五：选择对象，按下"Ctrl"键后进行拖动，松开鼠标，即可得到复制的对象。
（3）将文件夹下 FAT 文件夹中的文件 DONG.DBF 重命名为 YANG.DBF。

操作结果

操作结果如图 1-25 所示。

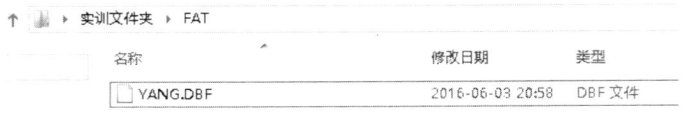

图 1-25　重命名文件

操作步骤

选择文件夹下 FAT 文件夹中的文件 DONG.DBF，然后单击鼠标右键，在弹出的快捷菜单中选择"重命名"命令，修改文件名为 YANG.DBF。

提示

只是修改文件名称，后缀名不能进行删除。

注意

文件的后缀名，又称为扩展名，一般用来识别文件类型。如果将本例中的".DBF"删除或修改成其他文件类型，可能导致文件打不开或打开后出现乱码。

技巧

选择某个文件或文件夹，按"F2"键，即可进行重命名。

怎样显示文件的后缀名？打开电脑，依次选择菜单栏→"工具"→"文件夹"选项，再选择"查看"选项，取消对"隐藏已知文件类型的扩展名"的选择即可。

（4）搜索"实训文件夹"中的 CAP.WRI 文件，然后将其设置为"只读"属性。

操作结果

操作结果如图 1-26 所示。

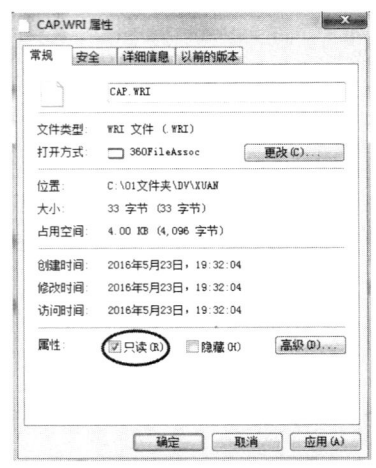

图 1-26　"只读"属性

操作步骤

①打开"实训文件夹",在图 1-27 中输入 CAP.WRI,按"Enter"键进行搜索。

图 1-27　搜索文件

②搜索结果如图 1-28 所示,然后选择 CAP.WRI 文件,单击鼠标右键,在弹出的快捷菜单中选择"属性"命令,在出现的对话框中选择"常规"选项卡,在"属性"中勾选"只读"复选框。

图 1-28　搜索文件结果

 提示

搜索文件或文件夹,可用通配符"*"和"?","*"代表 0 个或多个字符,"?"代表一个字符。

 技巧

当搜索文件或文件夹时,不知道准确字符或者不想输入完整名字时,常常使用通配符代替一个或多个字符。

(5)为"实训文件夹"下的 DV\XUAN 文件夹建立名为 XUAN 的快捷方式,并保存在 G2 文件夹下。

操作结果

操作结果如图 1-29 所示。

图 1-29　创建快捷方式

操作步骤

①打开"实训文件夹"下的 DV 文件夹,选择该文件夹中的 XUAN 文件夹,单击鼠标右键,在打开的快捷菜单中选择"创建快捷方式"命令,如图 1-30 所示。

②将创建的快捷方式 XUAN "剪切",然后打开 G2 文件夹,单击鼠标右键,在弹出的快捷菜单中选择"粘贴"命令,结果如图 1-31 所示。

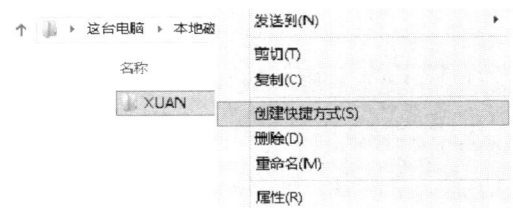

图 1-30　创建快捷方式

图 1-31　移动文件夹

 提示

创建快捷方式的文件夹前面多了一个小箭头，如 。

 注意

如果你要存储在移动盘如 U 盘中，千万不要存储为快捷方式，否则会打不开。原因是什么呢？请大家思考……

技巧

当我们要重装系统的时候，通常会想把一些桌面上的程序或者游戏保留下来，免得装过系统后又要去下载程序或游戏的应用程序后再进行安装，这时使用快捷方式属性，打开文件位置，找到程序或游戏的安装位置，复制保存整个安装目录，待重装系统后，将其复制回来，就可以打开你原来的程序或游戏了。但有些程序或游戏在安装时有注册信息，那么则还需要先导出该程序或游戏的注册信息，待重装系统完成后，再导入原来的注册信息，就可以轻松打开了。

1.3　Windows 7 综合实训

【任务导入】

张老师：小李，你去年写的某系学生会报告还找得到吗？

学生小李：可以的，张老师，可以用搜索操作命令找到原来的资料。

张老师：小李，注意，原来的资料名称记不清楚了，只知道写的是关于参加设计大赛的一些东西，怎么才能找出来呢？

学生小李：可以的，我们可以用通配符"*""?"进行模糊搜索，再按日期排序，就可以找到我们需要的资料了。

张老师：很好，同学们掌握知识还不错，但还要进一步练习巩固。

学生小李：好的。

1. 综合实训 1

完成实训文件夹下各题：

（1）将实训文件夹下 TIUIN 文件夹中的文件 ZHUCE.BAS 删除。

(2)将实训文件夹下 VOTUNA 文件夹中的文件 BOYABLE.DOC 复制到同一文件夹下,并命名为 SYAD.DOC。

(3)在实训文件夹下 SHEART 文件夹中新建一个文件夹 RESTICK。

(4)将实训文件夹下 BENA 文件夹中的文件 PRODUCT.WRI 的"隐藏"和"只读"属性撤销,并设置为"存档"属性。

(5)将实训文件夹下 HWAST 文件夹中的文件 XIAN.FPT 重命名为 YANG.FPT。

操作结果

操作结果如图 1-32 所示。

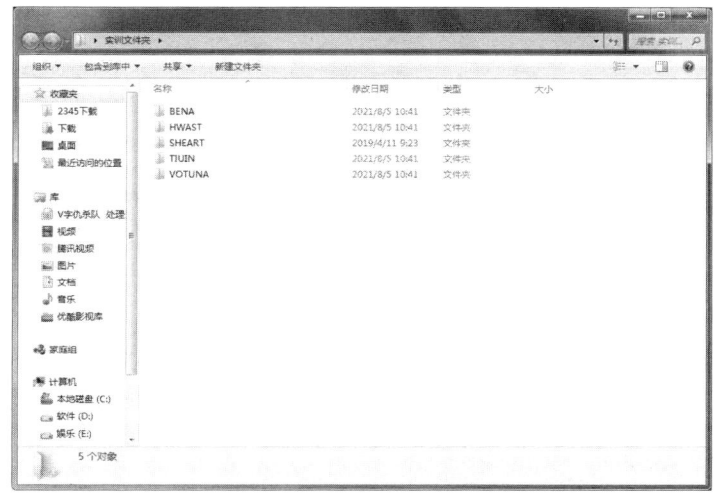

图 1-32　文件和文件夹的操作

操作步骤

(1)将实训文件夹下 TIUIN 文件夹中的文件 ZHUCE.BAS 删除。

①打开实训文件夹下的 TIUIN 文件夹,选定 ZHUCE.BAS 文件,单击鼠标右键,在弹出的快捷菜单中选择"删除"命令,如图 1-33 所示。

图 1-33　选择"删除"命令

②在弹出的"删除文件"对话框中单击"是"按钮,将文件删除,如图 1-34 所示。

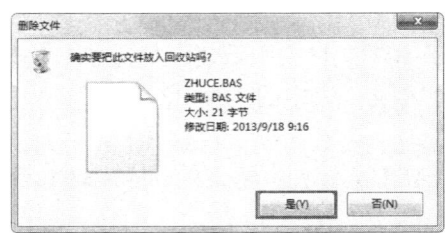

图 1-34　删除文件

(2) 将实训文件夹下 VOTUNA 文件夹中的文件 BOYABLE.DOC 复制到同一文件夹下,并命名为 SYAD.DOC。

①打开实训文件夹下的 VOTUNA 文件夹,选定 BOYABLE.DOC 文件,单击鼠标右键,在弹出的快捷菜单中选择"复制"命令(或按快捷键"Ctrl+C"),如图 1-35 所示。

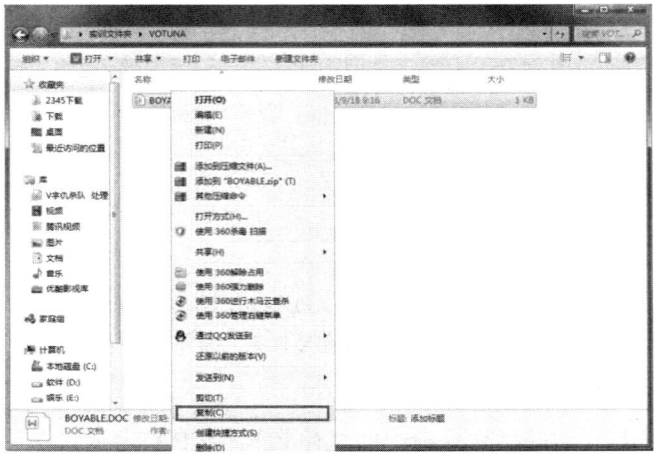

图 1-35　选择"复制"命令

②在空白处单击鼠标右键,在弹出的快捷菜单中选择"粘贴"命令(或按快捷键"Ctrl+V"),如图 1-36 所示。

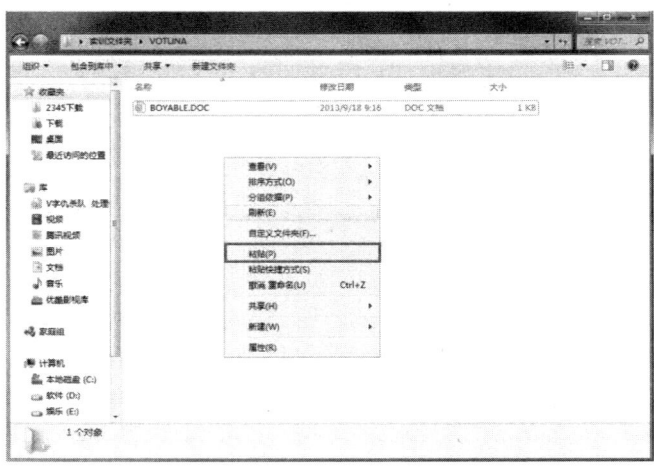

图 1-36　选择"粘贴"命令

③选定复制来的文件，单击鼠标右键，在弹出的快捷菜单中选择"重命名"命令，命名为 SYAD.DOC，结果如图 1-37 所示。

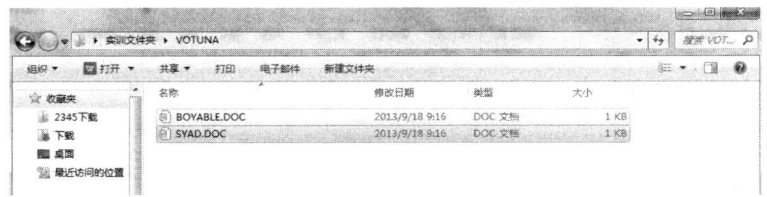

图 1-37　文件重命名

（3）在实训文件夹下的 SHEART 文件夹中新建一个文件夹 RESTICK。

①打开实训文件夹下的 SHEART 文件夹，单击鼠标右键，在弹出的快捷菜单中选择"新建"→"文件夹"命令，如图 1-38 所示。

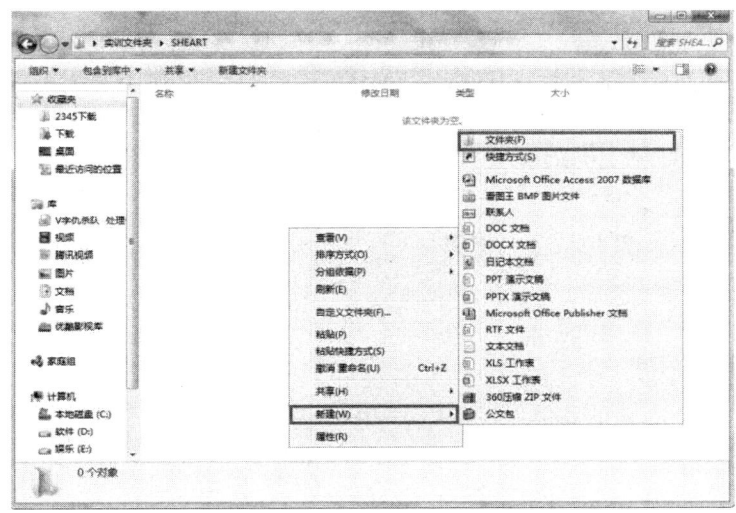

图 1-38　新建文件夹

②选定新建的文件夹，单击鼠标右键，在弹出的快捷菜单中选择"重命名"命令，命名为 RESTICK，结果如图 1-39 所示。

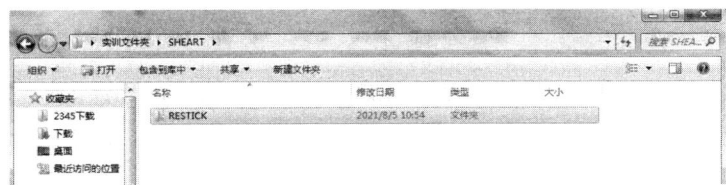

图 1-39　文件夹命名

（4）将实训文件夹下 BENA 文件夹中的文件 PRODUCT.WRI 的"隐藏"和"只读"属性撤销，并设置为"存档"属性。

①打开实训文件夹下的 BENA 文件夹，发现文件夹中并未显示 PRODUCT.WRI 文件（因为 PRODUCT.WRI 文件设置了"隐藏"属性），如图 1-40 所示；单击"组织"→"文件夹和搜索选项"命令，弹出"文件夹选项"对话框；在"文件夹选项"对话框中选择"查看"选项卡，选择"显示隐藏的文件、文件夹和驱动器"选项，如图 1-41 所示。

 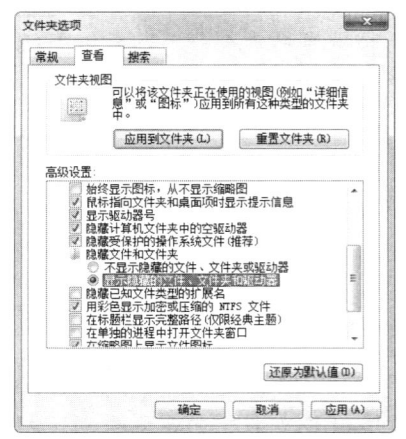

图 1-40　未显示文件　　　　　　　　图 1-41　选择"显示隐藏的文件、文件夹和驱动器"选项

②选定 PRODUCT.WRI 文件,单击鼠标右键,在弹出的快捷菜单中选择"属性"命令,打开"属性"对话框,如图 1-42 所示。

③在"属性"对话框中取消勾选"隐藏"属性和"只读"属性,单击"高级"按钮,在打开的对话框中,设置"存档"属性,如图 1-43 所示。

图 1-42　"属性"对话框　　　　　　　图 1-43　完成属性设置

(5) 将实训文件夹下 HWAST 文件夹中的文件 XIAN.FPT 重命名为 YANG.FPT。

打开实训文件夹下的 HWAST 文件夹,选定 XIAN.FPT 文件,单击鼠标右键,在弹出的快捷菜单中选择"重命名"命令,命名为 YANG.FPT,结果如图 1-44 所示。

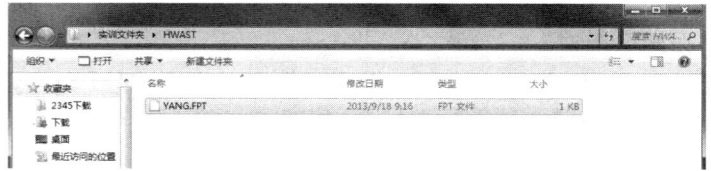

图 1-44　完成文件重命名

提示

按 Shift+Del 组合键可以永久性删除文件。

 注意

复制文件或文件夹是在磁盘上产生一个文件或文件夹的副本；而移动文件夹只是将文件或文件夹从一个位置剪切到另一个位置。

技巧

快捷键可以帮我们快速完成对文件或文件夹的操作，如 Ctrl+C，Ctrl+X，Ctrl+V。

2．综合实训 2

完成实训文件夹下各题：

（1）在 C 盘搜索后缀名为.BMP 的文件，将小于 2KB 的文件复制到 XUE 文件夹下。

（2）在文件夹下 QI\XI 文件夹中建立一个新文件夹 THOUT。

（3）将文件夹下 HOU\QU 文件夹中的文件 DUMP.WRI 移动到文件夹下的 TANG 文件夹中，并将该文件改名为 WAMP.WRI。

（4）将文件夹下 JIA 文件夹中的文件 ZHEN.SIN 复制到文件夹下的 XUE 文件夹中。

（5）将文件夹下的 CHUI 文件夹中的文件 ZHAO.RRG 设置"隐藏"属性。

操作结果

操作结果如图 1-45 所示。

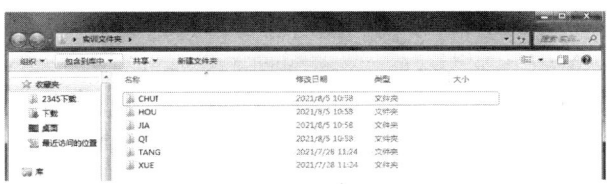

图 1-45　文件属性

 操作步骤

（1）在 C 盘搜索后缀名为.BMP 的文件，将小于 2KB 的文件复制到 XUE 文件夹下。

①打开 C 盘，在搜索栏输入.BMP，按"Enter"键搜索，将查看方式设置为"详细信息"，如图 1-46 所示。

图 1-46　搜索文件

②将小于 2KB 的文件复制到 XUE 文件夹下，结果如图 1-47 所示。

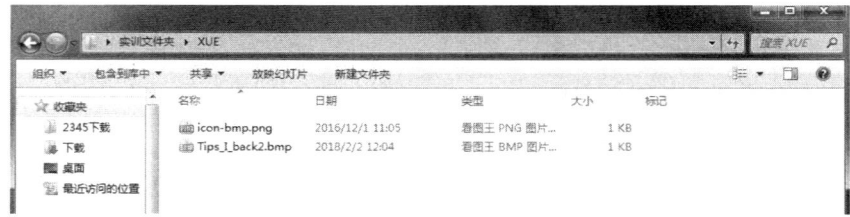

图 1-47　复制符合条件的文件

（2）在文件夹下的 QI\XI 文件夹中建立一个新文件夹 THOUT。

打开文件夹下的 QI\XI 文件夹，右击后选择"新建"→"文件夹"命令，将其重命名为 THOUT，结果如图 1-48 所示。

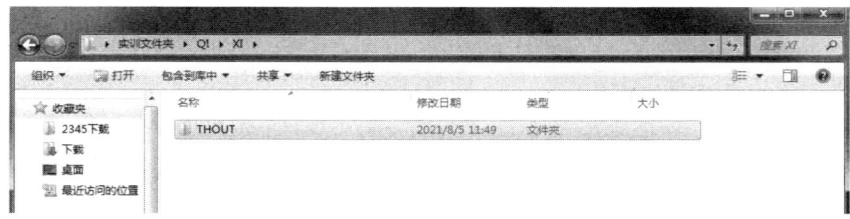

图 1-48　创建新文件夹并重命名

（3）将文件夹下 HOU\QU 文件夹中的文件 DUMP.WRI 移动到文件夹下的 TANG 文件夹中，并将该文件改名为 WAMP.WRI。

打开文件夹下的 HOU\QU 文件夹，选择文件 DUMP.WRI，按"Ctrl+X"组合键剪切，打开 TANG 文件夹，按"Ctrl+V"组合键粘贴，将其重命名为 WAMP.WRI，结果如图 1-49 所示。

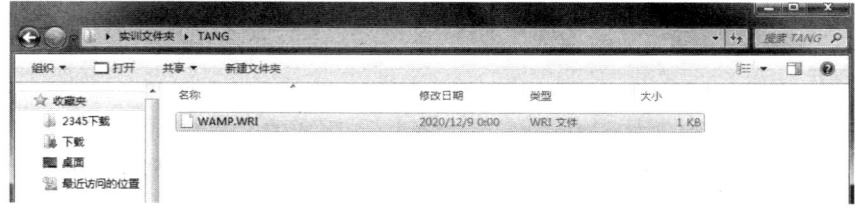

图 1-49　移动并重命名文件

（4）将文件夹下 JIA 文件夹中的文件 ZHEN.SIN 复制到文件夹下的 XUE 文件夹中。

打开文件夹 JIA，选择文件 ZHEN.SIN，按"Ctrl+C"组合键复制，打开文件夹 XUE，按"Ctrl+V"组合键粘贴，结果如图 1-50 所示。

图 1-50　移动文件

（5）将文件夹下的 CHUI 文件夹中的文件 ZHAO.RRG 设置隐藏属性。

打开文件夹 CHUI，选择 ZHAO.RRG，右击后选择"属性"命令，将其属性设置为隐藏，结果如图 1-51 所示。

图 1-51　文件属性

📖 **提示**

对文件或文件夹搜索，可以使用通配符进行模糊搜索。

⚠ **注意**

对搜索的文件或文件夹大小、修改日期或类型有要求，需要设置为详细信息查看方式。

🔧 **技巧**

选择对象，按"Alt+Enter"组合键，可以快速打开该对象属性。

1.4　Windows 7 操作系统基本知识

1.4.1　Windows 7 操作系统简介

操作系统是人与计算机之间通信的桥梁，用户可以通过操作系统提供的命令和交互功能，实现各种访问计算机的操作。操作系统的功能主要是管理，即管理计算机的所有资源（软件和硬件）。一般认为操作系统具有管理处理器、内存储器、设备和计算机文件等方面的功能，它是计算机硬件与用户之间的接口，使用户能方便地操作计算机。

Windows 7 是微软公司（Microsoft Corporation）推出的电脑操作系统，供个人、家庭及商业使用，一般安装于笔记本电脑、平板电脑、多媒体中心等。2009 年 10 月 23 日，微软于中国正式发布 Windows 7 操作系统。根据用户的不同需求，Windows 7 系统推出了 6 种版本：Windows 7 Starter（简易版）、Windows 7 Home Basic（家庭基础版）、Windows 7 Home Premium（家庭高级版）、Windows 7 Professional（专业版）、Windows 7 Enterprise（企业版）、Windows 7 Ultimate（旗舰版）。另外，Windows 7 系统又可分为 32 位与 64 位两个版本，如果内存超过

4GB，务必安装 64 位版本，不要使用 32 位版本进行"内存破解"，这将严重影响机器的稳定性。

2015 年 1 月 13 日，微软正式终止了对 Windows 7 的主流支持，但仍然继续为 Windows 7 提供安全补丁支持，直到 2020 年 1 月 14 日正式结束对 Windows 7 的所有技术支持。2015 年，微软宣布自 2015 年 7 月 29 日起一年内（除企业版外）所有版本的 Windows 7 SP1 均可以免费升级至 Windows 10，升级后的系统将永久免费。

1. 桌面图标和任务栏

（1）桌面图标是指 Windows 7 桌面中显示的，可以打开某些特定窗口和对话框，或启动一些程序的快捷方式，如图 1-52 所示。桌面图标又分为系统图标和快捷方式图标。

图 1-52　系统图标

系统图标为系统自带的图标，包括用户的文件、计算机、网络、控制面板和回收站等，用户可以根据需要将这些图标隐藏或显示出来。

快捷方式图标是指在安装一些程序时，放置到桌面上的，自己定义的文件或程序的快捷方式，如图 1-53 所示。删除快捷方式图标不影响该程序在电脑上的使用，利用快捷方式图标可以快速地打开文件或启动程序。

图 1-53　快捷方式图标

（2）任务栏位于桌面最下方，如图 1-54 所示，提供了快速切换应用程序、文档及其他窗口的功能。任务栏包括【开始】按钮、快速启动工具栏、任务按钮区、语言栏、通知区域和显示桌面按钮六部分。任务栏各区域说明见表 1-1。

图 1-54　任务栏

表 1-1　任务栏各区域说明

编　号	名　　称	说　　　　明
1	【开始】按钮	位于任务栏左侧，单击该按钮可以弹出"开始"菜单，利用其中的菜单项可以进行相应的操作
2	快速启动工具栏	位于【开始】按钮的右侧，单击相应图标可以启动相应的程序
3	任务按钮区	位于任务栏的中部，显示 Windows 7 系统中已经打开的应用程序或窗口按钮，用于在不同的程序或窗口中进行切换
4	语言栏	位于任务按钮区右侧，用于切换或设置输入法
5	通知区域	位于任务栏的右侧，可以显示一些程序的运行状态、快捷方式和系统图标等
6	显示桌面按钮	位于任务栏最右侧，单击该按钮可以快速显示桌面

　技巧

快速启动工具栏中的图标不是不可变的，用户可以根据自己的使用习惯，将经常使用的图标放在快速启动工具栏中。

具体操作方法是,在"开始"菜单中找到准备设置快速启动的程序,右击该程序,在弹出的快捷菜单中选择"锁定到任务栏"菜单项即可。

2. 窗口介绍

在 Windows 7 系统中,窗口由标题栏、菜单栏、工具栏、地址栏、任务窗格、工作区、细节窗格和滚动条等组成,如图 1-55 所示。

图 1-55 窗口介绍

控制按键区位于窗口的右上方,一般有【最小化】按钮、【最大化】按钮、【向下还原】按钮和【关闭】按钮,用于进行改变窗口大小和关闭窗口等操作。

【前进】和【后退】按钮位于窗口的左上方,包括【后退】按钮、【前进】按钮和向下箭头,用于在各个窗口间进行切换。

地址栏位于窗口上方,用于显示和输入当前窗口的地址。

搜索区位于窗口右上方,用于搜索该窗口中的文件。

菜单栏包括"文件"、"编辑"、"查看"、"工具"和"帮助"五个主菜单项,用于执行相应的操作。

工具栏位于窗口的上方,提供了一些基于窗口内容的基本操作工具。

导航窗格位于窗口的左侧,以树状结构显示了文件夹列表和一些辅助信息,从而方便用户快速定位所需的内容。

工作区位于窗口的中间位置,是窗口的主题,用于显示该窗口中的主要内容,如文件夹、磁盘驱动器、图片、视频等。

细节窗格位于窗口的最下方,用于显示当前操作的状态及提示信息,或用于显示当前选中对象的详细信息。

3. 认识对话框

对话框是一种特殊的窗口,当执行某个特定操作时系统会打开一个对话框,要求提供进一步的设置信息。因此,在某种程度上可以把对话框看作是某个操作的详细设置场所,是各种命令与用户沟通的桥梁。Windows 7 中有各种形式的对话框,每个对话框都针对特定的任务或操作。对话框中有许多按钮和选项,不同的设置参数有不同的作用。

（1）选项卡

当对话框的内容很多时，Windows 7 将按类别把这些内容分成几个选项卡。选项卡是设置选项的模块，每个选项卡都有一个名称，代表一个活动的区域，并依次排列在一起。单击其中一个选项卡，将会显示出相应的设置参数，如图 1-56 所示。

（2）复选框和单选按钮

复选框可以同时选择多个选项。当复选框被选中时，方框内将出现一个"√"标记；未被选中时，方框为空。若要选中或取消选中某个复选框，单击它前面的方框即可。

单选按钮则只能选中一项命令。当选中单选按钮时，在按钮前的小圆圈内将出现一个黑点；未选中时小圆圈为空，如图 1-57 所示。

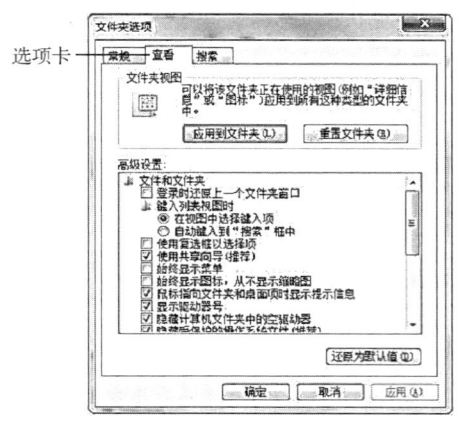

图 1-56　选项卡

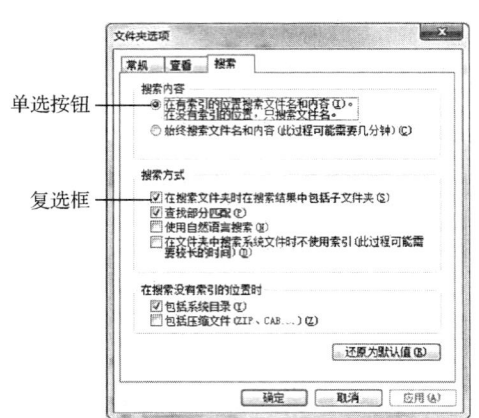

图 1-57　复选框和单选按钮

（3）下拉列表框和列表框

在下拉列表框的右侧，通常有一个下拉按钮，单击该按钮将弹出一个下拉列表，从中可以选择所需的选项。

列表框中包含已经展开的列表项，单击准备选择的列表项即可完成相应的选择操作。列表框与下拉列表框的不同之处在于，列表框将各种选项都显示在其中了，如图 1-58 所示。

图 1-58　下拉列表框和列表框

（4）文本框

文本框是对话框中的一个空白区域，在文本框的空白处单击，框内会出现光标插入点，此时用户就可在其中输入文字，如图 1-59 所示。

（5）数值框

在数值框的右侧都有一个"调整"按钮，可以直接在数值框中输入数值，也可单击"调整"按钮的向上箭头来增加数值，或单击向下箭头来减小数值，如图 1-60 所示。

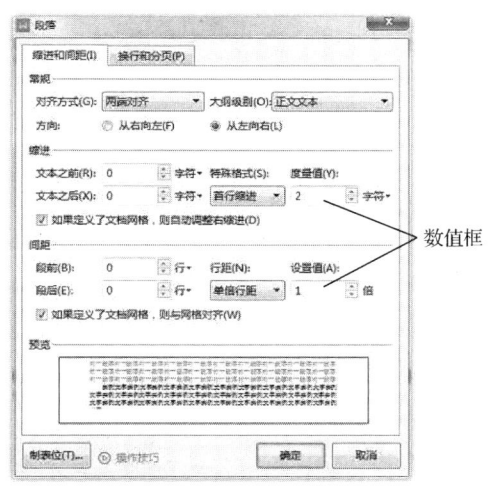

图 1-59　文本框　　　　　　　　　　　　图 1-60　数值框

（6）按钮

按钮的外形为一个矩形块，其上显示的文本是该按钮的名称。单击某一命令按钮，表示将执行相应的操作。有些命令按钮带有省略号，表示单击该按钮后将打开另一个对话框，如图 1-61 所示。

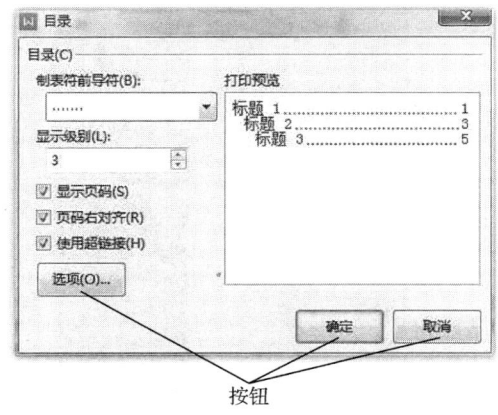

图 1-61　按钮

4．认识菜单

（1）菜单

在 Windows 7 系统中，菜单是将各种命令分类安排在一起的命令集合，是执行各种操作的重要途径。在菜单中有一些符号标记，它们分别代表不同的含义，了解这些符号标记的含义对于使用不同的菜单命令很有帮助。

如果菜单命令左侧有一个圆点标记，表示该菜单项处于有效状态。菜单与子菜单如图 1-62 所示。

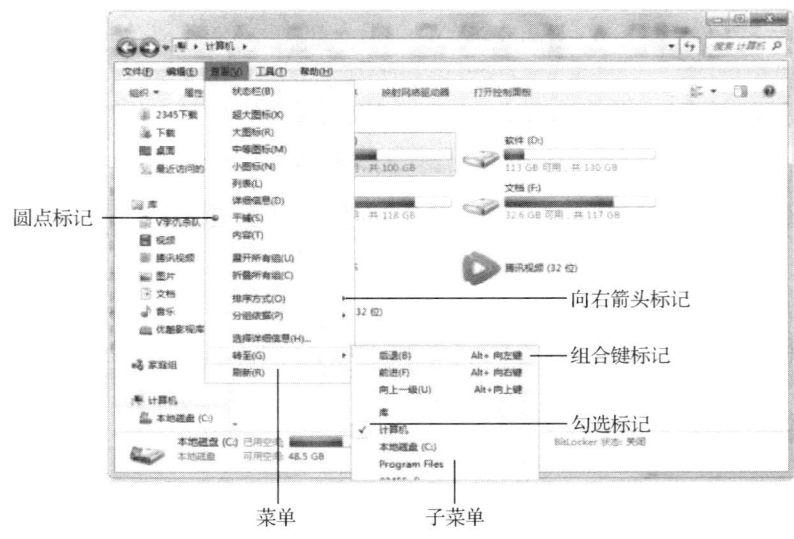

图 1-62　菜单与子菜单

如果菜单命令右侧带有向右箭头标记，表示选择该菜单命令时将弹出一个子菜单。

如果某菜单项前面有勾选标记，表示该命令处于有效状态，单击此菜单项将取消该命令标记。

如果菜单项后有组合键标记，表示按下显示的组合键即可执行相应的菜单项。

（2）"开始"菜单

单击桌面左下角的【开始】按钮，弹出"开始"菜单。"开始"菜单是 Windows 7 中很多操作的入口，其中汇集了电脑中的常用程序、文件夹和选项设置等内容，如图 1-63 所示。

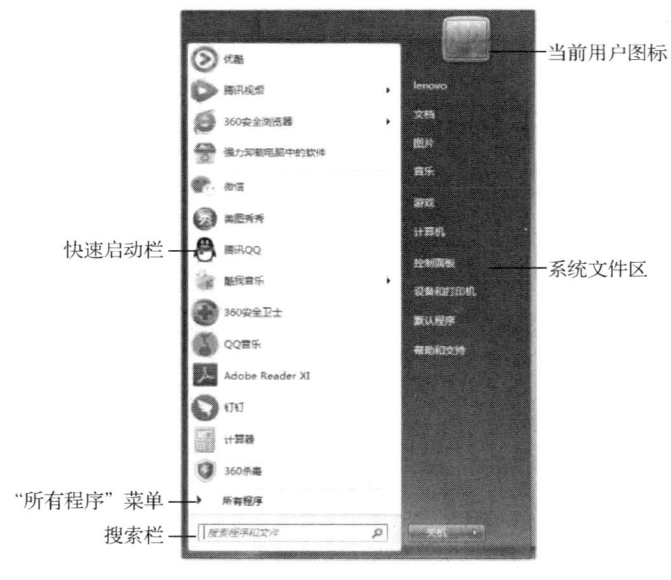

图 1-63　"开始"菜单

5."开始"菜单常用附件介绍

（1）写字板

Windows 7 操作系统自带了具有文字和图片处理功能的写字板，用户可以在其中进行输入以及设置文字、插入图片和绘图等操作。

在 Windows 7 系统桌面上单击【开始】按钮，选择"所有程序"菜单项，在"所有程序"菜单中展开"附件"菜单项，选择"写字板"即可启动写字板应用程序，如图 1-64 所示。

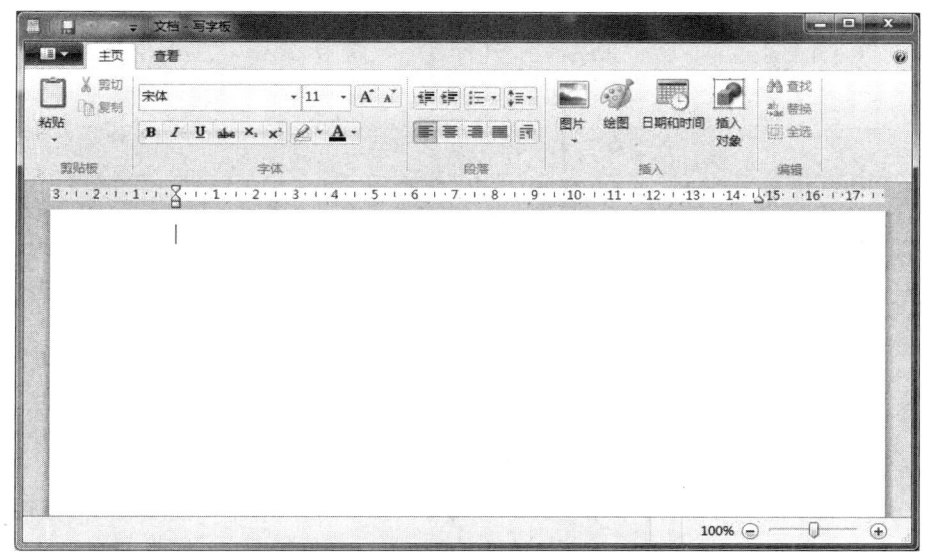

图 1-64　写字板

（2）计算器

在 Windows 7 操作系统中，用户使用系统自带的计算器既可以进行数据计算，也可以进行科学运算。

在 Windows 7 系统桌面上单击【开始】按钮，选择"所有程序"菜单项，在"所有程序"菜单中展开"附件"菜单项，选择"计算器"即可启动计算器应用程序，如图 1-65 所示。

图 1-65　计算器

（3）画图

Windows 7 操作系统自带了画图程序，利用画图程序用户可以在电脑中绘画并保存图画。

在 Windows 7 系统桌面上单击【开始】按钮，选择"所有程序"菜单项，在"所有程序"菜单中展开"附件"菜单项，选择"画图"即可启动画图应用程序，如图 1-66 所示。

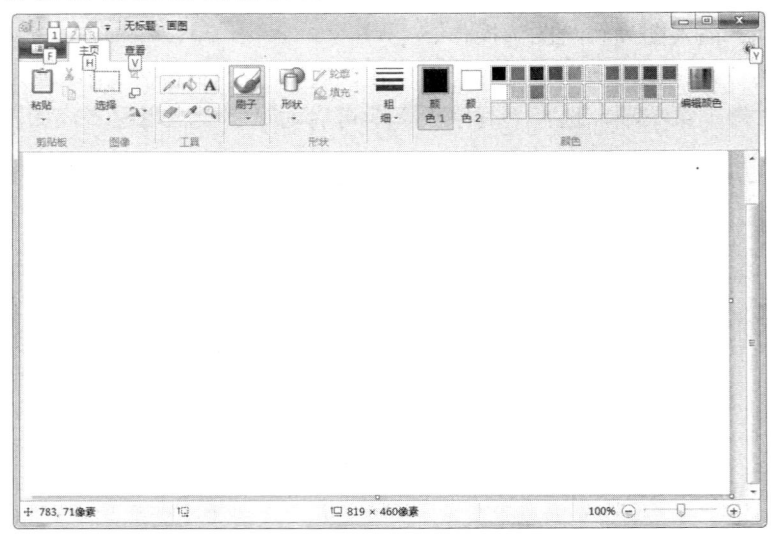

图 1-66　画图

（4）截图工具

Windows 7 操作系统自带的截图工具，可以捕捉屏幕上的内容，然后粘贴到需要的位置。

在 Windows 7 系统桌面上单击【开始】按钮，选择"所有程序"菜单项，在"所有程序"菜单中展开"附件"菜单项，选择"截图工具"即可启动截图工具应用程序，如图 1-67 所示。

（5）录音机

Windows 7 操作系统中自带的录音机程序，可以从不同音频设备中录制声音。

在 Windows 7 系统桌面上单击【开始】按钮，在"所有程序"→"附件"菜单项中选择"录音机"即可启动录音机应用程序，如图 1-68 所示。

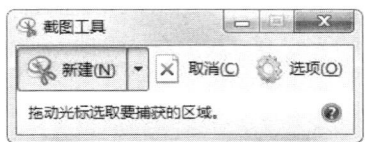

图 1-67　截图工具

图 1-68　录音机

（6）放大镜

在 Windows 7 操作系统中，使用系统自带的轻松访问工具，可以让电脑的使用更加方便，如用户可以使用放大镜将准备查看的内容放大，便于视力较差的用户使用电脑。

在 Windows 7 系统桌面上单击【开始】按钮，选择"所有程序"菜单项，在"所有程序"→"附件"菜单项中选择"轻松访问"菜单项中的"放大镜"即可启动放大镜应用程序，如图 1-69 所示。

（7）屏幕键盘

Windows 7 操作系统自带的屏幕键盘功能，可以通过鼠标单击来模拟键盘的输入。

图 1-69　放大镜

在 Windows 7 系统桌面上单击【开始】按钮，在"所有程序"→"附件"菜单项中选择"轻松访问"菜单项中的"屏幕键盘"即可启动屏幕键盘应用程序，如图 1-70 所示。

图 1-70　屏幕键盘

（8）游戏

Windows 7 操作系统自带了扫雷、蜘蛛纸牌、红心大战等许多经典好玩的小游戏，使用户能够在繁忙的工作之余放松心情。

在 Windows 7 系统桌面上单击【开始】按钮，选择"所有程序"菜单项，在"所有程序"→"游戏"菜单项中，选择相应的游戏即可启动，如图 1-71 所示。

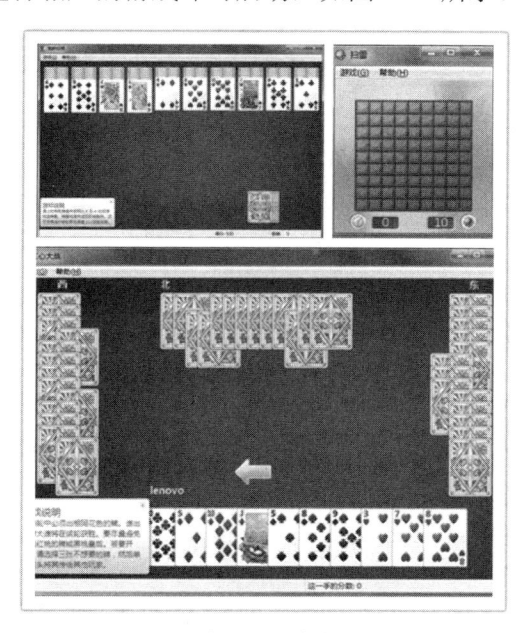

图 1-71　游戏

1.4.2　文件与文件夹

1．文件

计算机是以文件的形式组织和存储数据的。简单地说，计算机文件就是用户赋予了名字并存储在磁盘上的有序的信息集合。

（1）文件名

在计算机中任何一个文件都有一个文件名，文件名是存取文件的依据。一般来说文件名分为主文件名和扩展文件名两部分。主文件名是为了区别和使用文件而给每一个文件起的名字；扩展名以符号"."和主文件名相连，通常由 3 或 4 个字母组成，用来表示文件的类型和性质。

> **注意**
>
> 文件名中可以使用的字符包括：汉字字符、26 个大小写英文字母、0~9 十个阿拉伯数字和一些特殊文字。

在文件名中不能使用的符号有<、>、/、\、|、:、"、*、?。

（2）文件类型

在绝大多数操作系统中，文件的扩展名用于表示文件的类型。常见的文件扩展名及其表示的意义如表 1-2 所示。

表 1-2　常见的文件扩展名及其表示的意义

文件类型	扩展名示例	含　义
可执行程序	EXE、COM	可执行程序文件
源程序	C、CPP、BAS、ASM	程序设计语言的源程序文件
目标文件	OBJ	源程序文件经编译后生成的目标文件
MS Office 文档文件	DOCX、XLSX、PPTX	Microsoft Office 中的 Word、Excel、PowerPoint 创建的文件
图像文件	BMP、JPG、GIF	不同的扩展名表示不同格式的图像文件
流媒体文件	WMV、RM、QT	能通过 Internet 播放的流媒体文件
压缩文件	ZIP、RAR	压缩文件
音频文件	WAV、MP3、MID	不同的扩展名表示不同格式的音频文件
网页文件	HTM、ASP	一般来说，前者是静态的，后者是动态的

（3）文件属性

文件除了文件名，还有文件的大小、占用空间等信息，这些信息称为文件属性。

用鼠标右键单击文件夹或文件对象，在弹出的快捷菜单中选择"属性"命令，会弹出"属性"对话框，其中包括如下属性。

只读：设置为只读属性的文件，只能读，不能修改，起到保护作用。

隐藏：具有隐藏属性的文件，在一般情况下是不显示的。

存档：任何一个新创建或修改的文件都有存档属性。

（4）文件名中的通配符

通配符有两个："?"和"*"，其中通配符"?"用来表示任意一个字符，通配符"*"表示多个字符。

（5）文件操作

文件的常用操作有建立文件、打开文件、写入文件、删除文件、复制文件、移动文件、重命名文件、恢复文件、属性更改等。

2．文件夹

在 Windows 操作系统中，文件夹是组织文件的一种方式，是电脑中用于分类存储资料的一种工具。可以将多个文件或文件夹放置在一个文件夹中，从而对文件或文件夹进行分类管理。

3．选定文件或文件夹

（1）选定一个：单击对象。

（2）选定多个（连续）：选择第一个，然后按下 Shift+选择最后一个。

（3）选定多个（不连续）：Ctrl+逐个选择对象。

1.4.3　Windows 7 常用操作概览

Windows 7 常用操作概览如表 1-3 所示。

表 1-3　Windows 7 常用操作概览

类　　别	操 作 命 令	说　　明
Windows 7 的启动和退出	冷启动、热启动、复位等	掌握操作系统正常的启动和退出方法
桌面操作	查看与排序	桌面的查看与排序方式
分辨率设置	屏幕分辨率	设置分辨率，使其达到最佳显示效果
桌面壁纸	个性化	使其桌面尽显个性化
窗口操作	移动、改变大小、关闭等	窗口和对话框的应用
创建文件和文件夹	创建	创建不同类型文件以及不同路径下的文件和文件夹
创建文件和文件夹的快捷方式	创建快捷方式	注意快捷方式与原路径的关系
复制文件和文件夹	复制	复制一个副本
移动文件和文件夹	移动	改变文件或文件夹的路径
保存文件和文件夹路径	保存	注意保存文件的路径及位置
删除文件和文件夹	删除	临时删除与永久性删除
搜索文件和文件夹	搜索	注意通配符的使用
重命名文件和文件夹	重命名	注意不要改变文件的后缀名（扩展名）
文件和文件夹属性更改	属性	掌握文件或文件夹的只读、隐藏等属性设置方法
文件扩展名（后缀名）及显示	扩展名	工具选项中查看隐藏已知文件的扩展名

1.5　其他常用操作系统介绍

1.5.1　Windows 10

1. Windows 10 操作系统概述

2015 年 7 月，美国微软公司发布了新一代跨平台及设备应用的操作系统 Windows 10。Windows 10 操作系统面向 PC 端和移动端共有 7 个版本，即家庭版、专业版、企业版、教育版、移动版、移动企业版和物联网核心版，分别面向不同的用户和设备。与以往操作系统不同，Windows 10 能够同时运行在台式机、平板电脑、智能手机和 Xbox 等平台中，为用户带来统一的体验。

2. Windows 10 新增与升级的功能

对于大多数桌面 PC 用户来说，Windows 10 的表现要好于 Windows 7 和 Windows 8，Windows 10 新增与升级的功能见表 1-4。

表 1-4 Windows 10 新增与升级的功能

新增与升级功能	说　　明
性能提升	Windows 10 操作系统的开关机速度相对于 Windows 7 操作系统明显加快；支持 DirectX 12，帮助硬件释放出更多、更大的潜能
"开始"菜单加强	微软对 Windows 10 操作系统的"开始"菜单进行了加强，将搜索框、应用商店、网络搜索等重要功能集中在"开始"菜单中或周围
虚拟桌面	虚拟桌面的管理，可以将不同类型的程序放在不同的桌面，只需切换桌面而无须重新安排程序的窗口，大大提高了工作效率
文件管理及操作更加人性化	Windows 10 在文件的管理及操作方面更加方便和人性化了，原本许多需要单击菜单实现的功能，现在集中显示在窗口的上方
全新的 Edge 浏览器	Edge 浏览器是 Windows 10 中的一项重大改进，不同于以往的 IE 浏览器，Edge 采用了全新的渲染引擎，使得它在整体内存占用及浏览速度上均有了大幅提升
界面风格更加时尚	Windows 10 界面风格更加时尚，符合新用户的审美感受，采用平面的视窗及大胆的颜色方案取代 3D 效果的图标、圆角和透明的视窗设计，平面及大胆的风格延伸到图标及其他核心系统功能上
整合虚拟语音助理 Cortana	Windows 10 中引入了 Windows Phone 小娜语音助手 Cortana，用户可以通过它搜索自己想要访问的文件、系统设置、已经安装的应用程序、从网页中搜索结果及一系列其他的信息
内置 Windows 应用商店	Windows 10 中内置 Windows 应用商店，用户在这里可以下载桌面应用及 Modern 应用

1.5.2 UNIX

1．UNIX 操作系统概述

UNIX 操作系统具有强大的可移植性，适合多种硬件平台。早在 1970 年 UNIX 就已经开发出来，因为它具有适应性和可变性，所以，多年来 UNIX 不断发展，并随着不同的需要以及新的计算机环境的变化而变化，发展到现在已经趋于成熟。UNIX 操作系统具有技术成熟、可靠性高、伸缩性强、应用系统多、支持网络与数据库功能，以及与现有系统的兼容性和互操作性良好等特点。

2．UNIX 与 Windows 的比较

Windows 作为微软专有的系统，不具备像 UNIX 那样吸收新特性的灵活性和敏捷性。在服务器领域，许多差异使 Windows 与 UNIX 相互有别。对于那些使用超大型数据库，拥有多达 128 个处理器和系统的大型应用程序来说，UNIX 比 Windows 更有缩放性。

3．UNIX 操作系统主要应用场所

在普通用户的计算机上，大多数情况下安装的是 Windows 操作系统。然而 UNIX 操作系统对工作站、微型计算机、大型机甚至超级计算机等各种不同类型的计算机来说是一种标准的操作系统，其安全性和稳定性高，在金融、科研、电信等行业广泛应用。

1.5.3 Linux

1．Linux 操作系统概述

Linux 是一个免费的多用户、多任务操作系统，其运行方式、功能和 UNIX 操作系统相似，但 Linux 操作系统的稳定性、安全性与网络功能是许多商业操作系统所无法比拟的。Linux 操作系统最大的特色是源代码完全公开，任何人都可以自由取得、发布甚至修改源代码。

2．Linux 与 Windows 的比较

Windows 操作系统定位于个人桌面用户，易使用、易维护、界面美观；Linux 操作系统定位于网络操作系统，拥有非常先进的网络、脚本和安全能力。Windows 操作系统使用文件扩展名来区分文件类型；Linux 操作系统根据文件的属性来识别文件类型。Windows 操作系统的命令和文件名不区分大小写；所有 Linux 操作系统下的命令、文件名和口令等都区分大小写。

3．Linux 操作系统主要应用场所

Linux 操作系统的应用主要涉及 4 个方面：应用服务器、桌面应用、软件开发和嵌入式领域，广泛应用于服务器端和嵌入式领域。近年来，Linux 操作系统以友好的图形界面、丰富的应用程序及低廉的价格，在桌面领域也得到了较好的发展。

附录 1.1　计算机键盘指法

1．键盘与指法

（1）认识键盘结构

一般来说，可将键盘（以目前最常见的键盘为例）上的所有按键和指示灯分成 5 个区：功能键区、主键盘区、编辑键区、小键盘区和指示灯区，如图 1-72 所示。

图 1-72　键盘结构

（2）基准键位

基准键位位于主键盘区，是打字时确定其他键位置的标准。基准键共有 8 个，分别是 A、S、D、F、J、K、L 和 ";" 键，其中，在 F 和 J 键上分别有一个凸起的横杠，有助于盲打时手指的定位。基准键位如图 1-73 所示。

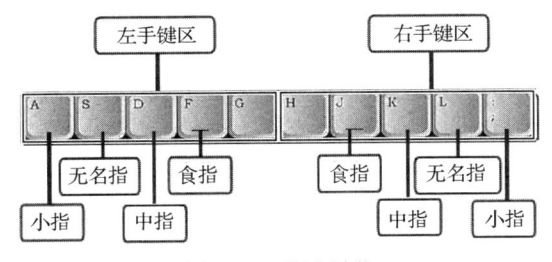

图 1-73　基准键位

（3）键盘指法分工

使用键盘进行操作时，双手的十个手指在键盘上有明确的分工。按照基准键位放好手指后，其他手指的按键位于该手指所在基准键位的斜上方或斜下方，大拇指放在空格键上。指法分工示意图如图 1-74 所示。

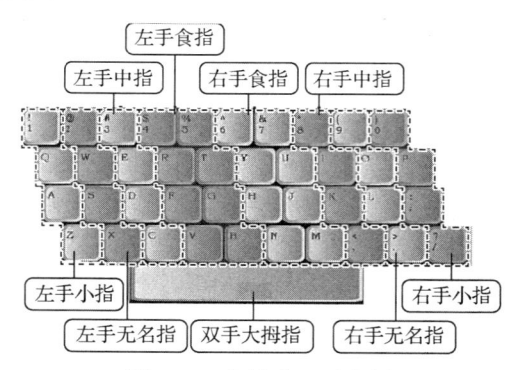

图 1-74　指法分工示意图

2. 正确击键姿势和方法

- 坐姿端正，身体笔直，自然放松；
- 座椅高低适宜，两脚平放，身体重量置于椅子上；
- 两肘轻轻贴于腋边，手指轻放于基准键位上，手腕平直；
- 从手腕到指尖应形成弧形，指尖与键面垂直；
- 严格按照手指分工进行击键操作，击键迅速、干脆，力度适合；
- 击键时，手抬起，手指伸出击键，击键后手指要回到基准键位。

3. 常用功能键介绍

回车键【Enter】：表示命令确认；结束一段，光标移到下一行。

空格键【Space】：空格键位于键盘下方，是键盘上最长的按键，用来输入空格。

退格键【Backspace】：删除光标左边的一个字符，即退回一格。

上档键【Shift】：上档键共有 2 个，与字母键组合使用时输入的大小写字母与当前键盘所处状态相反；与数字键或符号键组合时输入键面上方的符号。

控制键【Ctrl】：控制键共有 2 个，分别位于主键盘区的左下方和右下方，控制键不能单独使用，必须与其他键组合使用，才能完成特定的功能。

转换键【Alt】：转换键共有 2 个，位于主键盘区的下方，转换键不能单独使用，必须与其他键组合使用，才能完成特定的功能。

制表键【Tab】：制表键位于键盘左上方，按下此键可使光标向左或者向右移动一个制表的位置，默认为 8 个字符。

大写锁定键【CapsLock】：锁定大写字母的输入，对 26 个字母键起作用。

取消键【Esc】：取消当前输入的命令，或者退出正在进行的操作。

插入键【Insert】：在编辑状态下用于改变插入或改写方式。

删除键【Delete】：删除光标右边的一个字符或选取的对象。

屏幕打印键【Print Screen/SysRq】：按下该键，屏幕上的内容即被复制到内存缓冲区中。

数字锁定键【Num Lock】：对数字键区中的数字键起锁定的作用。

光标移动键【←→↑↓】：光标按箭头方向移动一行/列。

附录1.2　常用的中文输入法

全　　拼：中文(简体) - 全拼
双　　拼：简体中文双拼(版本 6.0)
微软拼音：微软拼音 - 新体验 2010
智能ABC：智能ABC输入法 5.0 版
搜狗拼音：搜狗拼音输入法
万能五笔：万能五笔输入法

1．输入法切换方法

输入法启动按钮：单击任务栏状态指示器的"En"图标
打开或关闭中文输入法（中英文切换）：Ctrl+Space（空格）
在各种中文输入法之间切换：Ctrl+Shift

2．五笔字型字根助记词（见表1-5）

表1-5　五笔字根助记词

区	位	代码	字母	五笔字型记忆口诀
1 横区	1	11	G	王旁青头戋（兼）五一
	2	12	F	土士二干十寸雨
	3	13	D	大犬三（羊）古石厂
	4	14	S	木丁西
	5	15	A	工戈草头右框七
2 竖区	1	21	H	目具上止卜虎皮
	2	22	J	日早两竖与虫依
	3	23	K	口与川，字根稀
	4	24	L	田甲方框四车力
	5	25	M	山由贝，下框几
3 撇区	1	31	T	禾竹一撇双人立　反文条头共三一
	2	32	R	白手看头三二斤
	3	33	E	月彡（衫）乃用家衣底
	4	34	W	人和八，三四里
	5	35	Q	金勺缺点无尾鱼，犬旁留儿一点夕，氏无七（妻）
4 捺区	1	41	Y	言文方广在四一　高头一捺谁人去
	2	42	U	立辛两点六门病（疒）
	3	43	I	水旁兴头小倒立
	4	44	O	火业头，四点米
	5	45	P	之字军盖建道底，摘衤（示）衤（衣）
5 折区	1	51	N	已半巳满不出己　左框折尸心和羽
	2	52	B	子耳了也框向上
	3	53	V	女刀九臼山朝西（彐）
	4	54	C	又巴马，丢矢矣（厶）
	5	55	X	慈母无心弓和匕　幼无力（幺）

第 2 单元　Word 2016 文字处理

【单元概述】

　　Word 2016 是微软公司推出的 Office 2016 套装软件的一个重要组件，主要用于文字文稿处理。该软件制作功能非常强大，具有友好的用户界面，高级的图文混排功能，丰富的制表功能，便捷的排版功能和强大的 Web 功能等。它既能够制作各种简单的办公、商务及个人文档，又能满足专业人员制作用于印刷版式的复杂文档。

　　本单元包括 5 个基础实训、2 个一级考试综合实训和 1 个综合应用实战训练，内容涵盖 Word 文档的基本操作、文档排版、表格制作和图文混排等，是全国计算机等级考试一级 MS Office 的重点考核内容。

　　通过学习本单元，读者不仅能掌握全国计算机等级考试一级 MS Office 的相关知识，而且能学会结合实际生活和工作，编辑制作出精美实用甚至专业的文稿。

2.1　文档基本操作实训

【任务导入】

　　学生小李：老师，您好，最近专业课老师让我们每个人交一份专业发展前景的调研报告，要求用 A4 纸打印，请问老师我应该怎么下手？

　　张老师：你可以利用 Word 撰写调研报告啊！随着计算机的发展及普及，电子化办公已经成为主流，无论现在还是将来你进入工作岗位，Word 都是使用频率非常高的一款软件。用 Word 不仅可以完成报告、论文，还可以制作精美的个人简历、杂志版面等。

　　学生小李：张老师，原来 Word 有这么多用途！这些功能都是我今后生活或工作不可或缺的部分，我一定要好好学习这个软件。

　　张老师：小李，你要想完成这份调研报告，就得从 Word 文档的基本操作开始学起。Word 2016 的基本操作包括新建文档、输入文档内容、打开文档、保存文档、关闭文档和文档的编辑。现在就让我们一起来学习吧。

　　本次任务是完成"学生会纳新启事"，效果如图 2-1 所示。

1. 实训目的

（1）掌握 Word 2016 文档的创建、保存、打开与关闭的操作方法。

（2）掌握 Word 2016 文档的基本编辑操作，包括录入、修改、删除、复制、移动等操作。

2. 实训内容

（1）新建 Word 文档

创建文件名为"学生会纳新启事"的 Word 文档。

（2）复制文本

将本书素材"学生会纳新启事初始内容"中的内容全部复制到新建的"学生会纳新启事"

文档中，并关闭"学生会纳新启事初始内容"文档。

（3）输入新的文档内容

在"学生会纳新启事"文档窗口的工作区内输入新的文本内容，如图 2-2 所示。

图 2-1　"学生会纳新启事"示意图　　　图 2-2　"学生会纳新启事"输入文本效果图

（4）移动文本的位置

将文档的第二段移动到文档的末尾，作为文档的最后一段，如图 2-3 所示。

图 2-3　移动文本后的效果

（5）替换操作

将全文的"招聘"替换为"纳新"。

（6）带格式的替换

为全文的"学生会"添加着重号。

（7）保存文档

将文档按原文件名保存。

3．实训步骤

（1）创建文件名为"学生会纳新启事"的 Word 文档。

操作方法如下：

①在桌面上右击，在弹出的快捷菜单中选择"新建"→"Microsoft Word 文档"→"空白文档"，此时会自动创建一个空白的 Word 文档，并在标题栏显示"新建 Microsoft Word 文档-Word"。

②单击"文件"→"另存为"→"浏览"按钮，打开"另存为"对话框，如图 2-4 所示。

如果要改变文件的保存位置，可以选择其他合适的路径，并在"文件名"文本框中输入"学生会纳新启事"，单击"保存"按钮。

图 2-4 "另存为"对话框

（2）将本书素材"学生会纳新启事初始内容"中的内容全部复制到"学生会纳新启事"文档中，并关闭"学生会纳新启事初始内容"文档。

操作方法如下：

①打开练习目录中的 Word 文档"学生会纳新启事初始内容"。

②选定 Word 文档"学生会纳新启事初始内容"中的全部内容。

方法一：将鼠标指向要选定内容的首部（或尾部），按住鼠标左键拖曳到要选定内容的尾部（或首部），然后松开鼠标，那么选定的内容全部反相显示。

方法二：将鼠标移至文档左侧的文本选定区，在文本选定区，鼠标的形状会变为"⌐"，这时单击可以选定整行，双击可以选定整段，三击可以选定整篇文档。

方法三：按"Ctrl+A"组合键选定整篇文档。

③复制文本。

方法一：

◆ 按"Ctrl+C"组合键将文本复制到剪贴板中。

◆ 在"学生会纳新启事"文档中，按"Ctrl+V"组合键粘贴文本。

方法二：

◆ 单击"开始"选项卡→"剪贴板"组→"复制"按钮，将文本复制到剪贴板中。

◆ 在"学生会纳新启事"文档中，单击"开始"选项卡→"剪贴板"组→"粘贴"按钮，粘贴文本。

④关闭文档。单击 Word 文档"学生会纳新启事初始内容"右上角的按钮 ⊠，关闭文档。

（3）在文档窗口的工作区内输入新的文本内容。

操作方法如下：

①将光标定位在文档的首部，按"Enter"键，在最上方插入一个空行。

②按照图 2-1 所示输入文本内容。在输入文本内容时，每按一次"Enter"键就形成一个段落，并产生一个段落标记。

（4）将文档的第二段移动到文档的末尾，作为文档的最后一段。

操作方法如下：

①选定第二段的内容。

方法一：用鼠标左键拖曳的方法选定第二段的内容。

方法二：将鼠标移至第二段左侧的文本选定区，双击鼠标左键选定第二段的内容。

②移动文本。

方法一：

◆ 按"Ctrl+X"组合键将选定的文本剪切到剪贴板中。

◆ 在文档的末尾添加一个空行，按"Ctrl+V"组合键将文本移动过来。

方法二：

◆ 单击"开始"选项卡→"剪贴板"组→"剪切"按钮，将文本剪切到剪贴板中。

◆ 在文档的末尾添加一个空行，单击"开始"选项卡→"剪贴板"组→"粘贴"按钮，将文本移动过来。

方法三：

◆ 在文档的末尾添加一个空行。

◆ 将鼠标指向选定的内容，按下鼠标左键，拖动鼠标到文档末尾的空行处，松开鼠标即可。

（5）将全文的"招聘"替换为"纳新"。

操作方法如下：

①单击"开始"选项卡→"编辑"组→"替换"按钮 ，打开"查找和替换"对话框，如图2-5所示。

图2-5 "查找和替换"对话框

②在"查找内容"文本框中输入需要查找的内容"招聘"。

③在"替换为"文本框中输入需要替换成的内容"纳新"。

④单击对话框中的"更多"按钮，在"搜索"下拉列表中选择"全部"，单击"全部替换"按钮完成替换，最后单击"确定"按钮，如图2-6所示。

⑤单击"关闭"按钮，关闭"查找和替换"对话框。

（6）为全文的"学生会"添加着重号。

操作方法如下：

①单击"开始"选项卡→"编辑"组→"替换"按钮 ，打开"查找和替换"对话框。

②在"查找内容"文本框中输入需要查找的内容"学生会"。

③在"替换为"文本框中输入需要替换成的内容"学生会"。

④单击对话框中的"更多"按钮，在"搜索"下拉列表中选择"全部"。

⑤将光标定位在"替换为"文本框内容"学生会"的位置。

⑥单击对话框下方的"格式"按钮，在打开的下拉列表中选择"字体"，打开"替换字体"对话框，在"着重号"下拉列表中选择着重号，单击"确定"按钮，如图2-7所示。

图 2-6　设置"搜索选项"

图 2-7　替换字体

⑦单击"全部替换"按钮完成替换,再单击"确定"按钮。

⑧单击"关闭"按钮,关闭"查找和替换"对话框。

(7) 将文档按原文件名保存。

单击"快速访问工具栏"中的"保存"按钮,保存文档。

2.2 文档排版实训

【任务导入】

张老师：小李，文档的基本操作比较简单吧？

学生小李：是的，老师。貌似只有"查找和替换"是我们之前没有接触过的，其他内容在中学的时候都有学过。

张老师：小李，虽然内容比较简单，但是要提高自己的操作速度和准确度。同时，为了防止电脑突然断电或死机，在操作的过程中一定要注意边做边保存。

学生小李：嗯，记住了。但是，老师，用上节课学习的内容做出来的报告完全没有层次感，如何使我的报告层次鲜明，一目了然呢？

张老师：小李，之前我们只是完成了文档的基本操作，要使文档版面美观、重点突出，就需要对文档内容进行排版，排版主要包括设置字体、字号、段落、分栏、页面、页码等。排版就是我们今天需要学习的内容。

学生小李：好的。老师，我已经迫不及待地想对我的报告进行排版了，我们现在就开始学习吧！

本次实训任务：根据实训内容完成对"学生会纳新启事"的排版，文档的排版效果如图 2-8 所示。

图 2-8 "学生会纳新启事"排版效果图

1．实训目的

（1）掌握字符格式和段落格式的设置。

（2）掌握首字下沉和分栏的设置。

（3）掌握项目编号和项目符号的设置。

（4）掌握页面格式和页眉页脚及页码的设置。

（5）掌握背景及水印的设置。

2．实训内容

（1）设置文字的格式

将标题段文字（"学生会纳新启事"）设置为黑体、三号、加粗、红色、字符间距加宽 3 磅，将文字颜色修饰为"渐变/深色变体/线性对角-左上到右下"；将除最后一行外的正文内容（"为了适应……并于 9 月 20 日之前上交院学生会"）中文字体设置为小四号、楷体，西文字体设置为小四号、Arial 字体；将最后一行内容（"海南工商职业学院院学生会"）设置为隶书、小四、蓝色（红色 81、绿色 28、蓝色 232）。

（2）设置段落的格式

将标题设置为居中、3 倍行距，为标题段添加应用于文字的紫色（标准色）0.75 磅双窄线边框，"橙色，个性色 6，淡色 40%底纹"；将除最后一行外的正文内容设置为首行缩进 2 字符、20 磅行距；将最后一行内容设置为右对齐、段前间距为 1 行。

（3）设置首字下沉

将正文第一段设置首字下沉 2 行。

（4）设置分栏

将正文第二段设置为两栏，加分隔线。

（5）设置项目编号和项目符号

给正文中的"纳新部门"和"纳新条件"添加项目编号（1.，2.，……），给"纳新条件"后的三行（"大一新生……模范带头作用"）添加项目符号 ◆ 。

（6）页面设置

设置页面的上、下边距为 2.5 厘米，左、右边距为 3 厘米，A4 纸型、纵向。

（7）设置页眉、页脚和页码

插入空白页眉，输入文字"海南工商职业学院"，文字靠左对齐；在页面底端中部插入页码，并设置起始页码为Ⅲ。

（8）设置水印效果

为文档添加 60 磅的红色（标准色）斜式文字水印，文字为"海南工商职业学院"。

3．实训步骤

打开练习目录中的 Word 文档"学生会纳新启事"。

（1）将标题段文字（"学生会纳新启事"）设置为黑体、三号、加粗、红色、字符间距加宽 3 磅，将文字颜色修饰为"渐变/深色变体/线性对角-左上到右下"；将最后一行除外的正文内容（"为了适应……并于 9 月 20 日之前上交院学生会"）中文字体设置为小四号，楷体，西文字体设置为小四号、Arial 字体；将最后一行内容（"海南工商职业学院院学生会"）设置为隶书、小四、蓝色（红色 81、绿色 28、蓝色 232）。

操作方法如下：

①设置标题的字体格式。

◆ 选中标题"学生会纳新启事"。

◆ 单击"开始"选项卡→"字体"组，"字体"组中的命令按钮及其作用如图 2-9 所示。

◆ 单击"字体"命令按钮右侧的下拉箭头，选择"黑体"字体。

◆ 单击"字号"命令按钮右侧的下拉箭头，选择"三号"。

◆ 单击"加粗"命令按钮 B ，将标题文字加粗。

◆ 单击"字体颜色"命令按钮 A 右侧的下拉箭头，选择"标准色"→"红色"。

Word 2016 文字处理 第 2 单元

图 2-9 "字体"组

- 单击"字体"对话框启动按钮，打开"字体"对话框，切换到"高级"选项卡，在"间距"右侧的下拉列表中选择"加宽"，将"磅值"修改为"3磅"，如图2-10所示，单击"确定"按钮完成设置。
- 单击"字体颜色"下拉列表，在下拉列表中选择"渐变"，再选择"深色变体"中的"线性对角-左上到右下"，如图2-11所示。

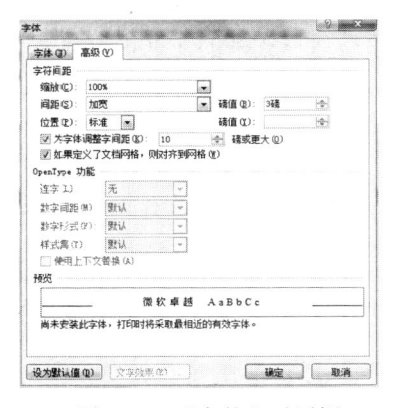

图 2-10 "字体"对话框　　　　　图 2-11 "渐变"设置

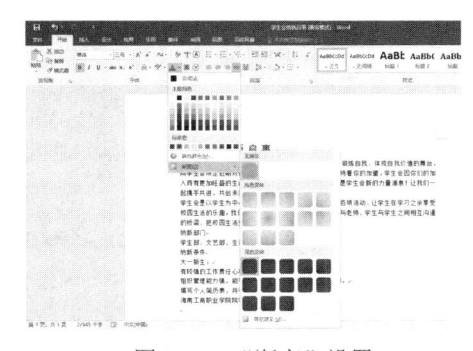

②设置最后一行除外的正文字体格式。
- 选中除最后一行外的正文内容（"为了适应……并于9月20日之前上交院学生会"）。
- 单击"字体"组右下角的小对角箭头，打开"字体"对话框，在"中文字体"下拉列表中选择"楷体"，在"西文字体"下拉列表中选择"Arial"，在"字号"列表框中选择"小四"，如图2-12所示，单击"确定"按钮完成设置。

③设置最后一行内容的字体格式。
- 选中最后一行内容（"海南工商职业学院院学生会"）。
- 单击"字体"命令按钮右侧的下拉箭头，选择"隶书"字体。
- 单击"字号"命令按钮右侧的下拉箭头，选择"小四号"。

43

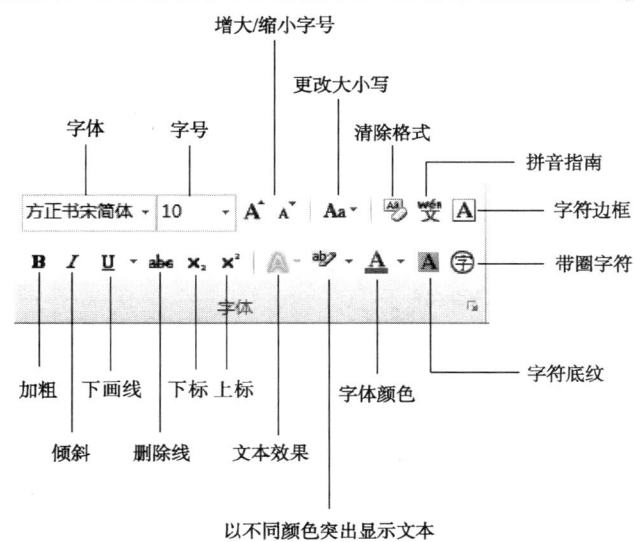

◆ 单击"字体颜色"命令按钮右侧的下拉箭头，选择"其他颜色"，在打开的"颜色"对话框中单击"自定义"选项卡，在红色、绿色、蓝色对应的文本框中分别输入 81、28、232，如图 2-13 所示，单击"确定"按钮完成设置。

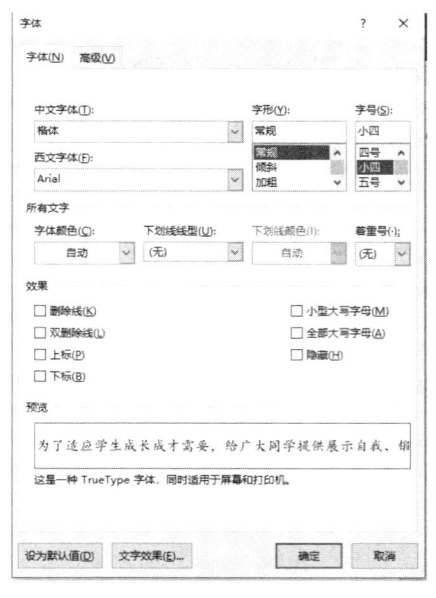

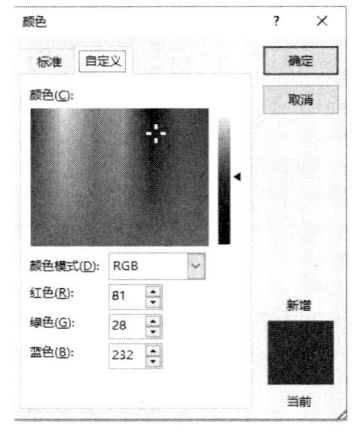

图 2-12　正文"字体"设置　　　　图 2-13　"自定义"颜色设置

（2）将标题设置为居中、3 倍行距，为标题段添加应用于文字的紫色（标准色）0.75 磅双窄线边框，"橙色，个性色 6，淡色 40%底纹"；将除最后一行外的正文内容设置为首行缩进 2 字符、20 磅行距；将最后一行内容设置为右对齐、段前间距为 1 行。

①设置标题的段落格式。

◆ 选中标题"学生会纳新启事"。
◆ 单击"开始"选项卡→"段落"组，"段落"组中的命令按钮及其作用如图 2-14 所示，单击"居中"命令按钮。

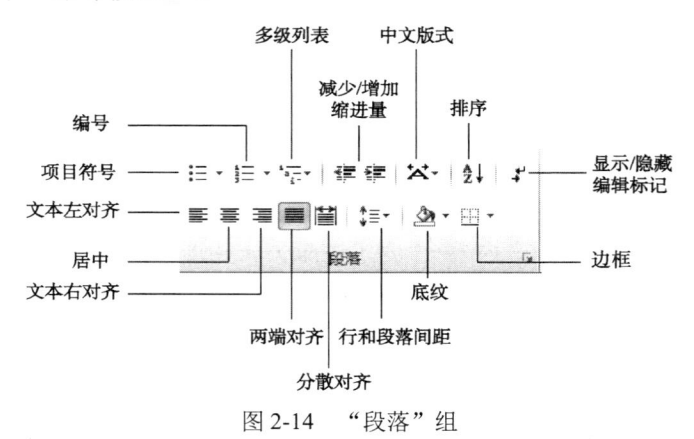

图 2-14　"段落"组

◆ 单击"段落"对话框启动按钮，打开"段落"对话框，在"行距"下拉列表中选择"多倍行距"，在其右侧的数值框中输入"3"，如图 2-15 所示，单击"确定"按钮完成设置。

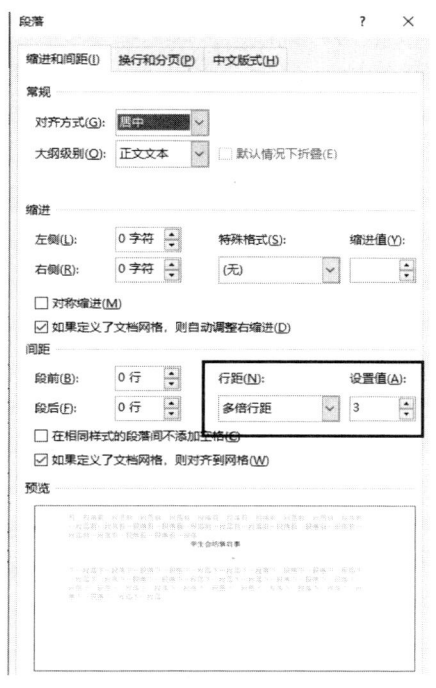

图 2-15　"多倍行距"设置

◆ 单击"边框"下拉按钮，在下拉列表中选择"边框和底纹"命令，弹出"边框和底纹"对话框。在"边框"选项卡中，单击"设置"中的"方框"，在"样式"列表中选择"双窄线"，在"颜色"下拉列表中选择"标准色"中的"紫色"，在"宽度"下拉列表中选择"0.75 磅"，在"应用于"下拉列表中选择"文字"，如图 2-16 所示。

◆ 切换到"底纹"选项卡，在"填充"下拉列表中选择"橙色，个性色 6，淡色 40%"，如图 2-17 所示。

图 2-16　设置"边框"

图 2-17　设置"底纹"

◆ 单击"确定"按钮完成设置。

②设置除最后一行外的正文段落格式。
- 选中除最后一行外的正文内容("为了适应……并于 9 月 20 日之前上交院学生会");
- 打开"段落"对话框,在"特殊格式"下拉列表中选择"首行缩进",在其右侧的数值框中输入"2 字符";
- 在"行距"下拉列表中选择"固定值",在其右侧的数值框中输入"20 磅",如图 2-18 所示;
- 单击"确定"按钮完成设置。

⑤设置最后一行内容的段落格式。
- 选中最后一行内容("海南工商职业学院院学生会");
- 单击"段落"组中的"右对齐"命令按钮 ≡;
- 打开"段落"对话框,在"间距"选项区域的"段前"数值框中输入"1 行",如图 2-19 所示;

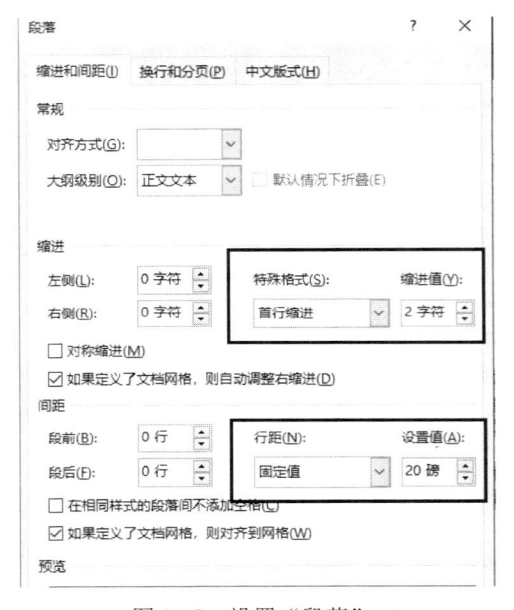

图 2-18　设置"段落"　　　　图 2-19　设置段前间距

- 单击"确定"按钮完成设置。

(3)将正文第一段设置首字下沉 2 行。

操作方法如下:

①将光标定位在正文第一段中;
②单击"插入"选项卡→"文本"组→"首字下沉"下拉按钮;
③选择"首字下沉选项",打开"首字下沉"对话框;
④在"位置"选项区域中选择"下沉";
⑤在"下沉行数"数值框中输入"2",如图 2-20 所示;
⑥单击"确定"按钮完成设置。

(4)将正文第二段设置为两栏,加分隔线。

操作方法如下:

①选中正文中的第二段;

②单击"布局"选项卡→"页面设置"组→"栏"下拉按钮；
③选择"更多栏"，打开"栏"对话框；
④在"预设"选项区域中选择"两栏"，然后选中"分隔线"复选框，如图2-21所示；

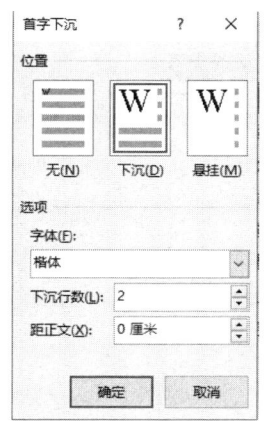

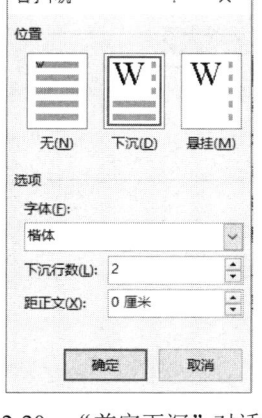

图2-20 "首字下沉"对话框   图2-21 设置分栏

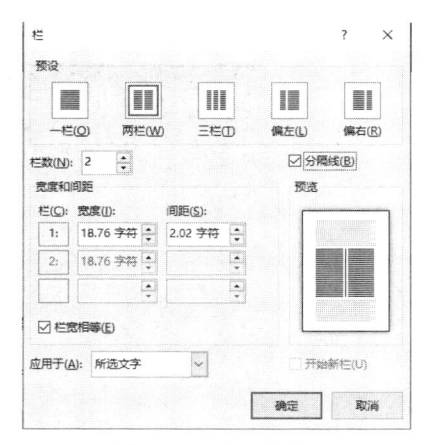

⑤单击"确定"按钮完成设置。
（5）给正文中的"纳新部门"和"纳新条件"添加项目编号（1.，2.，……），给"纳新条件"后的三行（"大一新生……模范带头作用"）添加项目符号 ◆ 。
操作方法如下：
①添加项目编号。
◆ 选中"纳新部门"，按下"Ctrl"键不放，再选中"纳新条件"；
◆ 单击"开始"选项卡→"段落"组→"编号"下拉按钮；
◆ 然后在展开的编号库中选择"1.，2.，……"编号形式，如图2-22所示。

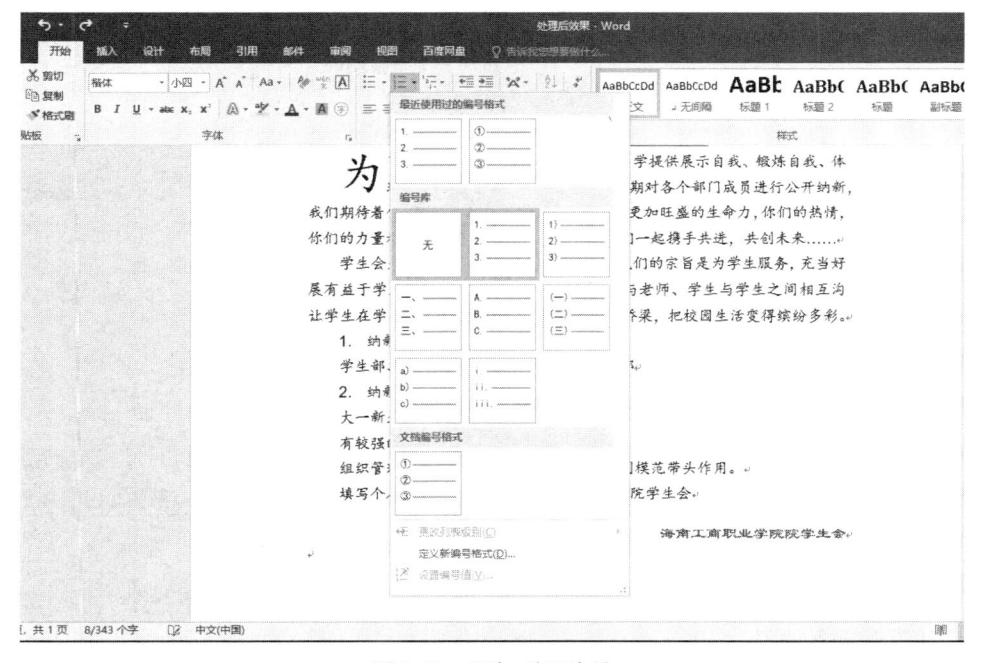

图2-22 添加项目编号

②添加项目符号。
- 选中"纳新条件"下面的三行文本；
- 单击"开始"选项卡→"段落"组→"项目符号"下拉按钮；
- 在展开的"项目符号库"中选择符号"◆"，如图2-23所示。

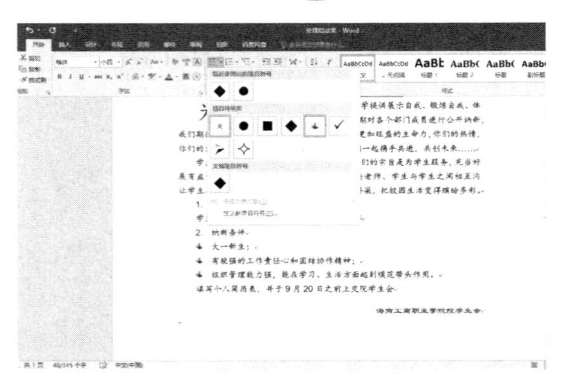

图2-23 添加项目符号

（6）设置页面的上、下边距为2.5厘米，左、右边距为3厘米，A4纸型、纵向。
操作方法如下：
①单击"布局"选项卡。
②单击右下角的小对角箭头，打开"页面设置"对话框。
③在"页边距"选项卡中的"上""下""左""右"数值框中分别输入相应的数值。
④在"纸张方向"选项区域中选择"纵向"，如图2-24所示。
⑤单击"纸张"选项卡，在"纸张大小"下拉列表中选择"A4"，如图2-25所示。
⑥单击"确定"按钮完成设置。

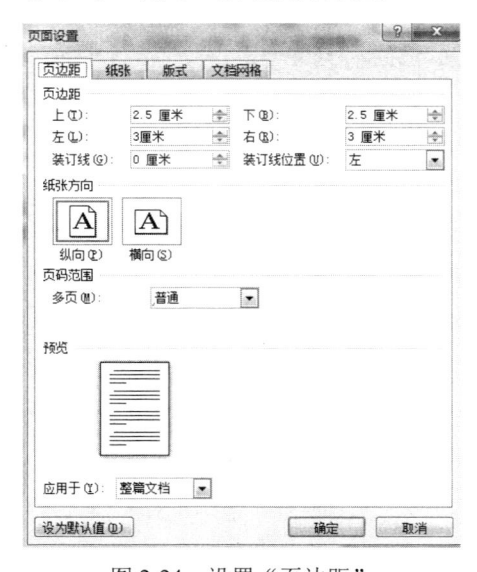

图2-24 设置"页边距"　　　　图2-25 设置"纸张"

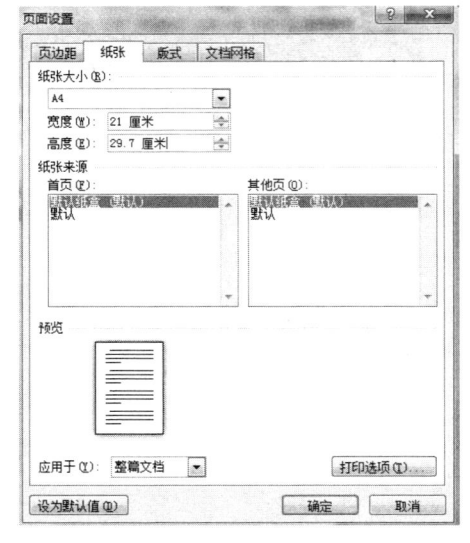

（7）插入空白页眉，输入文字"海南工商职业学院"，文字靠左对齐；在页面底端中部插入页码，并设置起始页码为Ⅲ。

操作方法如下：
①插入页眉。
◆ 单击"插入"选项卡→"页眉和页脚"组→"页眉"下拉按钮。
◆ 选择"空白"页眉，此时光标定位在页眉区域，正文处于不可编辑状态。
◆ 在页眉处输入文本"海南工商职业学院"，如图2-26所示。

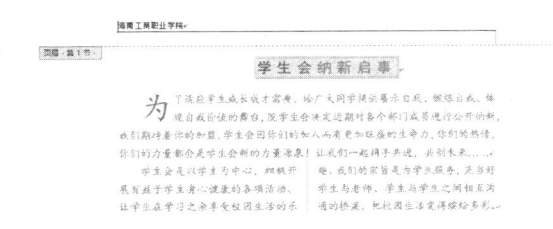

图2-26 插入"页眉"

◆ 单击"开始"选项卡→"段落"组→"左对齐"按钮。
②插入页码。
◆ 单击"插入"选项卡→"页眉和页脚"组→"页码"下拉按钮。
◆ 选择"设置页码格式"，打开"页码格式"对话框。
◆ 在对话框的"编号格式"下拉列表中选择"Ⅰ，Ⅱ，Ⅲ，……"。
◆ 在"页码编号"选项区选择"起始页码"，并在数值框中输入"Ⅲ"，如图2-27所示。

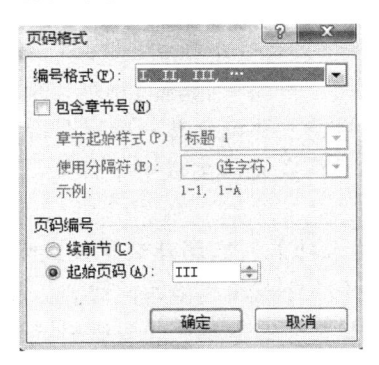

图2-27 "页码格式"对话框

◆ 单击"确定"按钮完成页码格式设置。
◆ 单击"插入"选项卡→"页眉和页脚"组→"页码"下拉按钮。
◆ 选择"页面底端"→"普通数字2"。
◆ 在正文中双击，返回正文编辑。
（8）为文档添加60磅的红色（标准色）斜式文字水印，文字为"海南工商职业学院"。
操作方法如下：
①单击"设计"选项卡→"页面背景"组→"水印"下拉按钮。
②选择"自定义水印"，如图2-28所示，打开"水印"对话框。
③选中"文字水印"单选按钮，在"文字"后的文本框中输入"海南工商职业学院"。
④在"字号"下拉列表中选择"60"。
⑤在"颜色"下拉列表中选择标准色"红色"。
⑥在"版式"中选中"斜式"单选按钮，如图2-29所示。

⑦选中"确定"按钮完成设置。

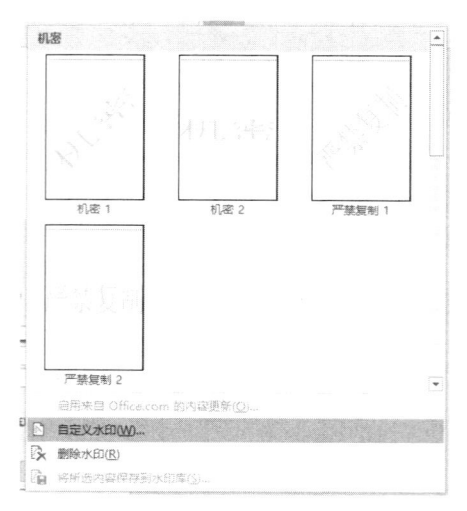

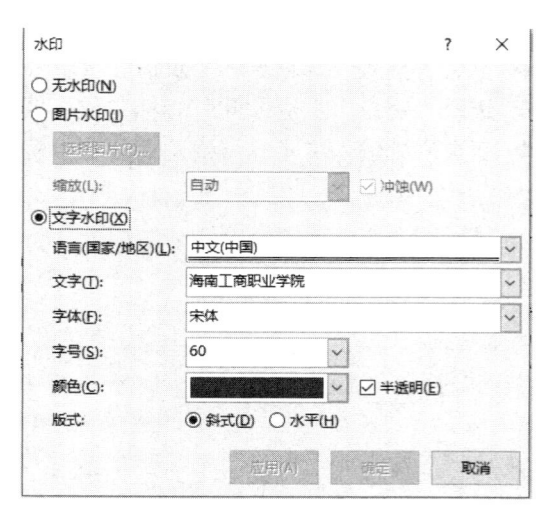

图 2-28　在文档中添加水印　　　　图 2-29　在文档中添加文字水印

2.3　文档样式应用实训

【任务导入】

学生小李：老师，我已经完成了对调研报告的排版，现在的版面看起来舒服多了。但是我想在报告的第一页加个目录，难道需要把标题一个一个输入进去吗？

张老师：小李，我们可以利用样式自动生成一个目录，而且当正文有修改的时候，我们还可以自动更新目录。

学生小李：哇，Word还有这个功能啊！那什么是样式呢？

张老师：样式是一组已命名的字符或段落格式的组合，使用它可以快速改变文本的外观。样式主要应用于长文档（篇幅较长且含有多层次、多级别标题结构的文档）。对文档样式的操作一般包括对文档样式的修改和应用、目录的生成。今天我们就一起来学习样式的应用。

本次实训任务：根据实训内容完成对文档样式的应用。

1．实训目的

（1）掌握脚注的插入方法。

（2）掌握文档样式的修改和应用。

（3）掌握目录的生成。

2．实训内容

（1）添加脚注

为标题添加脚注"摘自《中国科技网》"。

（2）修改标题样式

将"标题 1"的样式修改为：四号、黑体、加粗、左对齐、段前段后间距为 0.5 行；将"标题 2"的样式修改为：小四号、黑体、加粗、左对齐、段前段后间距为 0.5 行；将"标题 3"的样式修改为：小四号、楷体、加粗、首行缩进 2 字符、段前段后间距为 0 行。

（3）应用标题样式

设置正文中的"1 前言""2 战略目标""3 中国实施人才产业战略的天时、地利、人和"为"标题1"；设置正文中的"3.1 天时""3.2 地利""3.3 人和"为"标题2"；设置正文中的"3.1.1 加入WTO和经济全球化的良机""3.1.2 服务行业兴起的良机""3.2.1 需求最旺的人才市场""3.2.2 最大的人才原料产地""3.3.1 最广泛的大众基础""3.3.2 最庞大的'教育机器'"为"标题3"。

（4）自动生成目录

在文档的首页自动生成目录，要求"显示页码""页码右对齐"，目录格式为"正式"。

3．实训步骤

打开练习目录中的Word文档"加入WTO后我国人力资源开发战略"。

（1）为标题添加脚注"摘自《中国科技网》"。

操作方法如下：

①将光标定位于标题的结尾处。

②单击"引用"选项卡→"脚注"组→"插入脚注"按钮，此时会在页面的底端出现一条分隔线，线的下方即为脚注的注释文本区，光标会自动定位于注释文本区内的注释编号之后。

③输入注释文本"摘自《中国科技网》"，如图2-30所示。

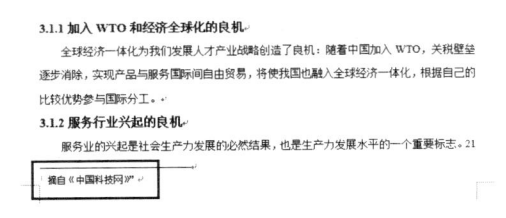

图2-30 添加"脚注"

（2）将"标题1"的样式修改为：四号、黑体、加粗、左对齐、段前段后间距为0.5行；将"标题2"的样式修改为：小四号、黑体、加粗、左对齐、段前段后间距为0.5行；将"标题3"的样式修改为：小四号、楷体、加粗、首行缩进2字符、段前段后间距为0行。

操作方法如下：

①单击"开始"选项卡→"样式"组。

②右击"标题1"按钮，在弹出的快捷菜单中选择"修改"，弹出"修改样式"对话框。

③在"修改样式"对话框中将字体设置为四号、黑体、加粗，对齐方式设置为左对齐，如图2-31所示。

④单击"格式"下拉按钮，在下拉列表中选择"段落"，打开"段落"对话框，设置段前段后间距为0.5行。

⑤单击"确定"按钮返回。

⑥单击"确定"按钮完成设置。

⑦重复上述步骤，将"标题2"的样式修改为：小四号、黑体、加粗、左对齐、段前段后间距为0.5行；将"标题3"的样式修改为：小四号、楷体、加粗、首行缩进2字符、段前段后间距为0行。

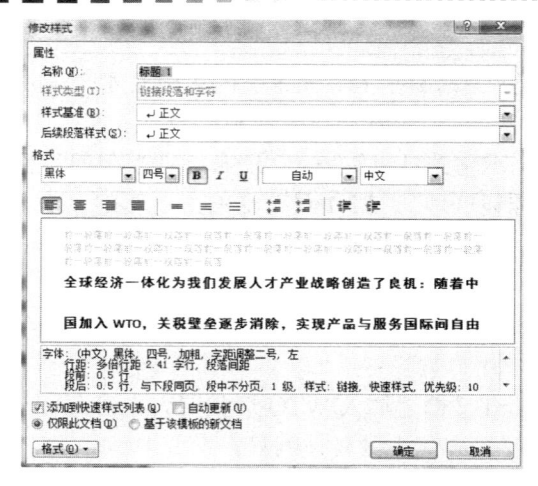

图 2-31 "修改样式"对话框

> 如果未看见所需修改的样式,单击"样式"组右下角的按钮,打开"样式"列表,单击"管理样式"按钮,切换到"推荐"选项卡,选中"标题3",单击"显示"按钮。

(3) 设置正文中的"1 前言""2 战略目标""3 中国实施人才产业战略的天时、地利、人和"为"标题 1";设置正文中的"3.1 天时""3.2 地利""3.3 人和"为"标题 2";设置正文中的"3.1.1 加入 WTO 和经济全球化的良机""3.1.2 服务行业兴起的良机""3.2.1 需求最旺的人才市场""3.2.2 最大的人才原料产地""3.3.1 最广泛的大众基础""3.3.2 最庞大的'教育机器'"为"标题 3"。

操作方法如下:

① 同时选中"1 前言""2 战略目标""3 中国实施人才产业战略的天时、地利、人和",单击"开始"选项卡→"样式"组→"标题 1"。

② 同时选中"3.1 天时""3.2 地利""3.3 人和",单击"开始"选项卡→"样式"组→"标题 2"。

③ 同时选中"3.1.1 加入 WTO 和经济全球化的良机""3.1.2 服务行业兴起的良机""3.2.1 需求最旺的人才市场""3.2.2 最大的人才原料产地""3.3.1 最广泛的大众基础""3.3.2 最庞大的'教育机器'",单击"开始"选项卡→"样式"组→"标题 3"。

(4) 在文档的首页自动生成目录,要求"显示页码""页码右对齐",目录格式为"正式"。

操作方法如下:

① 在文档的首页插入一个空白页,将光标定位于第一页。

② 单击"引用"选项卡→"目录"组→"目录"下拉按钮,在弹出的列表中单击"插入目录"命令,打开"目录"对话框。

③ 选中"显示页码"和"页码右对齐"复选框。

④ 在"格式"下拉列表中选择"正式",如图 2-32 所示。

⑤ 单击"确定"按钮。此时自动生成的目录就会显示在光标所在的页面中,如图 2-33 所示。

⑥ 适当调整正文的内容,使其位于第二页的开始位置。

⑦ 在目录上右击,在弹出的快捷菜单中选择"更新域"→"只更新页码",如图 2-34 所示,可以对目录的页码进行自动更新。

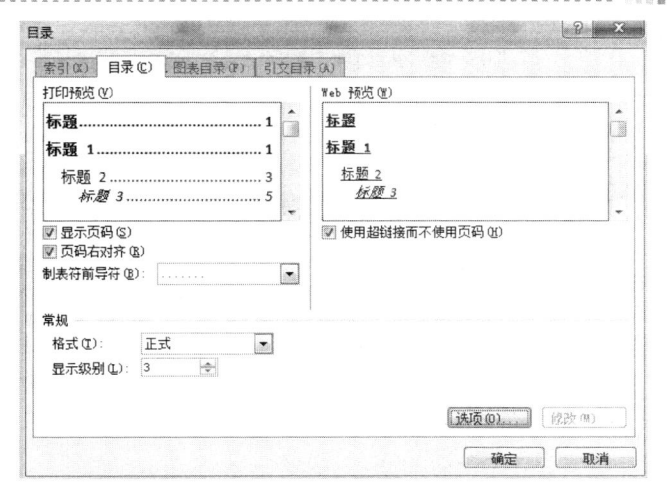

图 2-32 "目录"对话框

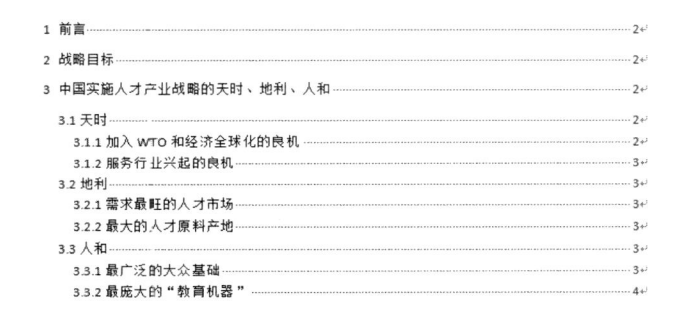

图 2-33 自动生成的目录

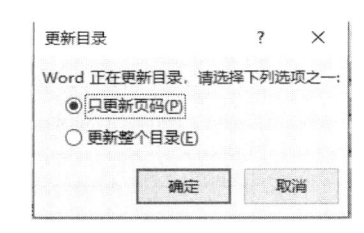

图 2-34 自动更新目录页码

2.4 表格制作实训

Word 软件提供了强大的制表功能，不仅可以自动制表，也可以手动制表。Word 中的表格还可以进行各种修饰。在 Word 软件中，还可以直接插入电子表格。用 Word 软件制作表格，既轻松又美观，既快捷又方便。

2.4.1 制作表格

【任务导入】

学生小李：张老师，我现在有一个问题——我想将调研数据用一个表格显示出来，这样会更加直观。老师，您能不能教我怎么在 Word 中制作表格呢？

张老师：没问题，今天我们就一起来学习 Word 中表格的制作及设置。Word 中表格的操作主要包括表格的插入、编辑和简单数据管理。

本次实训任务：根据实训内容完成表格操作，实训效果如图 2-35 所示。

	姓名	第一季度	第二季度	第三季度	第四季度	总销售量
南方	张毅	58	69	56	52	235
	李明	62	57	49	60	228
北方	王伟	72	48	71	68	259
	刘俊	40	70	60	70	240
备注						

图 2-35　表格效果图

1．实训目的

（1）掌握插入表格的操作方法。

（2）掌握表格格式的设置。

（3）掌握表格的计算。

2．实训内容

（1）绘制表格。

新建一个 Word 文档，并将其命名为"销售情况表"，在文档中插入一个空白表格，如图 2-36 所示。

图 2-36　表格样图

（2）调整表格的行高和列宽。

设置表格第 1 行的行高为 1.1 厘米，最后一行的行高为 1 厘米。设置第 1 列的列宽为 0.82 厘米，第 2 列的列宽为 1.5 厘米，第 3 列～第 7 列的列宽为 1.9 厘米。

（3）合并单元格。合并后的效果如图 2-37 所示。

图 2-37　合并单元格效果

（4）设置表格框线。

设置表格外框线为双窄线、红色（标准色）、2.25 磅，内框线为实线、蓝色（标准色）、1 磅，如图 2-38 所示。

图 2-38　设置表格框线

（5）设置表格底纹。

设置表格最后一行的底纹为浅绿色（标准色）。

（6）绘制斜线表头，如图 2-39 所示。

图 2-39　绘制斜线表头

（7）设置文字在单元格中的对齐方式。

设置表格中所有文字的对齐方式为水平居中。

（8）在表格中输入内容，如图 2-40 所示。

季度\姓名		第一季度	第二季度	第三季度	第四季度	总销售量
南方	张毅	58	69	56	52	
	李明	62	57	49	60	
北方	王伟	72	48	71	68	
	刘俊	40	70	60	70	
备注						

图 2-40　表格中输入内容

（9）表格的计算。

用公式计算表格中每位员工的总销售量。

（10）设置表格居中。

3．实训步骤

新建一个 Word 文档，并命名为"销售情况表"。

（1）绘制 6 行 7 列的表格。

操作方法如下：

图 2-41　"插入表格"对话框

①将光标定位在要插入表格的位置。

②单击"插入"选项卡→"表格"组→"表格"→"插入表格"命令，打开如图 2-41 所示的"插入表格"对话框。

③在对话框中输入列数为"7"，行数为"6"，单击"确定"按钮。

（2）设置表格第 1 行的行高为 1.1 厘米，最后一行的行高为 1 厘米。设置第 1 列的列宽为 0.82 厘米，第 2 列的列宽为 1.5 厘米，第 3 列～第 7 列的列宽为 1.9 厘米。

操作方法如下：

①设置表格的行高。

◆ 选中表格的第 1 行。将鼠标移至第 1 行的左侧，当鼠标形状变为 " " 时，单击鼠标左键，即可选中第 1 行。

◆ 单击"表格工具-布局"选项卡→"单元格大小"组，设置"高度"为"1.1 厘米"，如图 2-42 所示。

◆ 用同样的方法设置最后一行的行高为"1 厘米"。

图 2-42　"行高"的设置

②设置表格的列宽。

◆ 选择表格的第 1 列。将鼠标移至第 1 列的上方，当鼠标形状变为 "↓" 时，单击鼠标左键，即可选中第 1 列。

◆ 单击"表格工具-布局"选项卡→"单元格大小"组，设置"宽度"为"0.82 厘米"，如图 2-43 所示。

◆ 用同样的方法设置第 2 列的列宽为 1.5 厘米，第 3 列～第 7 列的列宽为 1.9 厘米。

（3）合并单元格。

操作方法如下：

①选定第 1 行的第 1 个和第 2 个单元格。

②单击"表格工具-布局"选项卡→"合并"组→"合并单元格"按钮，如图 2-44 所示。

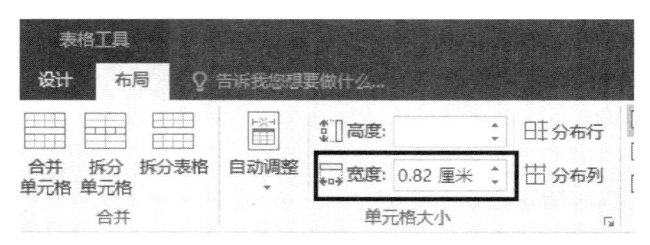

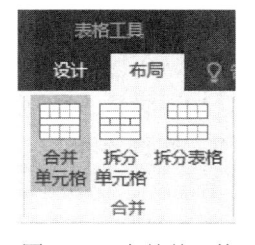

图 2-43　设置宽度　　　　　　　　　　图 2-44　合并单元格

③使用同样的方法将第 1 列的第 2 个和第 3 个单元格合并，第 4 个和第 5 个单元格合并。将最后一行的第 1 个和第 2 个单元格合并。

（4）设置表格外框线为双窄线、红色（标准色）、2.25 磅，内框线为实线、蓝色（标准色）、1 磅。

操作方法如下：

①选定表格。

◆ 将鼠标置于表格范围内。

◆ 单击表格左上角的按钮，将整个表格选中。

②设置外框线。

◆ 单击"表格工具-设计"选项卡→"边框"组，单击"边框和底纹"对话框启动按钮，打开"边框和底纹"对话框。

◆ 在"边框"选项卡的"设置"栏选择"自定义"图标。

◆ 在"边框"选项卡的"样式"列表中选择"双窄线"线型，在"颜色"下拉列表中选择"红色"，在"宽度"下拉列表中选择"2.25 磅"。

◆ 在右侧的"预览"栏中单击表格的上框线、下框线、左框线和右框线来设置外框线格式，如图 2-45 所示。

③设置内框线。

◆ 在"样式"列表框中选择"单实线"线型，在"颜色"下拉列表中选择"蓝色"，在"宽度"下拉列表中选择"1 磅"。

◆ 在右侧的"预览"栏中单击表格内框线的横线和竖线。

◆ 单击"确定"按钮完成设置。

（5）设置表格最后一行的底纹为浅绿色（标准色）。

操作方法如下：

①选定表格的最后一行。

②单击"表格工具-设计"选项卡→"表格样式"组→"底纹"下拉按钮，选择"浅绿色"，如图 2-46 所示。

图 2-45　设置表格边框　　　　　　　　图 2-46　设置表格底纹

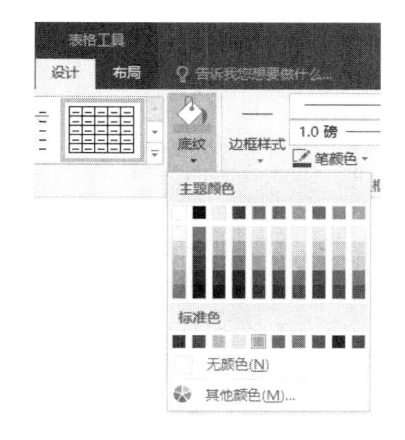

（6）绘制斜线表头。

操作方法如下：

①将光标定位在 A1 单元格内。

②单击"表格工具-设计"选项卡→"边框"组→"边框"下拉按钮，选择"斜下框线"，如图 2-47 所示。

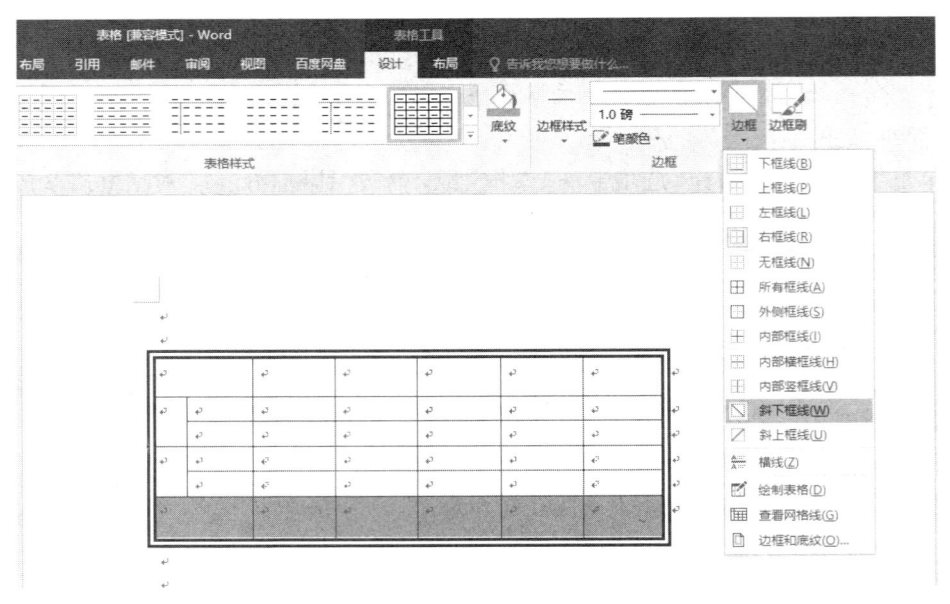

图 2-47 绘制斜线表头

（7）设置表格中所有文字的对齐方式为水平居中。

操作方法如下：

①选定整个表格。

②单击"表格工具-布局"选项卡→"对齐方式"组→"水平居中"按钮，如图 2-48 所示。

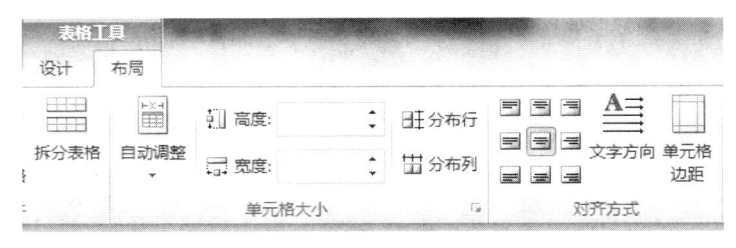

图 2-48 表格中文字的对齐方式

（8）在表格中输入内容。

操作方法如下：

将光标定位在要输入内容的单元格内，输入内容。

（9）用公式计算表格中每位员工的总销售量。

操作方法如下：

①将光标定位在"总销售量"列的第 2 个单元格。

②单击"表格工具-布局"选项卡→"数据"组→"f_x 公式"按钮。

③在弹出的"公式"对话框的"公式"文本框中输入"=SUM(C2:F2)"，如图 2-49 所示。

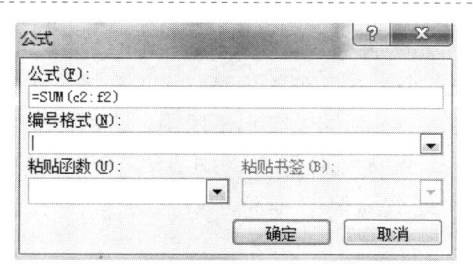

图 2-49 "公式"对话框

> 在 Word 中，表格的单元格列号依次用 A、B、C……字母表示，行号依次用 1、2、3……数字表示。如 C6 表示第 3 列第 6 行交叉处的单元格；A2:F2 表示从 A2 到 F2 的 6 个单元格区域。

④单击"确定"按钮。
⑤使用同样的方法计算"总销售量"列其他单元格的值。
（10）设置表格居中。
操作方法如下：
①选中表格。
②单击"开始"选项卡→"段落"组→"居中"按钮。

2.4.2 文本转换为表格

【任务导入】

学生小李：张老师，我经常看到有些文档中放置的数据很像表格，但又没有插入表格，看起来觉得有点奇怪，有什么方法能将这些数据快速转换为一个表格呢？

张老师：有方法。对于放置整齐的数据，我们可以将这些数据转换为表格，这也是 Word 文档中经常遇到的操作，同时也是全国计算机一级考试的重点。下面我们就一起来学习如何将文本转化为表格吧。

本次实训任务：将文本转换为表格，实训效果如图 2-50 所示。

行政管理 2020-1 班部分同学成绩单

学号	姓名	高等数学	英语	普通物理	平均成绩
99050201	李响	87	84	89	86.7
99050208	王晓明	80	89	82	83.7
99050214	吴修萍	78	85	86	83.0
99050229	刘佳	91	62	86	79.7
99050216	高立光	62	76	80	72.7
99050217	赵丽丽	66	82	69	72.3
99050211	张卫东	57	73	62	64.0

图 2-50 文本转换为表格效果图

1．实训目的

（1）掌握将文本转换为表格的方法。
（2）掌握表格的计算及保留小数点的设置。
（3）掌握表格的排序。

2. 实训内容

（1）将文中后 8 行转换成一个 8 行 5 列的表格；设置表格居中，将表格设置为"根据内容自动调整表格"；表格第 1 行和第 1～2 列的内容水平居中，表格其余单元格内容中部右对齐。

（2）在表格右侧增加一列，输入列标题"平均成绩"，并在新增列相应单元格内利用公式计算三门功课的平均成绩，平均成绩保留 1 位小数；按"平均成绩"列依据"数字"类型降序排列表格内容。

（3）设置表格外框线和第 1～2 行间的内框线为红色（标准色）1.5 磅单实线，其余内框线为红色（标准色）0.5 磅单实线；为表格设置底纹，底纹的填充颜色为主题颜色"橙色，个性色 2，淡色 80%"，图案样式为"5%"。

3. 实训步骤

（1）将文中后 8 行转换成一个 8 行 5 列的表格；设置表格居中，将表格设置为"根据内容自动调整表格"；表格第 1 行和第 1～2 列的内容"水平居中"，表格其余单元格内容"中部右对齐"。

操作方法如下：

①选中文中后 8 行文本内容。

②单击"插入"选项卡→"表格"组→"表格"下拉按钮→"文本转换成表格"，打开"将文字转换成表格"对话框，如图 2-51 所示，单击"确定"按钮。

③选中表格，单击"开始"选项卡→"段落"组→"居中"按钮，将表格居中。

④单击"表格工具-布局"选项卡→"单元格大小"组→"自动调整"下拉按钮，选择"根据内容自动调整表格"，如图 2-52 所示。

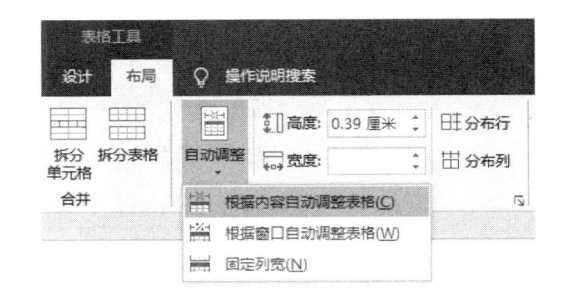

图 2-51　将文字转换成表格　　　图 2-52　根据内容自动调整表格

⑤选中表格第 1 行，单击"表格工具-布局"选项卡→"对齐方式"组→"水平居中"按钮，将其内容设置为水平居中。

⑥选中表格第 1 列和第 2 列，将其内容设置为水平居中。

⑦选中除第 1 行，第 1～2 列外的单元格内容，将其内容设置为"中部右对齐"。

（2）在表格右侧增加一列，输入列标题"平均成绩"，并在新增列相应单元格内利用公式计算三门功课的平均成绩，平均成绩保留 1 位小数；按"平均成绩"列依据"数字"类型降序排列表格内容。

操作方法如下：
①在表格右侧新增列。
- 将光标置于第 5 列任意单元格内。
- 单击"表格工具-布局"选项卡→"行和列"组→"在右侧插入"按钮，如图 2-53 所示。

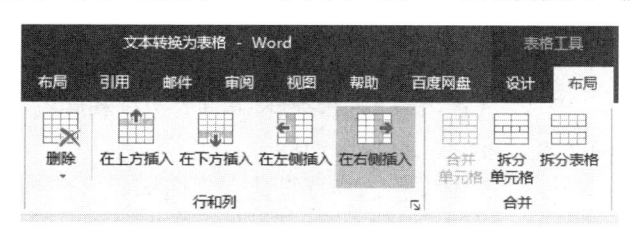

图 2-53　插入列

- 在新增列的第 1 行单元格中输入"平均成绩"。
- 设置新插入列的第 1 行单元格内容对齐方式为"水平居中"，新插入列的其他行单元格内容对齐方式为"中部右对齐"。

②计算平均成绩。
- 将光标置于第 2 行第 6 列单元格内。
- 单击"表格工具-布局"选项卡→"数据"组→"f_x 公式"按钮，打开"公式"对话框。
- 保留公式中的"="，删除"SUM(LEFT)"。
- 在"粘贴函数"下拉列表中选择"AVERAGE"。
- 在公式的括号中输入"LEFT"。
- 在编号格式中输入"0.0"，如图 2-54 所示。
- 同理计算其他单元格的平均成绩。

③表格排序。
- 单击表格任一单元格。
- 单击"表格工具-布局"选项卡→"数据"组→"排序"按钮，打开"排序"对话框。
- 选中"列表"选项组中的"有标题行"单选按钮。
- 设置"主要关键字"为"平均成绩"。
- 选中"降序"单选按钮，如图 2-55 所示。

图 2-54　计算平均值　　　　图 2-55　排序

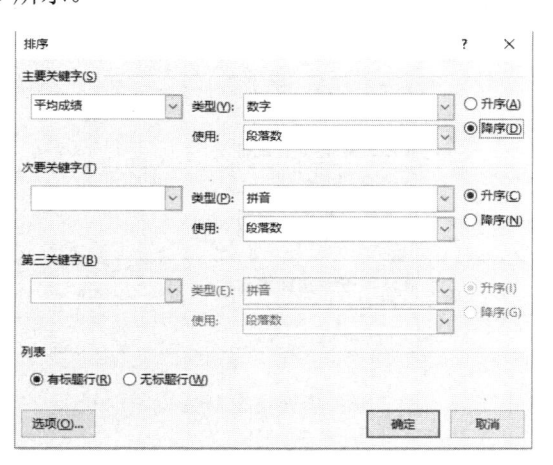

◆ 单击"确定"按钮完成设置。

（3）设置表格外框线和第 1～2 行间的内框线为红色（标准色）1.5 磅单实线，其余内框线为红色（标准色）0.5 磅单实线；为表格设置底纹，底纹的填充颜色为主题颜色"橙色，个性色 2，淡色 80%"，图案样式为"5%"。

①设置框线。

◆ 选中表格。

◆ 单击"表格工具-设计"选项卡→"边框"组，单击"边框和底纹"对话框启动按钮 ，打开"边框和底纹"对话框。

◆ 在"边框"选项卡的"设置"栏选择"自定义"图标。

◆ 在"边框"选项卡的"样式"列表中选择"单实线"线型，在"颜色"下拉列表中选择"红色"，在"宽度"下拉列表中选择"1.5 磅"。

◆ 在右侧的"预览"栏中单击表格的上框线、下框线、左框线和右框线来设置外框线格式。

◆ 在"宽度"下拉列表中选择"0.5 磅"。

◆ 在右侧的"预览"栏中单击表格的内框线。

◆ 单击"确定"按钮完成设置。

◆ 在"表格工具-设计"选项卡→"边框"组中，设置"笔样式"为"单实线"，设置"笔划粗细"为"1.5 磅"，设置"笔颜色"为"红色"，此时，鼠标指标变为笔刷形式，沿表格第 1～2 行间的内框线画线，完成后单击"边框刷"按钮。

②设置底纹。

◆ 选中表格。

◆ 单击"表格工具-设计"选项卡→"边框"组，单击"边框和底纹"对话框启动按钮 ，打开"边框和底纹"对话框。

◆ 切换到"底纹"选项卡，在"填充"下拉列表中选择主题颜色"橙色，个性色 2，淡色 80%"，如图 2-56 所示。

◆ 在"图案"选项组中设置样式为"5%"，如图 2-57 所示。

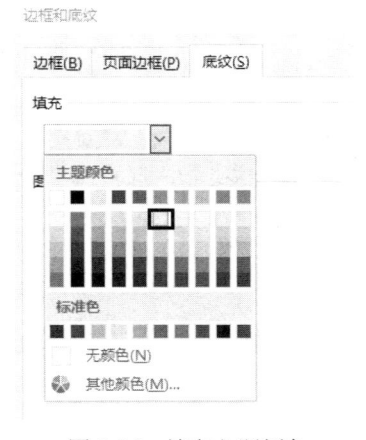

图 2-56　填充主题颜色

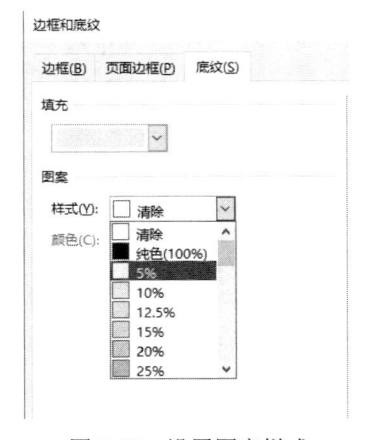

图 2-57　设置图案样式

2.5　图文混排实训

【任务导入】

学生小李：张老师，我觉得自己做的调研报告都是文字，看起来太枯燥。我从网上搜索到一些跟调研报告相关的图片，怎么把这些图片放到我的报告中呢？

张老师：小李，这就是 Word 的另外一个功能。除了处理文字，我们还可以在 Word 中绘制艺术字、表格、图形形状，插入文本框、图片等多种对象。并且还有图文混排功能，能让文档图文并茂，给人一种赏心悦目的感觉。

学生小李：太棒了，我要的就是这种效果！老师，我们快点学习 Word 中的图文混排吧。

本次实训任务：按照实训内容进行图文混排，效果如图 2-58 所示。

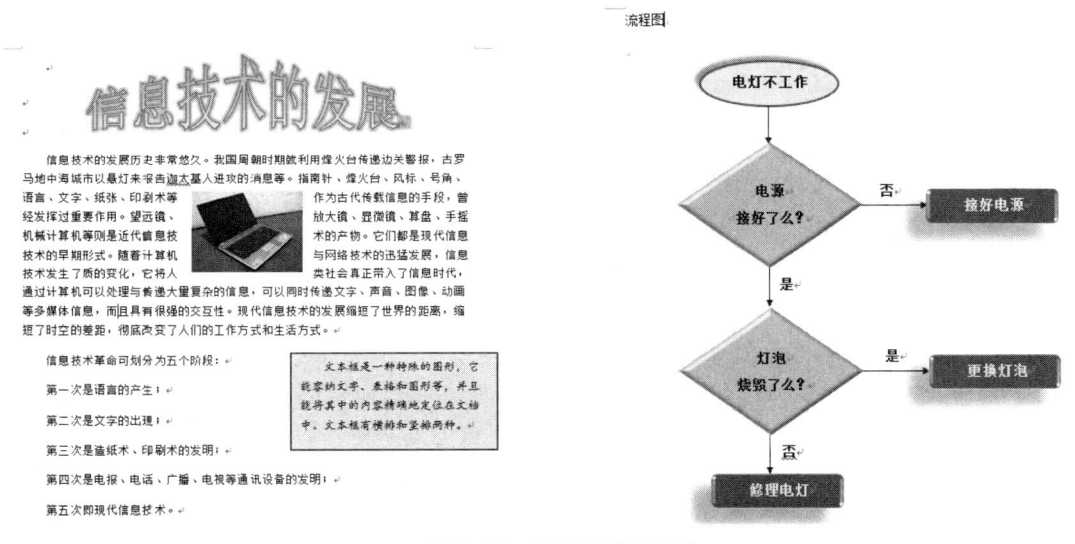

图 2-58　图文混排效果图

1．实训目的

（1）掌握图片、艺术字和文本框的插入及格式设置。

（2）掌握自选图形的绘制。

2．实训内容

（1）插入艺术字及格式设置。

将标题设置为艺术字，设置艺术字样式为"渐变填充：紫色，主题色 4；边框：紫色，主题色 4"。字体为宋体、初号。文字外观效果为："发光：5 磅；红色，主题色 2"，"正三角弯曲"转换。环绕文字方式设置为"紧密型环绕"，位置设置为"顶端居中"。

（2）插入图片及格式设置。

将练习目录中的图片 bjb.jpg 插入文档的第一段中间，并将图片的环绕文字方式设置为"四周型"，设置图片大小缩放：高度 90%，宽度 90%，并将该图片的艺术效果设置为"纹理化"，图片颜色的色调为 4700K。

(3) 插入文本框及格式设置。

在文档中插入横排文本框，并输入如下内容："文本框是一种特殊的图形，它能容纳文字、表格和图形等，并且能将其中的内容精确地定位在文档中。文本框有横排和竖排两种。"

设置文本框的填充颜色为黄色（标准色）、轮廓为红色（标准色）、线条粗细为 1.5 磅。环绕文字方式设置为"浮于文字上方"，文本框大小合适，位置置于文档段落"第一次是语言的产生"右侧空白处。文字首行缩进 2 字符。

(4) 在文档末尾"流程图"文字后面，使用"形状"图形工具绘制流程图，如图 2-59 所示。流程图包括椭圆、菱形、圆角矩形、箭头线和文本框，并组合成一个对象。

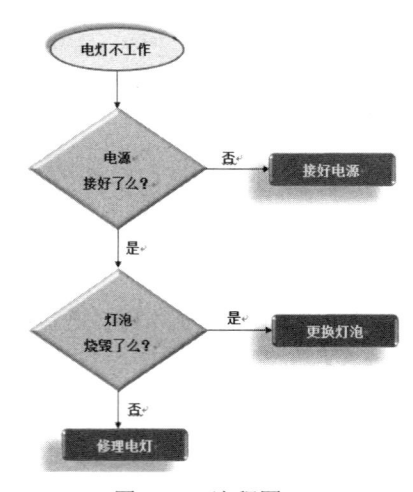

图 2-59　流程图

其中，椭圆设置轮廓"蓝色（标准色）"，填充颜色为"黄色（标准色）"，阴影效果为"左上斜偏移"，阴影的距离为 5 磅。菱形设置填充颜色为浅绿色（标准色），轮廓颜色为橙色（标准色），形状效果为"圆"棱台。圆角矩形设置填充颜色为紫色（标准色），轮廓颜色为黄色（标准色），形状效果为"预设 5"。文本框设置为无填充颜色、无轮廓。

3．实训步骤

先打开练习目录中的 Word 文档"信息技术的发展"。

(1) 将标题设置为艺术字，设置艺术字样式为"渐变填充：紫色，主题色 4；边框：紫色，主题色 4"。字体为宋体、初号。文字外观效果为："发光：5 磅；红色，主题色 2"，"正三角弯曲"转换。环绕文字方式设置为"紧密型环绕"，位置设置为"顶端居中"。

操作方法如下：

①插入艺术字，设置艺术字样式。选中标题文本，单击"插入"选项卡→"文本"组→"艺术字"下拉按钮。在弹出的"艺术字样式"下拉列表中选择第 2 行第 3 个艺术字样式，如图 2-60 所示。

②设置字体。选中标题文字，在"开始"选项卡→"字体"组中设置字体和字号。

③设置艺术字发光效果："发光：5 磅；红色，主题色 2"。单击"绘图工具-格式"选项卡→"艺术字样式"组→"文本

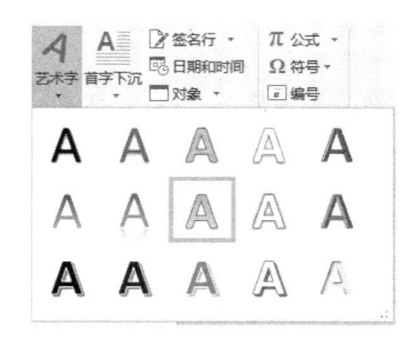

图 2-60　设置艺术字样式

效果"下拉按钮,在弹出的"文本效果"下拉菜单中选择"发光"→"发光变体",选择第一行第二个样式,如图 2-61 所示。

④设置艺术字转换效果:"正三角弯曲"转换。单击"绘图工具-格式"选项卡→"艺术字样式"组→"文本效果"下拉按钮,在弹出的"文本效果"下拉菜单中选择"转换"→"弯曲",选择第一行第三个样式,如图 2-62 所示。

图 2-61 艺术字"发光"效果　　　　　图 2-62 艺术字"转换"效果

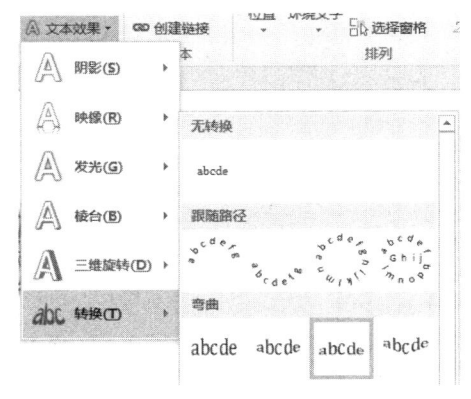

⑤设置环绕文字方式。单击"绘图工具-格式"选项卡→"排列"组→"环绕文字"下拉按钮,选择"紧密型环绕",如图 2-63 所示。

⑥设置艺术字位置。单击"绘图工具-格式"选项卡→"排列"组→"位置"下拉按钮,选择"顶端居中,四周型文字环绕",如图 2-64 所示。

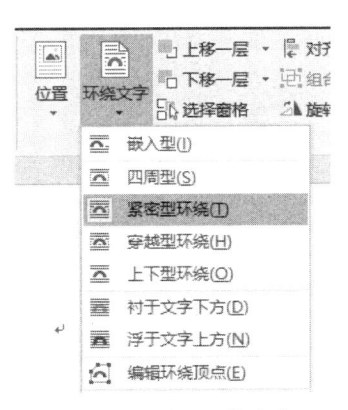

图 2-63 设置"环绕文字"　　　　　图 2-64 设置"位置"

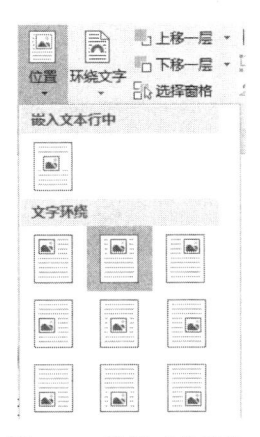

(2)插入图片及格式设置。将练习目录中的图片 bjb.jpg 插入文档的第一段中间,并将图片的环绕文字方式设置为"四周型",设置图片大小缩放:高度 90%,宽度 90%,并将该图片的艺术效果设置为"纹理化",图片颜色的色调为 4700K。

操作方法如下:

①插入图片。将光标定位在第一段的中间,单击"插入"选项卡→"插图"组→"图片"命令按钮,弹出"插入图片"对话框,打开练习目录文件夹,再选择图片文件 bjb.jpg,单击

"插入"按钮,将图片插入文档中,如图 2-65 所示。

②设置图片的环绕文字方式。选中插入的图片,单击"图片工具-格式"选项卡→"排列"组→"环绕文字"下拉按钮,选择"四周型",如图 2-66 所示。

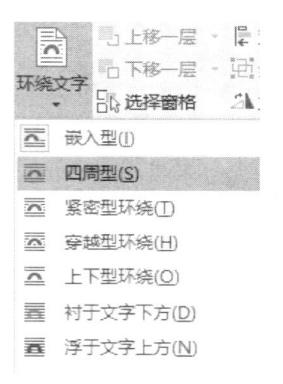

图 2-65　"插入图片"对话框　　　　图 2-66　设置图片环绕文字

③设置图片的大小。选中插入的图片,单击"图片工具-格式"选项卡→"大小"组→右下角小箭头,打开"布局"对话框,在"大小"选项卡下的"缩放"选项组中设置"高度"为 90%,设置"宽度"为 90%,如图 2-67 所示,单击"确定"按钮完成设置。

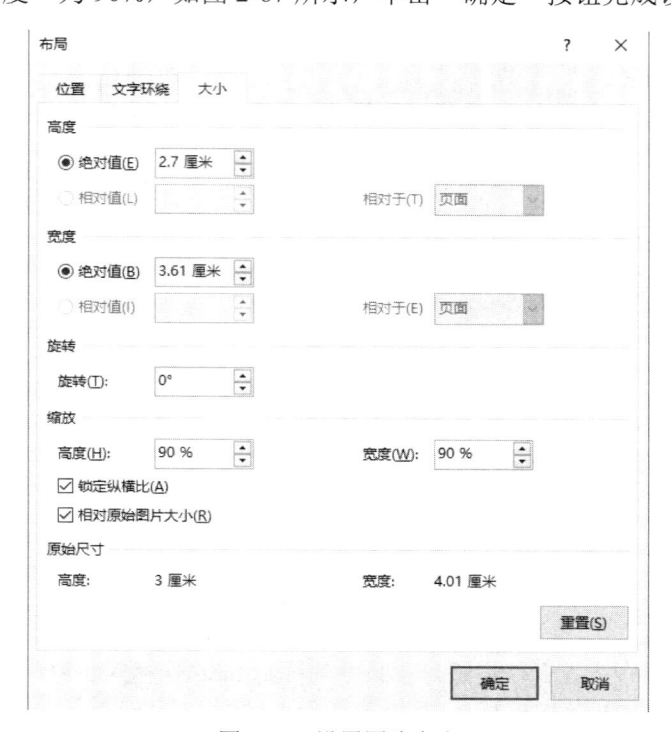

图 2-67　设置图片大小

④设置图片的艺术效果和颜色的色调。单击"图片工具-格式"选项卡→"调整"组→"艺术效果"下拉按钮,在下拉列表中选择"纹理化",如图 2-68 所示。再单击"颜色"下拉按钮,在下拉列表中选择"色调"下的"色温:4700",如图 2-69 所示。

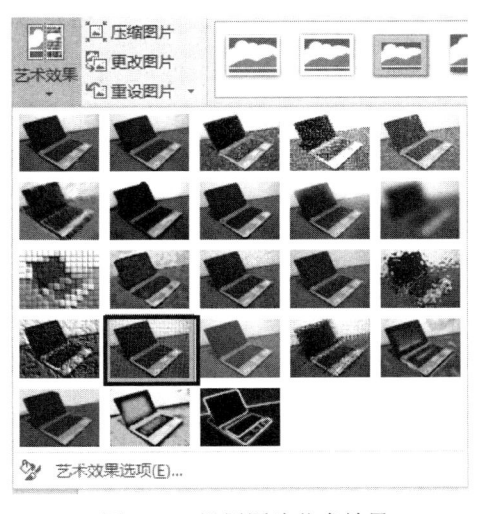

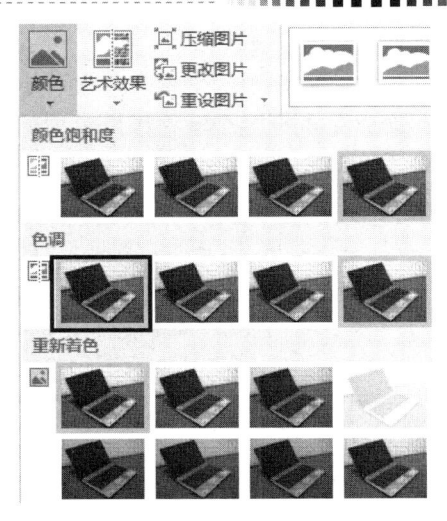

图 2-68　设置图片艺术效果　　　　　　　图 2-69　设置图片颜色的色调

（3）插入文本框及格式设置。

在文档中插入横排文本框，并输入如下内容："文本框是一种特殊的图形，它能容纳文字、表格和图形等，并且能将其中的内容精确地定位在文档中。文本框有横排和竖排两种。"设置文本框的填充颜色为黄色（标准色）、轮廓为红色（标准色）、线条粗细为 1.5 磅。环绕文字方式设置为"浮于文字上方"，文本框大小合适，位置置于文档段落"第一次是语言的产生"右侧空白处。文字首行缩进 2 字符。

操作方法如下：

①插入文本框。单击"插入"选项卡→"文本"组→"文本框"下拉按钮→"绘制文本框"命令，此时鼠标指针变为"十"形状，在空白处拖出一个文本框，并输入上述内容。

②设置文本框格式。先选择文本框，单击"绘图工具-格式"选项卡→"形状样式"组→"形状填充"下拉按钮，设置文本框的填充颜色为黄色。单击"形状轮廓"下拉按钮，在弹出的下拉菜单中设置线条颜色为红色、线条粗细为1.5磅，如图 2-70 所示。

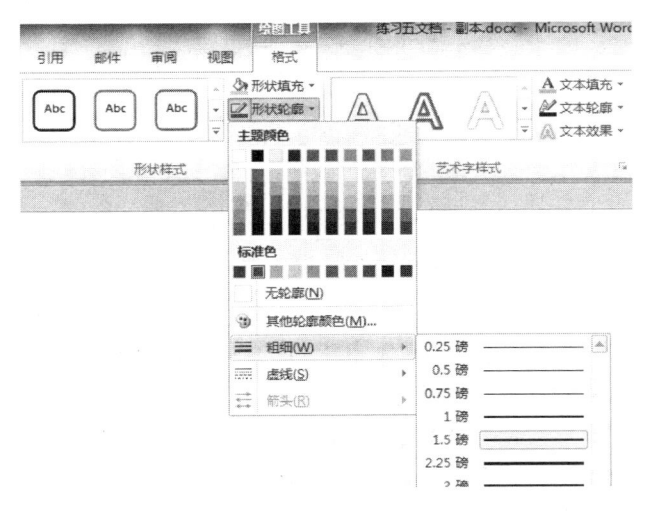

图 2-70　设置文本框轮廓

③在"排列"组中，单击"环绕文字"下拉按钮，选择"浮于文字上方"。

④单击文本框中的文本，进入文本段落编辑。在"段落"对话框中设置文字首行缩进 2 字符。调整文本框至合适大小，位置置于文档段落"第一次是语言的产生"右侧空白处，如图 2-71 所示。

图 2-71　设置文本框效果

（4）利用绘图工具在文档末绘制如图 2-59 所示的图形，并将它们组合在一起。

操作方法如下：

①将光标定位到文档末尾的页面中。

②绘制椭圆并设置格式。

◆ 单击"插入"选项卡→"插图"组→"形状"下拉按钮。在弹出的"基本形状"下拉列表中，单击"椭圆"命令按钮，如图 2-72 所示。在文档当前页面中，鼠标指针变成"十"形状，在空白的地方按住鼠标左键，拖出一个与样图基本一致的椭圆。

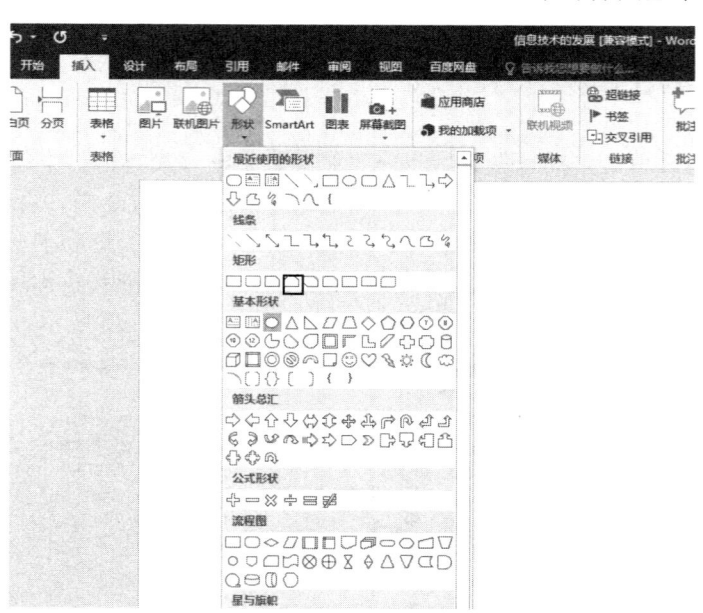

图 2-72　插入"形状"椭圆

◆ 设置线条颜色和填充颜色。与文本框设置一样，单击"绘图工具-格式"选项卡→"形状样式"组，设置轮廓为"蓝色（标准色）"，填充颜色为"黄色（标准色）"。

◆ 设置椭圆的阴影。单击"绘图工具-格式"选项卡→"形状样式"组→"形状效果"下拉按钮，在弹出的"形状效果"下拉菜单中选择"阴影"→"外部"，第九个阴影预设样式：左上斜偏移，如图 2-73 所示。

◆ 单击"绘图工具-格式"选项卡→"形状样式"组→"形状效果"下拉按钮，在弹出的"形状效果"下拉菜单中选择"阴影"→"阴影选项",打开"设置形状格式"对话框,将"距离"设置为 5 磅,如图 2-74 所示。

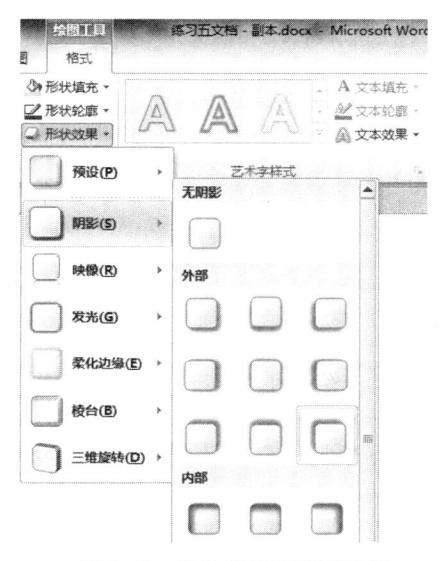

图 2-73　设置形状的阴影效果　　　　图 2-74　设置"阴影距离"

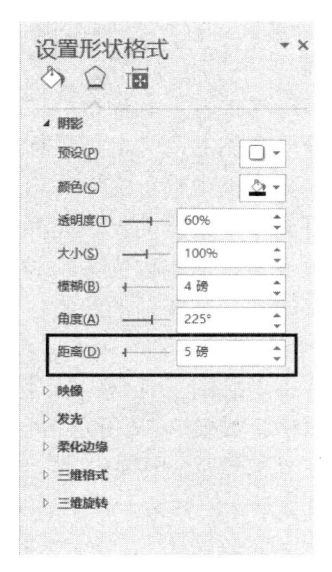

◆ 给椭圆添加文字内容。将鼠标指针移到椭圆上,单击鼠标右键,从弹出的快捷菜单中选择"添加文字"命令,此时就可以在椭圆里输入内容,并修改文字的颜色和大小。

③绘制箭头。

◆ 单击"插入"选项卡→"插图"组→"形状"下拉按钮,在弹出的"线条"下拉列表中单击"箭头"命令按钮,如图 2-75 所示。按住"Shift"键,用鼠标在椭圆下面拖动鼠标左键绘制一个垂直箭头。

◆ 将箭头的轮廓颜色设置为黑色。

④绘制菱形。

◆ 单击"插入"选项卡→"插图"组→"形状"下拉按钮,在弹出的"基本形状"下拉列表中单击"菱形"命令按钮,如图 2-76 所示。

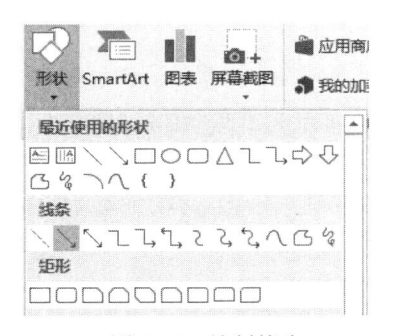

图 2-75　绘制箭头　　　　图 2-76　绘制菱形

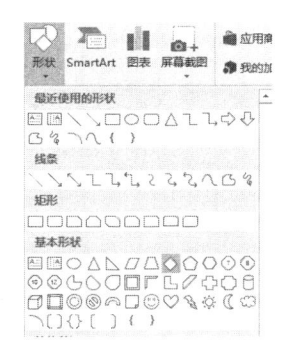

◆ 在箭头的下面拖动鼠标左键绘制菱形。
◆ 用方向键适当调整菱形的位置。
◆ 按照绘制椭圆的方法修改菱形的填充色、轮廓色和效果。

◆ 为菱形添加文字。
⑤按照上面的方法完成圆角矩形的绘制及效果设置。
⑥完成剩余形状的绘制,相同的形状可以采用复制的方法完成。
⑦绘制文本框。
◆ 单击"插入"选项卡→"文本"组→"文本框"下拉按钮,选择"绘制文本框",在菱形右侧的箭头上用鼠标左键拖动,绘制适当大小的文本框。
◆ 在文本框中输入文字"否"。
◆ 将文本框设置为无填充颜色、无轮廓。
◆ 适当调整文本框的大小和位置。
◆ 完成其余文本框的绘制。
⑧组合设置。
◆ 单击"绘图工具-格式"选项卡→"排列"组→"选择窗格"命令按钮,打开"选择"窗格,如图2-77所示。
◆ 在"形状"列表中,按"Ctrl"键选定该流程图中的所有形状对象,或直接在页面中选定。
◆ 单击"绘图工具-格式"选项卡→"排列"组→"组合"下拉按钮,选择"组合"命令,如图2-78所示,这些被选定的图形就组合成了一个对象。

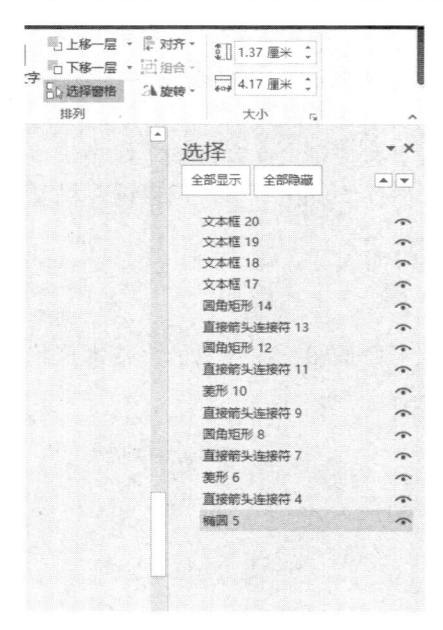

图 2-77　"选择"窗格　　　　　图 2-78　"组合"形状

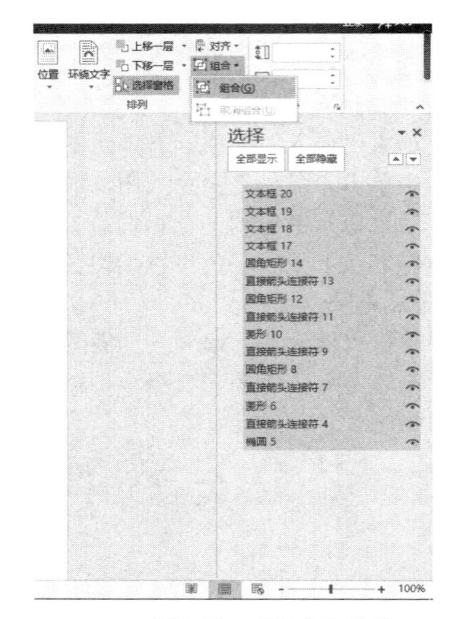

2.6　文字处理一级考试综合实训

【任务导入】
学生小李:张老师,我准备报名参加全国计算机等级考试(一级),有没有类似于一级考试的模拟练习题，方便在考前练习。

张老师：当然有啊，我们的机房里都安装了计算机一级考试模拟软件，软件的界面和题目都和一级考试类似。现在我们就一起来练习两套综合实训吧。

学生小李：太好了张老师，我都迫不及待想练习了，想看看自己到底掌握得怎么样。

2.6.1 文字处理综合实训（一）

1．实训目的

通过综合实训训练，让学生熟悉一级等级考试的考试类型及要求。

2．实训内容

本案例选用模拟软件中的考试题库试卷 4。

（1）打开文档 WORD1.docx，按照要求完成下列操作并以该文件名（WORD1.docx）保存文档。

①将文中所有"教委"替换为"教育部"，并设置为红色（标准色）、倾斜、加着重号。添加"传阅"文字水印，设置文字颜色为"橙色，个性色 2，淡色 60%"，版式为"水平"。

②将标题段文字（"高校科技实力排名"）设置为渐变文本填充（预设颜色：底部聚光灯-个性色 1；类型：矩形）、字符间距加宽 4 磅、三号、黑体、加粗、居中。

③将正文第一段（"由教育部授权，……权威性是不容置疑的"）左右各缩进 2 字符，悬挂缩进 2 字符，行距固定值 18 磅；将正文第二段（"根据 6 月 7 日，……，'高校科研经费排行榜'。"）分为等宽的两栏，栏间加分隔线；为"高校科研经费排行榜"一段文字加超链接，地址为"http://www.uniranks.edu.cn"。

（2）打开文档 WORD2.docx，按照要求完成下列操作并以该文件名（WORD2.docx）保存文档。

①插入一个 6 行 6 列的表格，固定列宽为 2 厘米。表格样式为"网络表 1 浅色-着色 4"。设置表格居中，各行行高为 0.8 厘米；设置表格外框线为 3 磅绿色（RGB 颜色模式：红色 0，绿色 250，蓝色 10）单实线，内框线为 1 磅绿色（RGB 颜色模式：红色 0，绿色 250，蓝色 10）单实线。

②为表格加入表标题"Office 2010 表格新功能"，标题文字设置为四号、加粗、居中，字体为华文彩云。第 1 行第 1～3 列单元格分别输入"序号""功能""说明"；第 4～6 列单元格也分别输入"序号""功能""说明"。再次设置第 3 列右侧框线为 3 磅绿色（RGB 颜色模式：红色 0，绿色 250，蓝色 10）单实线，并为表格设置"重复标题行"。

3．实训内容步骤

打开一级模拟考试软件，依据路径"考试题库"→"Office 2016 版考试题库试卷 4"→"字处理"，找到题目，开始操作。

（1）打开文档 WORD1.docx，按照要求完成下列操作并以该文件名（WORD1.docx）保存文档。

①将文中所有"教委"替换为"教育部"，并设置为红色（标准色）、倾斜、加着重号。添加"传阅"文字水印，设置文字颜色为"橙色，个性色 2，淡色 60%"，版式为"水平"。

操作方法如下：

◆ 单击"开始"选项卡→"编辑"组→"替换"按钮，打开"查找和替换"对话框。

- 在"查找内容"中输入"教委",在"替换为"中输入"教育部"。
- 单击"更多"按钮,在"替换"选项组中单击"格式"按钮,从下拉列表中选择"字体"命令,打开"替换字体"对话框。
- 在"字体"选项卡中设置"字体颜色"为红色(标准色),设置"字形"为倾斜,设置着重号为".",如图2-79所示。单击"确定"按钮,返回"查找和替换"对话框,单击"全部替换"按钮,在弹出的提示框中单击"是"按钮,最后单击"关闭"按钮。
- 单击"设计"选项卡→"页面背景"组→"水印"下拉按钮,在下拉列表中选择"自定义水印",打开"水印"对话框,选择"文字水印"。
- 在"文字"文本框中输入"传阅",设置颜色为"橙色,个性色2,淡色60%",在"版式"选项组中选中"水平"单选按钮,如图2-80所示,单击"确定"按钮。

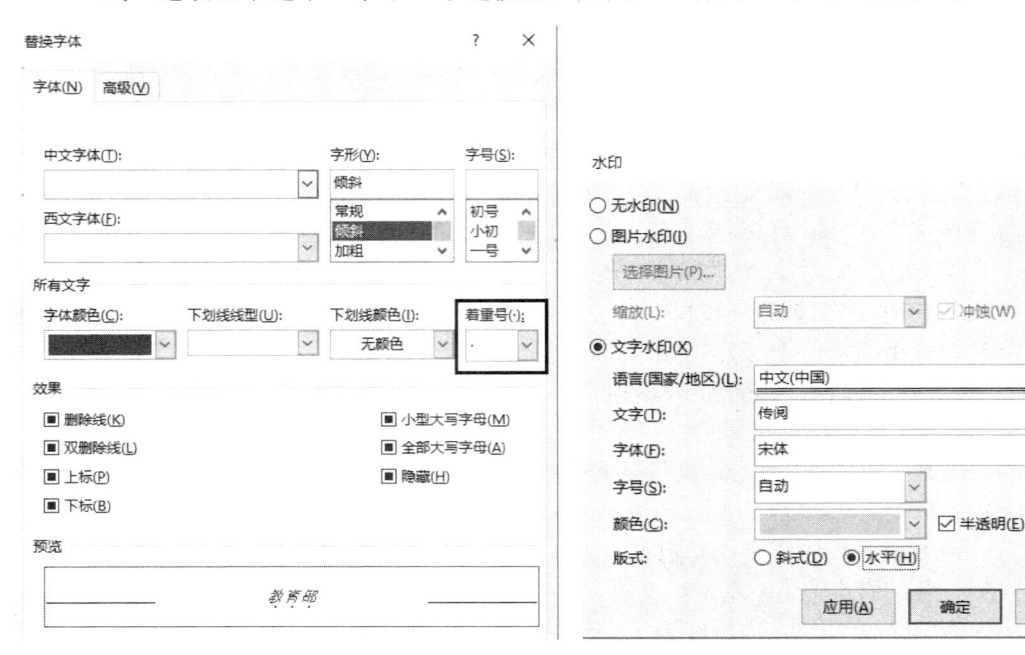

图2-79 "替换字体"对话框   图2-80 "水印"对话框

②将标题段文字("高校科技实力排名")设置为渐变文本填充(预设颜色:底部聚光灯-个性色1,类型:矩形)、字符间距加宽4磅、三号、黑体、加粗、居中。

操作方法如下:

- 选中标题段文字("高校科技实力排名")。
- 单击"开始"选项卡→"字体"组→"字体"对话框启动按钮 ,打开"字体"对话框。
- 在"字体"选项卡中设置"中文字体"为"黑体",设置"字形"为"加粗",设置"字号"为"三号"。
- 单击"文字效果"按钮,打开"设置文本效果格式"对话框,单击"文本填充"将其展开,选中"渐变填充"单选按钮,在"预设渐变"下拉列表中选择"底部聚光灯-个性色1",设置"类型"为"矩形",如图2-81所示,单击"确定"按钮返回"字体"对话框。

◆ 切换到"高级"选项卡，设置"间距"为"加宽"，设置其"磅值"为"4磅"，如图 2-82 所示，单击"确定"按钮完成设置。

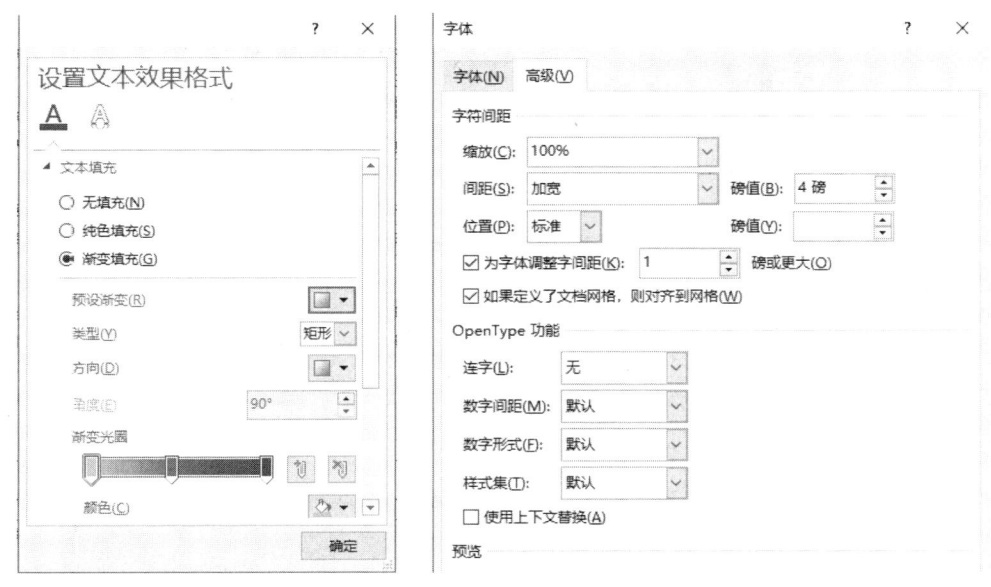

图 2-81　设置渐变文本填充　　　　图 2-82　设置字符间距

◆ 单击"开始"选项卡→"段落"组→"居中"按钮 ≡ 将标题居中。

③将正文第一段（"由教育部授权，……权威性是不容置疑的"）左右各缩进 2 字符，悬挂缩进 2 字符，行距固定值 18 磅；将正文第二段（"根据 6 月 7 日，……，'高校科研经费排行榜'。"）分为等宽的两栏，栏间加分隔线；为"高校科研经费排行榜"一段文字加超链接，地址为"http://www.uniranks.edu.cn"。

操作方法如下：

◆ 选中第一段内容（"由教育部授权，……权威性是不容置疑的"）。
◆ 单击"开始"选项卡→"段落"组→"段落"对话框启动按钮 ⌐，打开"段落"对话框。
◆ 在"缩进和间距"选项卡的"缩进"选项组中，设置"左侧"为"2 字符"，设置"右侧"为"2 字符"，设置"特殊"为"悬挂缩进"，其"缩进值"默认为"2 字符"；在"间距"选项组中，设置"行距"为"固定值"，其"设置值"为"18 磅"。
◆ 选中正文第二段（"根据 6 月 7 日，……，'高校科研经费排行榜'。"）。
◆ 单击"布局"选项卡→"页面设置"组→"栏"下拉按钮，在下拉列表中选择"更多栏"，打开"栏"对话框。
◆ 在"预设"选项组中单击"两栏"，勾选"分隔线"复选框，默认勾选"栏宽相等"复选框，单击"确定"按钮。
◆ 选中正文中文字"高校科研经费排行榜"。
◆ 单击"插入"选项卡→"链接"组→"链接"按钮，打开"插入超链接"对话框，在"链接到"中选择"现有文件或网页"，在"地址"文本框中输入链接到的网址"http://www.uniranks.edu.cn"，如图 2-83 所示，单击"确定"按钮。
◆ 保存并关闭文件。

图 2-83 插入超链接

（2）打开文档 WORD2.docx，按照要求完成下列操作并以该文件名（WORD2.docx）保存文档。

①插入一个6行6列表格，固定列宽为2厘米。表格样式为"网络表1浅色-着色4"。设置表格居中，各行行高为0.8厘米；设置表格外框线为3磅绿色（RGB颜色模式：红色0，绿色250，蓝色10）单实线，内框线为1磅绿色（RGB颜色模式：红色0，绿色250，蓝色10）单实线。

操作方法如下：

◆ 单击"插入"选项卡→"表格"组→"表格"下拉按钮，选择"插入表格"，打开"插入表格"对话框。

◆ 设置"列数"为"6"，设置"行数"为"6"，设置"固定列宽"为"2厘米"，如图 2-84 所示，单击"确定"按钮。

◆ 选中表格，单击"表格工具-设计"选项卡→"表格样式"组→"其他"按钮，在下拉列表中选择"网络表1浅色-着色4"。

◆ 选中表格，单击"开始"选项卡→"段落"组→"居中"按钮，将表格居中。

◆ 选中表格，单击"表格工具-布局"选项卡→"单元格大小"组，设置"高度"为0.8厘米。

◆ 选中表格，单击"表格工具-设计"选项卡→"边框"组→"边框和底纹"对话框启动按钮，打开"边框和底纹"对话框。

◆ 在"边框"选项卡的"设置"栏选择"自定义"图标。在"边框"选项卡的"样式"列表框中选择"单实线"线型，单击"颜色"下拉按钮并在下拉列表中选择"其他颜色"，打开"颜色"对话框，切换到"自定义"选项卡，设置"颜色模式"为"RGB"，设置R、G、B分别为0、250、10，如图2-85所示，单击"确定"按钮。再设置"宽度"为"3.0磅"，在"预览"区中单击表格的外框线。

◆ 设置"宽度"为"1.0磅"，在"预览"区中单击表格内部的中心位置，单击"确定"按钮。

图 2-84　表格固定列宽　　　　　　　　图 2-85　自定义颜色

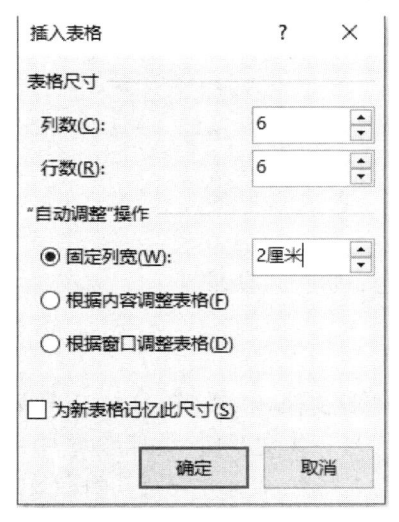

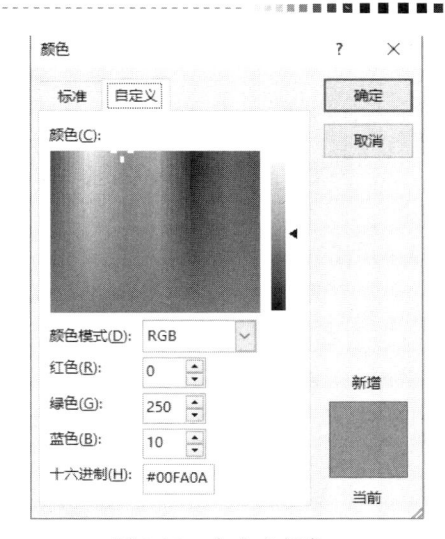

②为表格加入表标题"Office 2010 表格新功能",标题文字设置为四号、加粗、居中,字体为华文彩云。第 1 行第 1～3 列单元格分别输入"序号""功能""说明";第 4～6 列单元格也分别输入"序号""功能""说明"。再次设置第 3 列右侧框线为 3 磅绿色(RGB 颜色模式:红色 0,绿色 250,蓝色 10)单实线,并为表格设置"重复标题行"。

操作方法如下:

◆ 将光标定位于表格第一行第一列单元格中,然后按"Enter"键,在表格上方出现的空行中输入表标题"Office 2010 表格新功能"。

◆ 选中表标题,在"开始"功能区→"字体"组中设置标题为四号、加粗、居中,字体为华文彩云,在"开始"功能区→"段落"组中设置标题居中。

◆ 单击表格第一行第一列单元格,输入文字"序号",在第一行第二列单元格中输入"功能",在第一行第三列单元格中输入"说明"。按照同样的方法,在第一行第 4～6 列单元格也分别输入"序号""功能""说明"。

◆ 将光标定位在表格中,单击"表格工具-设计"选项卡→"边框"组,设置"笔样式"为"单实线",设置"笔划粗细"为"3.0 磅";单击"笔颜色"下拉按钮并在下拉列表中选择"其他颜色",打开"颜色"对话框,切换到"自定义"选项卡,设置"颜色模式"为"RGB",设置 R、G、B 值分别为 0、250、10,单击"确定"按钮。此时鼠标光标变为笔刷形状,沿表格第三列右侧框线划线,如图 2-86 所示。最后在"边框"组中单击"边框刷"按钮。

图 2-86　边框刷的使用

◆ 选中表格第一行，单击"表格工具-布局"选项卡→"数据"组→"重复标题行"按钮。
◆ 保存并关闭文件。

2.6.2 文字处理综合实训（二）

1．实训目的
通过综合实训训练，让学生熟悉一级等级考试的考试类型及要求。

2．实训内容
本案例选用模拟软件中的新增题库试卷 1。

打开文档 WORD.DOCX，按照要求完成下列操作并以该文件名（WORD.DOCX）保存文档。

（1）将标题段文字（"指标体系构建"）设置为小一号、华文新魏、加粗、居中；将文本效果设置为"渐变填充：金色，主题色 4；边框：金色，主题色 4"，并设置其阴影效果为"透视/透视：左下"，阴影颜色为紫色（标准色）；然后将标题段文字间距紧缩 1.3 磅。

（2）将正文各段文字（"本文指标体系的构建……如表 3.1 所示。"）的中文字体设置为小四号、仿宋，西文字体设置为 Times New Roman 字体，段落格式为 1.15 倍行距、段前间距 0.4 行；将正文中的 5 个小标题（"（1）、（2）、（3）、（4）、（5）"）修改成新定义的项目符号"▶▶"（Webdings 字体中。请注意：如果设置项目符号带来字号变化请及时修正！！！没有则忽略此提示）；在正文倒数第二段（"综上所述，……如图 3.1 所示。"）前插入文件夹中的图片"图 3-1"，设置图片大小缩放：高度 80%，宽度 80%，文字环绕为"上下型"，设置图片颜色的色调为 4700K。

（3）在页面底端插入"普通数字 2"样式页码，设置页码编号格式为"-1-、-2-、-3-……"，起始页码为"-3-"；在"文件"菜单下编辑修改该文档的高级属性：作者改为"NCRE"，单位改为"NEEA"，文档主题改为"Office 字处理应用"；在页面顶端插入"空白型"页眉，页眉内容为该文档主题；为页面添加文字水印"学位论文"。

（4）将文中最后 25 行文字（即"表 3.1 指标文献依据表"以后的所有文字）按照制表符转换成一个 16 行 3 列的表格；合并第一列的 2~6、7~9、10~12、13~14、15~16 单元格；设置表格中所有文字：字号为小四，中文字体为仿宋，西文为 Times New Roman，根据内容自动调整表格；设置表格居中、表格重复标题行；设置表标题"表 3.1 指标文献依据表"字体为四号、华文楷体、居中。

（5）设置表格外框线和第 1~2 行间的内框线为蓝色（标准色）1.5 磅单实线，其余内框线为蓝色（标准色）0.75 磅单实线；为表格第一行、第一列填充底纹："金色，个性色 4，淡色 80%"。

3．实训步骤

打开一级模拟考试软件，依据路径"新增题库"→"Office 2016 版新增题库试卷 1"→"字处理"，找到题目，开始操作。

（1）将标题段文字（"指标体系构建"）设置为小一号、华文新魏、加粗、居中；将文本效果设置为"渐变填充：金色，主题色 4；边框：金色，主题色 4"，并设置其阴影效果为"透视/透视：左下"，阴影颜色为紫色（标准色）；然后将标题段文字间距紧缩 1.3 磅。

操作方法如下：

①标题字体设置。选中标题段文字，在"开始"选项卡的"字体"组设置字号为小一号、

字体为华文新魏、加粗，在"开始"选项卡的"段落"组设置标题居中。

②文本效果设置。在"开始"选项卡的"字体"组中单击"文本效果和版式"下拉按钮，在下拉列表中选择"渐变填充：金色，主题色 4；边框：金色，主题色 4"效果，如图 2-87 所示。

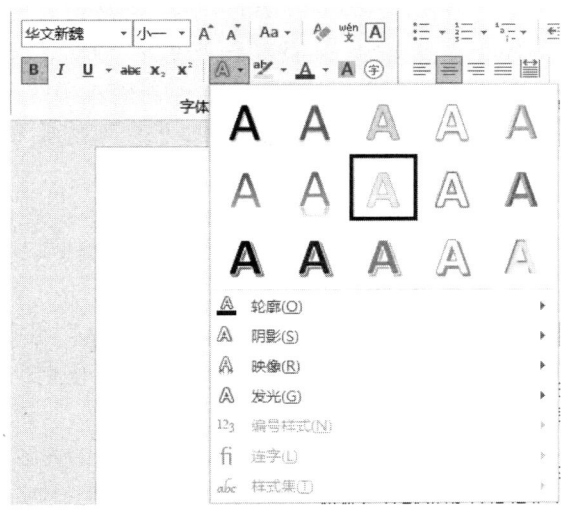

图 2-87　设置渐变填充

③阴影效果设置。在"开始"选项卡的"字体"组中单击"文本效果和版式"下拉按钮，在下拉列表中选择"阴影"→"透视"→"左下"，如图 2-88 所示；选择"阴影选项"命令，在窗口右侧出现"设置文本效果格式"窗格，在"颜色"下拉列表中选择"紫色"，如图 2-89 所示，最后关闭该窗格。

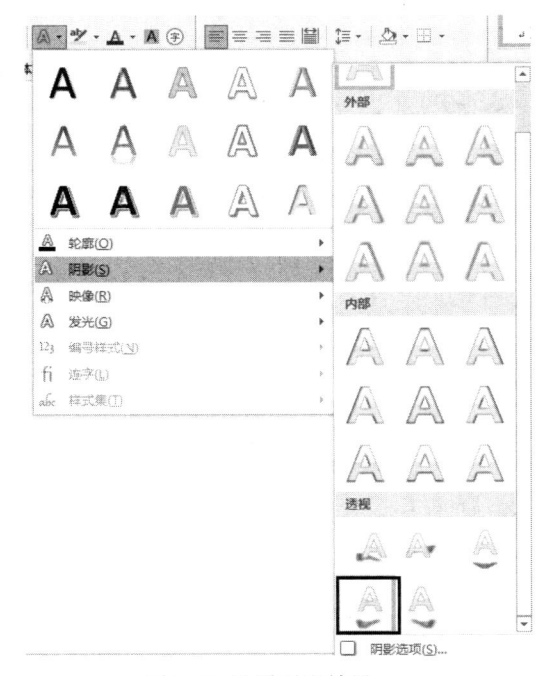

图 2-88　设置阴影效果

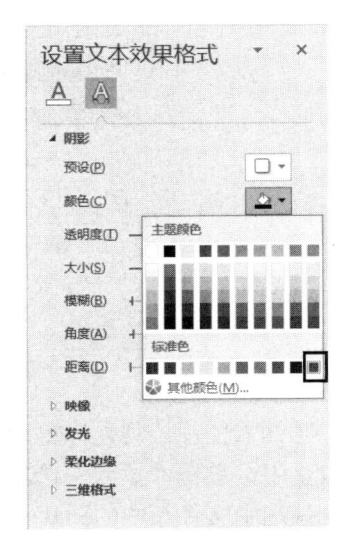

图 2-89　设置阴影颜色

④字符间距设置。选中标题段文字,在"开始"选项卡的"字体"组中打开"字体"对话框,切换到"高级"选项卡,设置"间距"为"紧缩",设置其"磅值"为"1.3 磅",单击"确定"按钮。

(2) 将正文各段文字("本文指标体系的构建……如表 3.1 所示。")的中文字体设置为小四号、仿宋,西文字体设置为 Times New Roman 字体,段落格式为 1.15 倍行距、段前间距 0.4 行;将正文中的 5 个小标题("(1)、(2)、(3)、(4)、(5)")修改成新定义的项目符号"▶▶";在正文倒数第二段("综上所述,……如图 3.1 所示。")前插入文件夹中的图片"图 3-1",设置图片大小缩放:高度 80%,宽度 80%,文字环绕为"上下型",设置图片颜色的色调为 4700K。

操作方法如下:

①正文字体设置。选中正文,在"开始"选项卡的"字体"组中打开"字体"对话框,在"字体"选项卡中,设置"中文字体"为"仿宋","西文字体"为"Times New Roman","字号"为"小四",单击"确定"按钮。

②正文段落设置。选中正文,在"开始"选项卡的"字体"组中打开"段落"对话框,设置"行距"为"多倍行距",设置"值"为"1.15",设置"段前"为"0.4 行",单击"确定"按钮完成设置。

③修改项目符号。选中正文中的 5 个小标题(选中不连续的内容用"Ctrl"键),单击"开始"选项卡→"段落"组→"项目符号"下拉按钮,在下拉列表中选择"定义新项目符号",打开"定义新项目符号"对话框。单击"符号"按钮,弹出"符号"对话框,在"字体"下拉列表中选择"Webdings",找到并选中符号"▶▶",如图 2-90 所示,单击"确定"按钮返回"定义新项目符号"对话框,单击"确定"按钮,最后删除小标题中的编号("(1)、(2)、(3)、(4)、(5)")。若设置完项目符号后,文中 5 个小标题的字号发生变化,需将小标题的字号修改为"小四"。

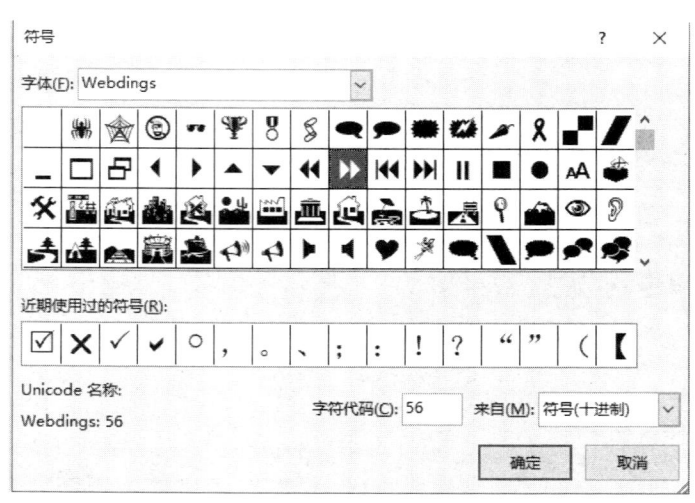

图 2-90 定义新项目符号

④插入图片。将光标置于文字"综上所述"之前并按"Enter"键,再将光标置于新出现的段落中,单击"插入"选项卡→"插图"组→"图片"按钮,打开"插入图片"对话框,找到并选中文件夹中的图片,单击"插入"按钮。

⑤设置图片格式。选中插入的图片,单击"图片工具-格式"选项卡→"大小"组→"布

局"对话框启动器按钮，打开"布局"对话框，设置"缩放"选项组中的"高度"为"80%"，"宽度"为"80%"。切换到"文字环绕"选项卡中，设置"环绕方式"为"上下型"，单击"确定"按钮（若产生新的空段落，需要将其删除）。单击"图片工具-格式"选项卡→"调制"组→"颜色"下拉按钮，在下拉列表中选择"色调"→"色温：4700K"，如图2-91所示。

图2-91 设置图片的色调

（3）在页面底端插入"普通数字2"样式页码，设置页码编号格式为"-1-、-2-、-3-……"，起始页码为"-3-"；在"文件"菜单下编辑修改该文档的高级属性：作者改为"NCRE"，单位改为"NEEA"，文档主题改为"Office字处理应用"；在页面顶端插入"空白型"页眉，页眉内容为该文档主题；为页面添加文字水印"学位论文"。

操作方法如下：

①插入页码。单击"插入"选项卡→"页眉和页脚"组→"页码"下拉按钮，在下拉列表中选择"设置页码格式"，弹出"页码格式"对话框，设置"编码格式"为"-1-、-2-、-3-……"，选中"起始页码"单选按钮，设置"起始页码"为"-3-"，单击"确定"按钮。单击"插入"选项卡→"页眉和页脚"组→"页码"下拉按钮，在下拉列表中选择"页面底端"→"普通数字2"。

②修改文档的高级属性。单击窗口左上角的"文件"按钮，在弹出的菜单中选择"信息"，在"信息"区域中单击"属性"下拉按钮，在下拉列表中选择"高级属性"命令，如图2-92所示，弹出"WORD.DOCX属性"对话框。在"摘要"选项卡中，将"作者"文本框中的原内容删除并输入"NCRE"，将"单位"文本框中的原内容删除并输入"NEEA"，在"主题"文本框中输入"Office字处理应用"，如图2-93所示，单击"确定"按钮完成设置。

③插入页眉。单击"开始"选项卡→"页眉和页脚"组→"页眉"下拉按钮，在下拉列表中选择"内置"下的"空白"，将光标置于页眉中，单击"页眉和页脚工具-设计"选项

卡→"插入"组→"文档部件"下拉按钮,在下拉列表中选择"文档属性"→"主题",如图 2-94 所示。最后在正文中双击返回正文进行编辑。

图 2-92 高级属性

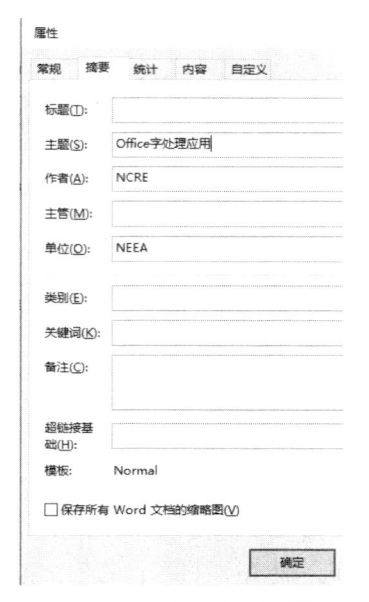

图 2-93 修改文档高级属性　　　　　　　图 2-94 插入页眉

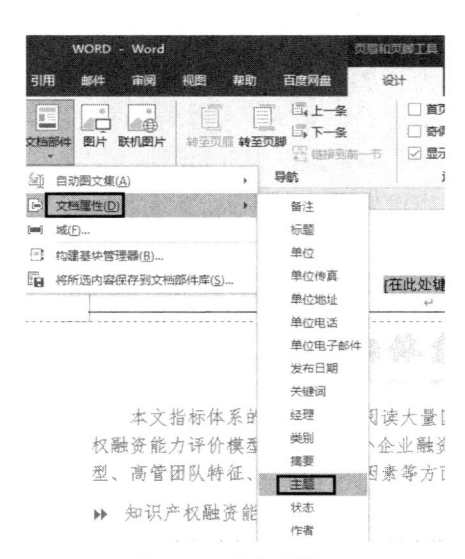

④添加水印。单击"设计"选项卡→"页面背景"组→"水印"下拉按钮,在下拉列表中选择"自定义水印",弹出"水印"对话框,选中"文字水印"单选按钮,在"文字"文本框中输入"学位论文",单击"确定"按钮。

(4)将文中最后 25 行文字（即"表 3.1 指标文献依据表"以后的所有文字）按照制表符转换成一个 16 行 3 列的表格；合并第一列的 2～6、7～9、10～12、13～14、15～16 单元格；设置表格中所有文字：字号为小四，中文字体为仿宋，西文为 Times New Roman，根据内容自动调整表格；设置表格居中、表格重复标题行；设置表标题"表 3.1 指标文献依据表"字体为四号、华文楷体、居中。

操作方法如下：

①文本转换成表格。选中文中最后 25 行文字，单击"插入"选项卡→"表格"组→"表格"下拉按钮，在下拉列表中选择"文本转换成表格"命令，弹出"将文字转换成表格"对话框，单击"确定"按钮。

②合并单元格。选中表格第一列第 2～6 行单元格并单击鼠标右键，在弹出的快捷菜单中选择"合并单元格"命令。按照同样的方法合并第一列第 7～9、10～12、13～14、15～16 行单元格。

③设置表格中文字字体。选中表格，在"开始"选项卡的"字体"组中打开"字体"对话框，在"字体"选项卡中设置"中文字体"为"仿宋"，设置"西文字体"为"Times New Roman"，设置"字号"为"小四"，单击"确定"按钮。

④根据内容自动调整表格。选中表格，单击"表格工具-布局"选项卡→"单元格大小"组→"自动调整"下拉按钮，在下拉列表中选择"根据内容自动调整表格"，如图 2-95 所示。

⑤设置表格居中。选中表格，在"开始"选项卡的"段落"组中单击"居中"按钮。

⑥设置表格重复标题行。选中表格第一行，单击"表格工具-布局"选项卡→"数据"组→"重复标题行"按钮，如图 2-96 所示。

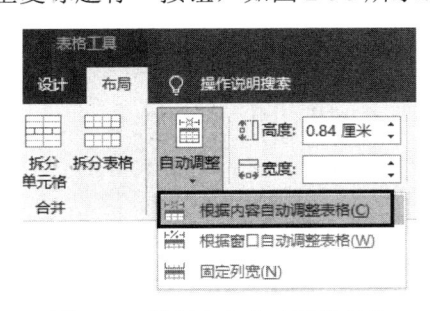

图 2-95　根据内容自动调整表格　　　　　图 2-96　重复标题行

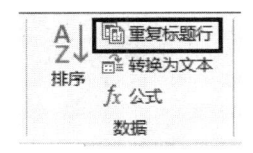

⑦设置表标题字体和对齐方式。选中表标题"表 3.1 指标文献依据表"，在"开始"选项卡的"字体"组中设置"字体"为"华文楷体"，设置"字号"为"四号"；在"段落"组中单击"居中"按钮。

(5)设置表格外框线和第 1～2 行间的内框线为蓝色（标准色）1.5 磅单实线，其余内框线为蓝色（标准色）0.75 磅单实线；为表格第一行、第一列填充底纹："金色，个性色 4，淡色 80%"。

操作方法如下：

①设置表格外框线。选中表格，单击"表格工具-设计"选项卡→"边框"组右下角的"边框和底纹"对话框启动按钮，弹出"边框和底纹"对话框。在"边框"选项卡中，在"设置"中选择"自定义"，设置"样式"为"单实线"，设置"颜色"为"蓝色（标准色）"，设置"宽度"为"1.5 磅"，在右侧"预览"区中单击表格的外框线。

②设置表格内框线。设置"宽度"为"0.75 磅",在右侧"预览"区中单击表格的内框线,单击"确定"按钮。

③设置第 1~2 行间的内框线。在"表格工具-设计"功能区的"边框"组中设置"笔样式"为"单实线",设置"笔划粗细"为"1.5 磅",设置"笔颜色"为"蓝色(标准色)",此时,光标变为笔刷形状,按住鼠标左键不放,沿表格第 1~2 行间的框线拖动画线,画完后单击"边框刷"按钮。

④填充底纹。选中表格第一行,单击"表格工具-设计"选项卡→"表格样式"组→"底纹"下拉按钮,在下拉列表中选择"金色,个性色 4,淡色 80%"。按照同样的方法设置第一列的底纹。

2.7 文字处理应用实战训练

【任务导入】

学生小李:张老师,我的调研报告已经交给专业老师了,老师对我的报告非常满意。通过前面一级考试两套题的训练,我觉得自己对 Word 软件已经掌握得非常好了。

张老师:太好了小李,恭喜你又掌握了一项技能。为了与现实更加贴切,今天请同学们完成一个报纸的版面设计,有没有信心完成?

学生小李:老师,没问题,一定完成任务。

本次实训任务:根据实训内容完成对文字处理的综合练习,效果如图 2-97 所示。

图 2-97 应用实战效果图

1. 实训内容

(1)设置"本期导读"中的字体格式

将"本期导读"中的中文字体设置为宋体,西文字体设置为 Times New Roman。将文字"A 版:"和"B 版:"设置为小四号、红色(标准色)、加粗;将"本期导读"中其他文字设置为五号、蓝色(标准色)、加粗、加下画线,如图 2-98 所示。

（2）设置"哦！我的学业"中的段落格式

将"哦！我的学业"中的内容设置为首行缩进 2 字符、单倍行距，如图 2-99 所示。

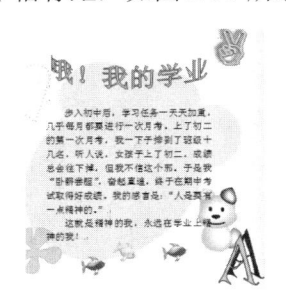

图 2-98　"本期导读"中的字体设置　　　　图 2-99　"哦！我的学业"中的段落设置

（3）修改文本框中的文字方向

将 B 版中"我喜爱的体育明星"下面文本框中的文字方向改为"竖向"。

（4）插入图片

将图片"郭晶晶"插入"我喜爱的体育明星"下，将其环绕文字方式设置为"浮于文字上方"，设置图片的大小为：高度 5.02 厘米，宽度 3.71 厘米，如图 2-100 所示。

（5）表格操作

将"我关注的互联网"中的文字"2020 年中国互联网金融 Top10"设置为居中；将其余内容转换为 11 行 6 列的表格。设置表格第 1 列的列宽为 1.5 厘米，第 2 列的列宽为 3 厘米；设置表格中所有文字的对齐方式为水平居中；设置表格第一行的底纹为橙色（标准色）；按"iSite"列降序排列表格内容，如图 2-101 所示。

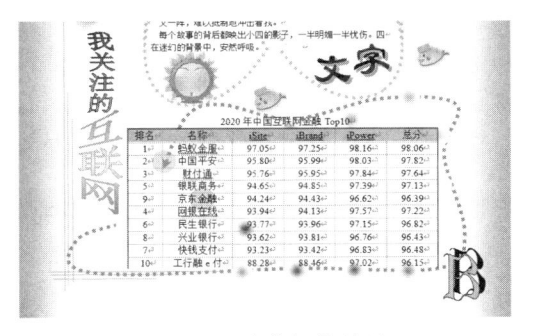

图 2-100　插入图片　　　　图 2-101　表格操作结果

2．实训步骤

（1）将"本期导读"中的中文字体设置为宋体，西文字体设置为 Times New Roman。将文字"A 版："和"B 版："设置为小四号、红色（标准色）、加粗；将"本期导读"中其他文字设置为五号、蓝色（标准色）、加粗、加下画线。

操作方法如下：

①选中"本期导读"中的内容。

②打开"字体"对话框，在"中文字体"下拉列表中选择"宋体"，在"西文字体"下拉列表中选择"Times New Roman"，如图 2-102 所示，单击"确定"按钮完成设置。

③选中文字"A 版："和"B 版："。

④设置字体格式为小四号、红色、加粗。

⑤选中"本期导读"中的其他文字。

⑥设置字体格式为五号、蓝色、加粗、加下画线。

（2）将"哦！我的学业"中的内容设置为首行缩进 2 字符、单倍行距。

操作方法如下：

①选中"哦！我的学业"中的内容。

②打开"段落"对话框，设置"特殊格式"为"首行缩进"，设置"磅值"为"2 字符"，设置"行距"为"单倍行距"，如图 2-103 所示。

图 2-102　"字体"对话框　　　　　　图 2-103　"段落"对话框

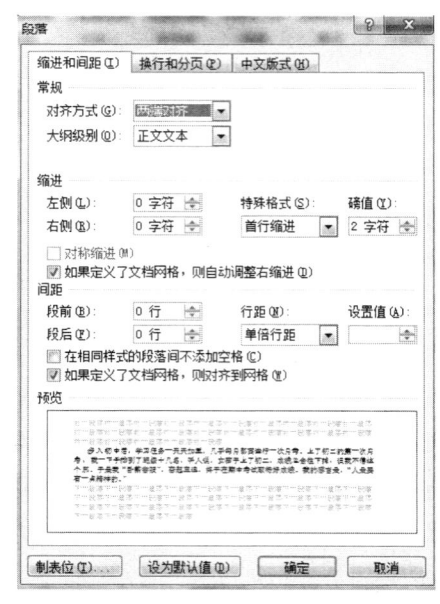

（3）将 B 版中"我喜爱的体育明星"下面文本框中的文字方向改为"竖向"。

操作方法如下：

①选中 B 版中"我喜爱的体育明星"下面的文本框。

②单击"文本框工具-格式"选项卡→"文本"组→"文字方向"按钮，将文字方向改为"竖向"，如图 2-104 所示。

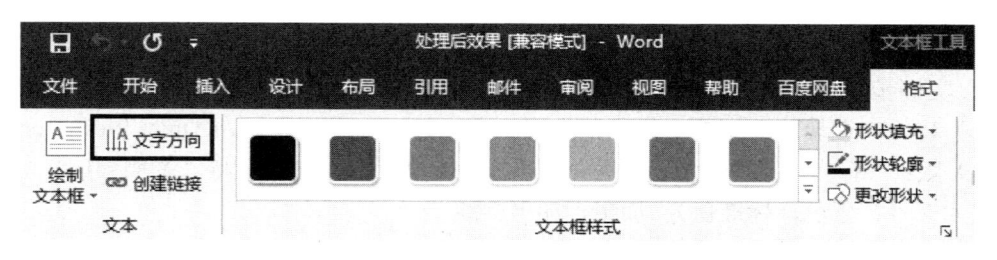

图 2-104　修改文本框中的"文字方向"

（4）将图片"郭晶晶"插入"我喜爱的体育明星"下，将其环绕文字方式设置为"浮于文字上方"，设置图片的大小为：高度 5.02 厘米，宽度 3.71 厘米。

操作方法如下：

①插入图片。将光标定位在文本框之外，单击"插入"选项卡→"插图"组→"图片"

命令按钮，弹出"插入图片"对话框，打开练习目录文件夹，再选择图片文件"郭晶晶"，单击"插入"按钮，将图片插入文档中。

②设置图片的环绕方式。选中插入的图片，单击"图片工具-格式"选项卡→"排列"组→"环绕文字"下拉按钮，在下拉列表中选择"浮于文字上方"。

③设置图片的大小。选中插入的图片，单击"图片工具-格式"选项卡→"大小"组→右下角小箭头，打开"布局"对话框，取消对"锁定纵横比"复选框的选择，在"高度"数值框中输入"5.02厘米"，"宽度"数值框中输入"3.71厘米"，如图2-105所示，单击"确定"按钮完成设置。

图2-105 设置图片"大小"

（5）将"我关注的互联网"中的文字"2020年中国互联网金融Top10"设置为居中；将其余内容转换为11行6列的表格。设置表格第1列的列宽为1.5厘米，第2列的列宽为3厘米；设置表格中所有文字的对齐方式为水平居中；设置表格第一行的底纹为橙色（标准色）；按"iSite"列降序排列表格内容。

操作方法如下：

①选中文字"2020年中国互联网金融Top10"，单击"开始"选项卡→"段落"组→"居中"按钮，将其居中。

②选中其余内容。单击"插入"选项卡→"表格"组→"表格"下拉按钮，选择"文本转换成表格"，弹出"将文字转换成表格"对话框，如图2-106所示，在"表格尺寸"中将列数修改为"6"，行数修改为"11"，单击"确定"按钮完成设置。

③选中表格的第1列，在"表格工具-布局"选项卡→"单元格大小"组中将"宽度"设置为"1.5厘米"。用同样的方法设置第2列的列宽为3厘米。

④选中表格，单击"表格工具-布局"选项卡→"对齐方式"组→"水平居中"按钮，将表格中所有文字的对齐方式设置为水平居中。

⑤选中表格的第一行，单击"表格工具-设计"选项卡→"表格样式"组→"底纹"下拉按钮，在下拉列表中选择"橙色"。

⑥选中表格,单击"表格工具-布局"选项卡→"数据"组→"排序"按钮,打开"排序"对话框,在下方的"列表"区选择"有标题行"单选按钮,在"主要关键字"下拉列表中选择"iSite",在"类型"下拉列表中选择"数字",排序方式选择"降序",如图2-107所示,单击"确定"按钮完成设置。

图2-106　"将文字转换成表格"对话框　　　　图2-107　"排序"对话框

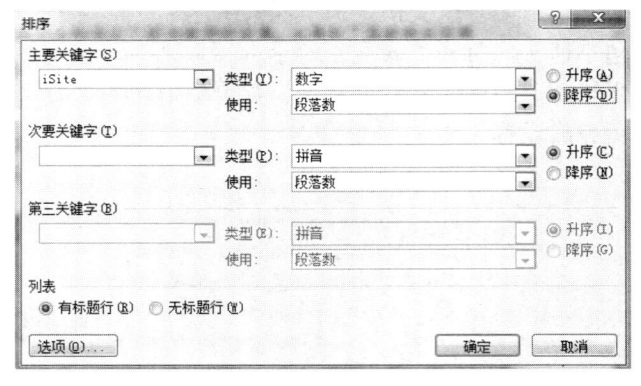

2.8　Word 2016 相关知识

Microsoft Office 2016 是 Microsoft 公司推出的办公系列软件,不但保留了熟悉和亲切的经典功能,还采用了更加美观实用的工作界面、更智能和多样的办公平台,以及众多创新功能。Microsoft Office 2016 不仅可以帮助我们提高工作效率、美化文稿,甚至可以实现多个伙伴同时编辑同一份文档。其常用组件简介如下:

Word 2016——创建和编辑具有专业外观的文档,如论文、报告、信函等。

Excel 2016——执行计算、分析信息以及可视化电子表格中的数据。

PowerPoint 2016——创建和编辑用于幻灯片播放、会议和网页的演示文稿。

2.8.1　Word 2016 简介

Word 2016 是 Microsoft Office 2016 的重要组件之一,主要用来进行文档的输入、编辑、排版、打印等工作,是目前最流行的文字处理工具之一。在最新的 Word 2016 中,旨在为用户提供最优秀的文档排版工具,并帮助用户更有效地组织和编写文档。此外,用户还可以将文档存储在网络中,进而可以通过各种网页浏览器对文档进行编辑,随时把握住稍纵即逝的灵感,并将其记录到 Word 文档中。

2.8.2　Word 2016 窗口

Word 2016 的窗口由标题栏、快速访问工具栏、功能区、文档编辑区、滚动条、状态栏等组成,如图 2-108 所示。

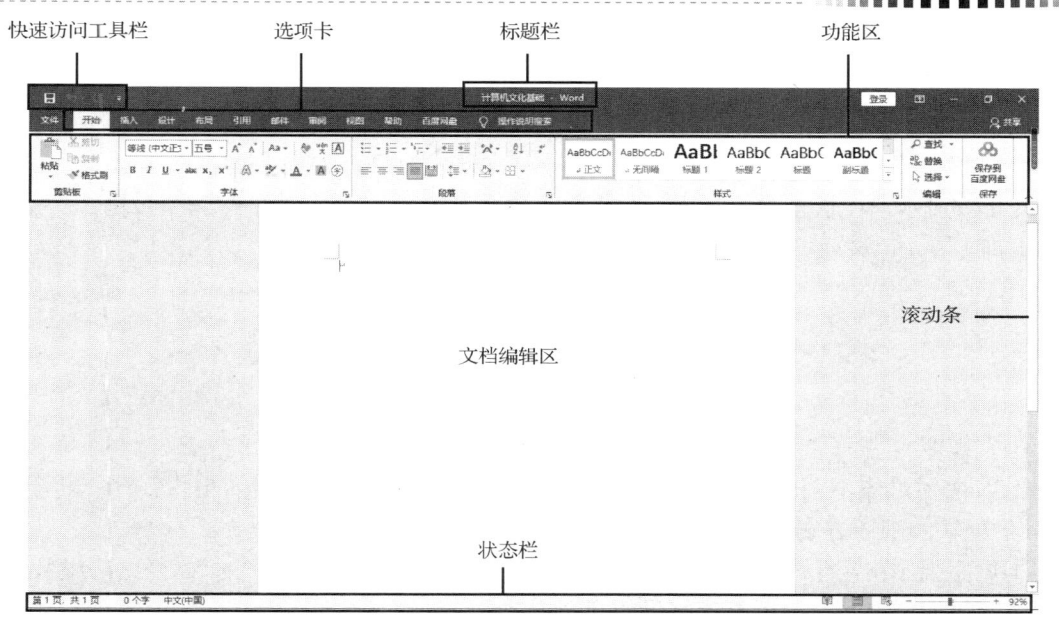

图 2-108 Word 2016 的窗口组成

1. 标题栏

标题栏位于窗口的最上方，用于显示当前正在使用文档的名称等信息。标题栏最右边有 3 个按钮，分别用来控制窗口的最小化、最大化和关闭应用程序。

2. 快速访问工具栏

使用它可以快速访问频繁使用的工具，在默认状态下，快速访问工具栏包含 3 个快捷按钮，分别为"保存"按钮、"撤销"按钮和"恢复"按钮。用户也可以通过单击其右侧的按钮来自定义快速访问工具栏，向其中添加其他常用的命令。

3. 功能区

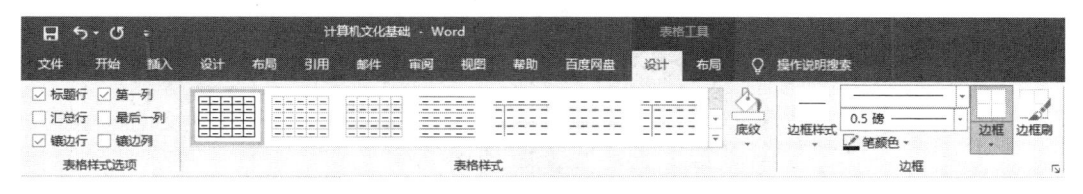

功能区位于标题栏的下方，由选项卡、组和命令三部分组成。在默认状态下，功能区主要包含"开始""插入""设计""布局""引用""审阅""视图"等多个选项卡，每个选项卡又可以细化为多个组，这些组将相关项显示在一起。某些组在右下角有一个小对角箭头，该箭头称为对话框启动器，单击该箭头就会出现该组相关的对话框。每个组中又包含多个命令。在功能区中除了几个标准的基本选项卡之外，还包括一种在需要时才会显示的选项卡，如仅当选择表格后才会出现的"表格工具"选项卡，如图 2-109 所示。

图 2-109 "表格工具"选项卡

4. 文档编辑区

文档编辑区是 Word 2016 窗口的主要组成部分，是 Word 文档录入与编辑的区域，建立文档的所有操作结果都在此显示。文档编辑区中闪烁的光标叫作插入点，表示当前输入、编辑内容的位置。

5．滚动条

通过移动滚动条可以显示更多的文档内容。

6．状态栏

状态栏位于 Word 窗口的底部，显示当前文档的信息，如当前文档的页数、字数等，如图 2-110 所示，在状态栏的右侧还有"视图切换"按钮、"显示比例"调整按钮等。窗口的"视图切换"按钮 ▣ ▣ ▣ 从左至右分别对应"阅读视图""页面视图""Web 版式视图"。

图 2-110 状态栏

（1）视图

不同视图对应不同的编辑方法，其中，"页面视图"是最常用的工作视图，也是启动 Word 后默认的视图方式。下面分别介绍这几种视图的特点和用途。

①页面视图：用于查看文档的打印外观，主要包括页眉、页脚、图形对象、分栏设置、页面边距等元素，是最接近打印结果的视图方式。

②阅读视图：以图书的分栏样式显示 Word 2016 文档，在阅读视图中仅显示"文件""工具""视图"菜单。在"阅读视图"下可以进行搜索、查找等操作。

③Web 版式视图：以网页的形式显示 Word 2016 文档。"Web 版式视图"适用于发送电子邮件和创建网页。

（2）显示比例

"显示比例"按钮位于状态栏的右侧，向右拖动滑块将放大文档，向左拖动滑块将缩小文档。单击滑块左侧的百分比数将打开"缩放"对话框，如图 2-111 所示，可以在其中设定缩放百分比。如果鼠标带有滚轮，按住"Ctrl"键，向上滚动滚轮将放大文档，向下滚动滚轮将缩小文档。另外，单击"视图"选项卡→"缩放"组→"缩放"命令也可以打开该对话框。

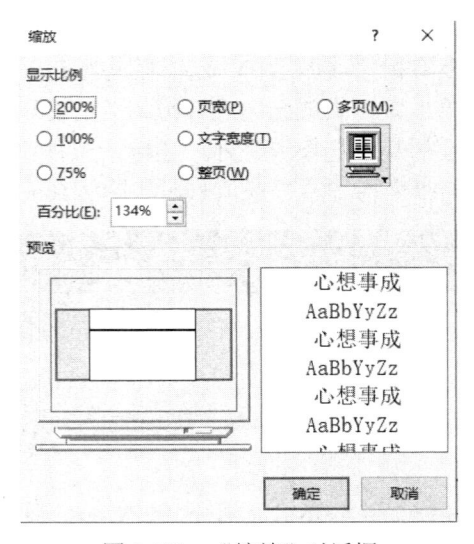

图 2-111 "缩放"对话框

2.8.3 Word 2016 常用操作概览

Word 2016 中的常用操作如表 2-1 所示。

表 2-1 Word 2016 中的常用操作

分 类	操 作 命 令	位 置
基本操作	剪切、复制、粘贴	"开始"选项卡→"剪贴板"组
	格式刷	
	查找、替换	"开始"选项卡→"编辑"组
文档排版	字体	"开始"选项卡
	段落	
	边框和底纹	"开始"选项卡→"段落"组
	项目符号和编号	"开始"选项卡→"段落"组
	首字下沉	"插入"选项卡→"文本"组
	分栏	"布局"选项卡→"页面设置"组
	页边距、纸张大小、纸张方向	
	水印、页面颜色、页面边框	"设计"选项卡→"页面背景"组
	页眉、页脚、页码	"插入"选项卡→"页眉和页脚"组
文档样式应用	样式	"开始"选项卡
	脚注	"引用"选项卡
	目录	
图文混排	插入"图片""形状""文本框""艺术字"	"插入"选项卡
	图片格式设置	"图片工具-格式"选项卡
表格制作	插入表格	"插入"选项卡→"表格"组
	文本转换成表格	
	表格样式、表格边框和底纹	"表格工具-设计"选项卡
	单元格大小、对齐方式；排序、公式	"表格工具-布局"选项卡

附录 2 　WPS 文字处理介绍

　　WPS 是英文 Word Processing System（文字处理系统）的缩写。WPS Office 是由金山软件股份有限公司自主研发的一款办公软件套装，可以实现办公软件最常用的文字、表格、演示等多种功能，具有内存占用低、运行速度快、体积小巧、强大插件平台支持、免费提供海量在线存储空间及文档模板等特点。它集编辑与打印为一体，具有丰富的全屏幕编辑功能，而且还提供了各种控制输出格式及打印功能，使打印出的文稿即美观又规范，能基本满足文字工作者编辑、打印各种文件的需要和要求。

　　WPS 文字处理的主要功能有：文字输入、文字修饰、文档编辑、图文混排，尤其是汉字排版方面，独有的稿纸方式、丰富的模板可以编排出更专业、更生动的文档，更适合中文办公环境的需求。

1. 丰富的模板

WPS 免费提供海量在线存储空间及各种各样的文档模板，操作方便快捷，如图 2-112 所示。

图 2-112　WPS 文字处理模板

2. 强大的输出功能

WPS 文字处理支持输出为 PDF 格式、PPTX 格式和图片格式文件的功能，并可以设置转换项目和打印、修改等权限，如图 2-113 和图 2-114 所示。

图 2-113　WPS 文字输出格式　　　　图 2-114　WPS 输出内容和权限设置

3. 集成公式编辑器

WPS 文字处理中集成了"公式编辑器",如图 2-115 所示,无须用户另外安装。"公式编辑器"可以实现所见即所得的工作模式,是一个强大的数学公式编辑器。它能够在各种文档中加入复杂的数学公式和符号,帮助用户快速创建专业化的数学技术文档,是编辑数字资料的得力工具。

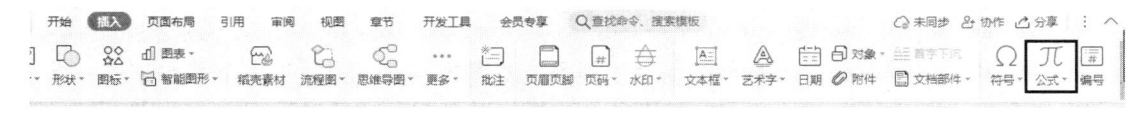

图 2-115　集成公式编辑器

4. 方便制作流程图、思维导图、几何图、化学绘图等图形

WPS 文字处理支持插入专业的流程图、思维导图、几何图、化学绘图等,用户可以方便、快速地绘制这些专业图形,如图 2-116 所示。

5. 独有的稿纸设置

WPS 文字的"稿纸设置"功能,能把文档设置成稿纸或信笺效果,非常美观。稿纸效果如图 2-117 所示。

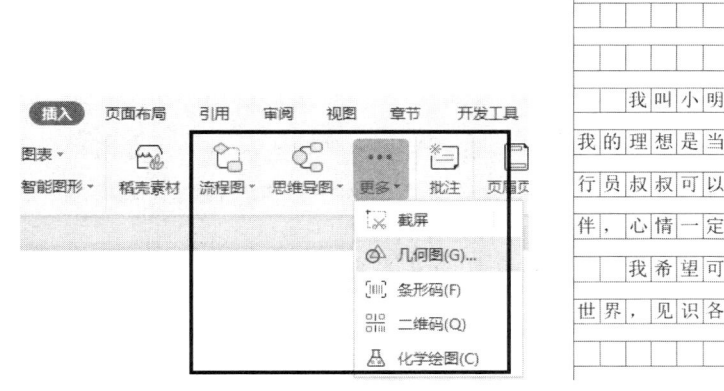

图 2-116　多种图形的插入　　　　图 2-117　WPS 稿纸效果

6. 独有的护眼模式

WPS 文字处理提供了护眼模式。在工作中长时间办公会让人用眼疲劳,WPS 独有的护眼模式可以有效缓解用眼疲劳,并且开启和关闭都非常方便,如图 2-118 所示。

图 2-118　护眼模式

第 3 单元　Excel 2016 电子表格制作

【单元概述】

Excel 2016 是微软公司推出的功能强大的电子表格处理软件，可以管理账务和进行复杂的数据运算；同时也可以处理大量的数据信息，进行数据分析、统计；并且具有强大的制作图表的功能，是一款非常实用的办公数据处理软件。Excel 2016 的文档格式与以前版本不同，它以 XML 格式保存，其新的文件扩展名是在以前文件扩展名后添加 X 或 M，X 表示不含宏的 XML 文件，M 表示含有宏的 XML 文件。

本单元包括 5 个基础实训、2 个一级考试综合实训和 1 个应用实战训练，内容涵盖电子表格的基本操作、格式化、数据管理、图表的创建与编辑等，是全国计算机等级考试一级 MS Office 考试的重点考核内容，同时也是每个公司、学校甚至是家庭日常工作办公不可缺少的重要工具。

3.1　电子表格基本操作实训

【任务导入】

学生小李：张老师，您好，辅导员让我统计一下班级学生中贫困生的信息，要求制作成一个表格的形式。我们这门课程虽然学了有段时间了，Word 中也有制作表格的相关内容，但是贫困生信息量大，若要进行数据统计，我不知该怎么处理？

张老师：我建议你使用 Office 工具中的 Excel 2016 电子表格处理软件，这是一个专门针对庞大数据管理运算的表格软件，是现代办公必不可少的办公软件之一。

学生小李：哇，那真是太好了！以后我们在工作中肯定也要用到。可是数据信息那么多，又要编辑、统计，还要进行数据处理，学起来会不会很复杂啊？

张老师：我们可以先从基本的"创建一个新工作簿"开始学起。循序渐进地学习，不用担心。

本次实训任务：制作"员工登记表"工作簿，主要学习电子表格的基本操作，如电子表格的创建、保存、数据输入、编辑，以及对工作表的移动、复制、插入和删除等操作。本次实训任务的完成效果如图 3-1 所示。

1. 实训目的

（1）了解 Excel 2016 的窗口组成、文档格式及工作簿的常用操作。

（2）能对 Excel 工作表进行基本操作，如移动、复制、删除、重命名工作表等。

（3）能在工作表中输入各种格式的数据。

（4）能运用数据验证功能，学会快速输入数据的方法。

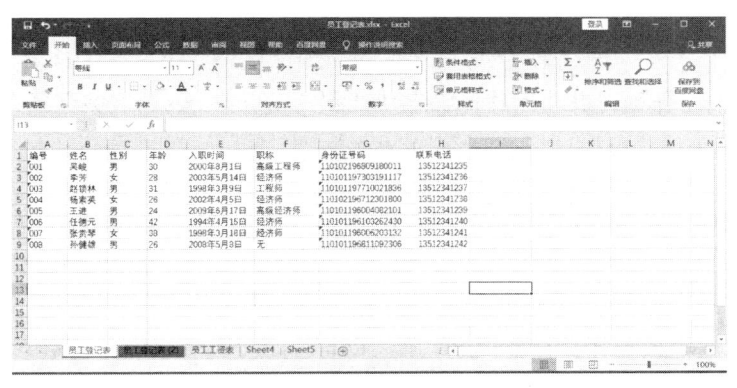

图 3-1　电子表格基本操作实训结果

2．实训内容

（1）创建工作簿

创建一个新的工作簿，并将工作簿命名为"员工登记表.xlsx"，保存到系统桌面上。

（2）打开、关闭工作簿

打开"员工登记表.xlsx"工作簿，了解 Excel 2016 的窗口组成，掌握打开、关闭工作簿的技能。

（3）编辑工作表

①插入新的工作表。新建的工作簿默认提供有 3 个工作表，并默认使用 Sheet1、Sheet2、Sheet3 来命名。

②重命名工作表。将 Sheet1 工作表重命名为"员工登记表"；单击 Sheet2 工作表，将工作表重命名为"员工工资表"。

③复制工作表内容。打开本书素材"员工工资表.xlsx"工作簿，将工作表的内容复制、粘贴至"员工登记表.xlsx"工作簿的"员工工资表"中。

④工作表移动、复制。为"员工登记表"工作表创建副本，将副本移动到"员工工资表"工作表之前，并更改该副本工作表标签的颜色为"绿色"。

⑤删除工作表 Sheet3。

（4）在工作表中输入数据

①输入文本、数据。在表格第一行中输入如效果图 3-1 所示的标题行内容，复制"员工工资表"中的"姓名"列和"职称"列内容，粘贴至"员工登记表"对应列中。按照效果图 3-1 所示，为员工登记表依次输入年龄等信息。

②输入日期和时间。按照效果图 3-1 所示，在"员工登记表"中输入"入职时间"后将所有的日期更改为"年月日"的标准日期格式。

③输入身份证号码。将单元格格式设置为文本形式，或者在身份证号码之前输入英文输入法状态下的单引号后再输入身份证号码。

④快速输入序列数据，自动填充"编号"列及"联系电话"列。运用自动填充序列的方式输入"编号"列的内容，如图 3-1 所示，编号从 001～008，要求显示数值"00"。联系电话用自定义填充的方式快速输入。

⑤数据验证的运用。在"性别"列部分运用数据验证的方式，完成"男"和"女"的文本快速输入。

3．实训步骤

（1）创建工作簿

创建一个新的工作簿，并将工作簿命名为"员工登记表.xlsx"，保存到系统桌面上。

操作方法如下：

①在系统桌面上单击鼠标右键，选择"新建"→单击"Microsoft Excel 工作表"，创建一个名为"员工登记表"的工作簿，操作步骤见图 3-2。

②单击"文件"菜单中的"保存"按钮，保存在系统桌面位置。

（2）打开、关闭工作簿

操作方法如下：

①双击"员工登记表.xlsx"工作簿的图标。此时，启动 Excel 2016 的同时打开了"员工登记表.xlsx"工作簿。认识并熟悉 Excel 2016 的窗口组成。

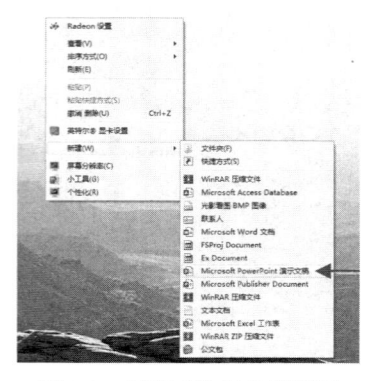

图 3-2　创建工作簿步骤截图

图 3-3　"Excel 2016 电子表格"窗口

- ◆ 电子表格工作簿中包含有默认工作表，默认工作表标签名为 Sheet1，而有的工作簿中则是默认 3 张工作表，分别是 Sheet1、Sheet2、Sheet3，默认工作表数量可以进行修改，在文件下拉菜单中：选择"工具→选项→常规"命令，新工作簿内的工作表数可更改，可以选择 1~255 的数值。当单击其中一个工作表标签时，该标签会呈高亮显示，表明该工作表为当前工作表（或活动工作表），图 3-3 中 Sheet1 为默认的当前工作表。
- ◆ "开始"选项卡包括常用功能组及命令按钮。依次单击功能区的其他选项卡，了解对应功能组的功能。
- ◆ 工作区主要用于数据的输入及管理计算等。
- ◆ 编辑栏的使用。任意单击一个单元格，在编辑栏中输入字符，按"Enter"键，则单元格中保留了所输入的内容。此部分还能进行清除内容等操作。

②关闭当前工作簿。单击工作簿窗口中"控制按钮栏"的"关闭"按钮，或单击"文件"→"关闭"命令，可关闭当前工作簿。

（3）编辑工作表

①插入新的工作表，操作方法如下：

◆ 选择 Sheet 3 工作表，单击"工作表标签"旁边的加号按钮，即可新建 Sheet4 和 Sheet5 工作表，操作步骤见图 3-4。

图 3-4 "加号"按钮位置图

②重命名工作表，将 Sheet1 工作表重命名为"员工登记表"；单击 Sheet2 工作表，将工作表重命名为"员工工资表"。

操作方法如下：

◆ 选中"Sheet 1 工作表"，右击工作表标签，在打开的快捷菜单中选择"重命名"命令，更改工作表标签名为"员工登记表"。"Sheet2 工作表"重命名的操作同"Sheet1 工作表"重命名的操作，如图 3-5 所示。

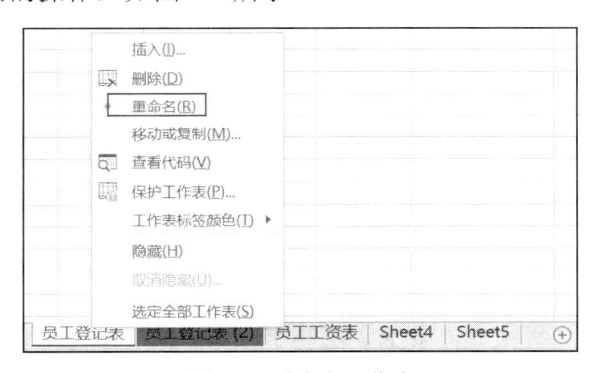

图 3-5 重命名工作表

③复制工作表内容，打开本书素材"员工工资表.xlsx"工作簿，将工作表的内容复制粘贴至"员工登记表.xlsx"工作簿的"员工工资表"中。

操作方法如下：

◆ 打开本书素材"员工工资表.xlsx"工作簿，选择 A1：H9 单元格区域，右击鼠标，在打开的快捷菜单中选择"复制"命令，在"员工登记表.xlsx"工作簿中进行粘贴，可在开始菜单的"剪贴板"中进行粘贴，或者选择 A1 单元格，单击鼠标右键，选择"粘贴"，如图 3-6 和图 3-7 所示。

④工作表移动复制，为"员工登记表"工作表创建副本，并将副本移动到"员工工资表"工作表之前，并更改该副本工作表标签的颜色为"绿色"。

操作方法如下：

◆ 将光标移动到"工作表标签"位置，选择"员工登记表"工作表标签，单击鼠标右键，在打开的快捷菜单中选择"移动或复制"，在弹出的对话框中，选择工作表移动位置在"员工工资表"之前，勾选"建立副本"复选框，如图 3-8 和图 3-9 所示。

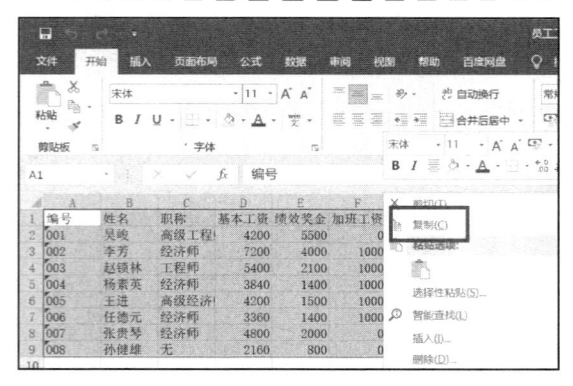

图 3-6　复制单元格数据

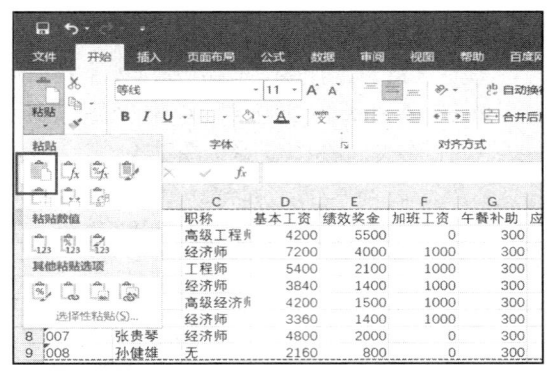

图 3-7　粘贴单元格数据

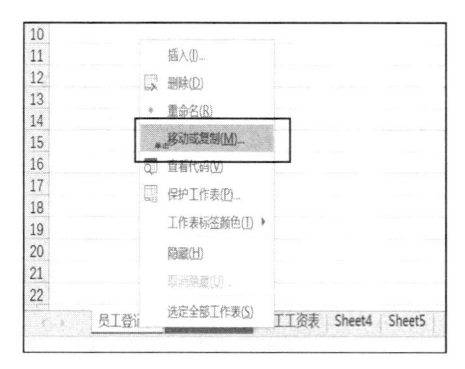

图 3-8　选择"移动或复制"

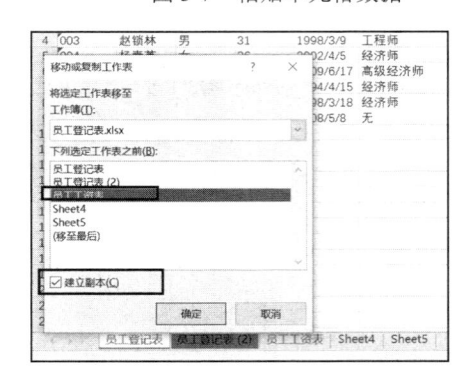

图 3-9　选择移动位置建立副本

⑤删除工作表"Sheet3"。

操作方法如下：

◆ 光标移动到"工作表标签"位置，选择"Sheet 3"工作表标签，单击鼠标右键，选择"删除"即可。

（4）在工作表中输入数据

①输入文本、数据。

在表格第 1 行中输入如效果图 3-1 所示的标题行内容，复制"员工工资表"中的"姓名"列和"职称"列的内容，将其粘贴至"员工登记表"对应列中。按照效果图 3-1 所示，为员工登记表依次输入年龄等信息。

操作方法如下：

◆ 单击 A1 单元格，输入文字"编号"。依次单击 B1 至 H1 单元格并输入相关内容。在年龄列输入"数字"。将光标移动至"工作表标签"位置，选择"员工工资表"，复制"姓名"列的内容，切换回"员工登记表"，将其粘贴在对应列中。"职称"列内容的复制参照"姓名"列的方法即可，如图 3-10 所示。

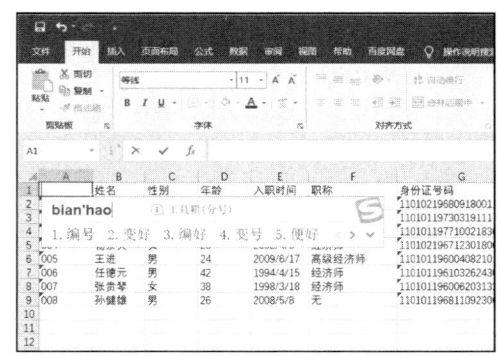

②输入日期和时间。

图 3-10　输入文本方式

按照效果图 3-1 所示，在员工登记表中输入"入职时间"后将所有的日期更改为"年月日"的标准日期格式。

操作方法如下：
- 日期输入方式同文本输入，输入完毕后，选择 E2：E9 单元格区域，单击鼠标右键，在打开的快捷菜单中选择"设置单元格格式"，在弹出的"设置单元格格式"对话框中，单击"日期"分类，在类型中选择"年月日"的时间格式，最后单击"确定"按钮即可，如图 3-11 和图 3-12 所示。

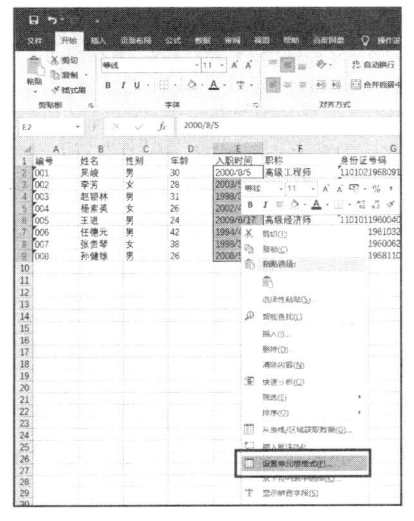

图 3-11　选择"设置单元格格式"命令　　图 3-12　设置日期分类

③输入身份证号码。

运用两种形式输入身份证号码，将单元格格式设置为文本形式，或者在身份证号码之前输入英文输入法状态下的单引号后再输入身份证号码。

操作方法如下：
- 第一种方式，选择 G2:G9 单元格区域，单击鼠标右键，在打开的快捷菜单中选择"设置单元格格式"，在弹出的"设置单元格格式"对话框中选择"文本"分类，单击"确定"按钮，随后输入身份证号码，如图 3-13 所示。
- 第二种方式，将输入法切换至"英文"状态，双击 G2 单元格，输入单引号后再输入身份证号码，如图 3-14 所示。

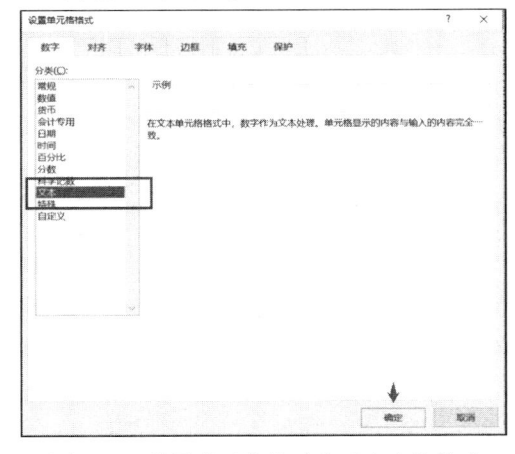

图 3-13　设置单元格格式为"文本"格式　　图 3-14　输入身份证号码

④快速输入序列数据，自动填充"编号"列及"联系电话"列。

运用自动填充序列的方式输入"编号"列的内容，编号从001~008，要求显示数值"00"。联系电话用自定义填充的方式快速输入。

操作方法如下：

- 将编号列的单元格格式设置为文本类型。
- 在 A2 单元格输入数值"001"，选择 A2 单元格，将鼠标移动至该单元格右下角，当光标形状变为小黑十字形时，按住鼠标左键向下拖动单元格至 A9，释放鼠标左键即可在 A 列中填充所有编号值，如图 3-15 所示。
- 选择 H2:H9 单元格，设置该区域单元格格式为"自定义"类型，在弹出的"设置单元格格式"对话框中，输入如图 3-16 所示的"类型"内容，在案例中，电话号码前 9 位数值一样，仅是后 2 位数值不一致，所以前 9 位数字保持不变，后 2 位变动数字用"00"表示。在 H2 单元格输入数值"35"，按"Enter"键。以同样的方式，在 H3 单元格中输入"36"，按"Enter"键，同时选择 H2 和 H3 单元格，将鼠标移动至该单元格右下角，当光标形状变为小黑十字形时，双击鼠标，能够快速填充 H 列剩余的手机号码。

图 3-15 光标变成小黑十字形

图 3-16 自定义单元格类型

⑤数据验证的运用。

在"性别"列部分运用数据验证的方式，完成"男"和"女"的文本快速输入。

操作方法如下：

- 选择单元格区域 C2:C9，在"数据"功能区中单击"数据工具"组中的"数据验证"下拉按钮，选择"数据验证"命令，打开"数据验证"对话框，并切换到"设置"选项卡。
- 单击"允许"下拉列表框，选择"序列"选项，然后在"来源"文本框中输入"男，女"，在英文输入法状态下输入"逗号"，如图 3-17 所示。
- 数据验证设置完成后的效果如图 3-18 所示。

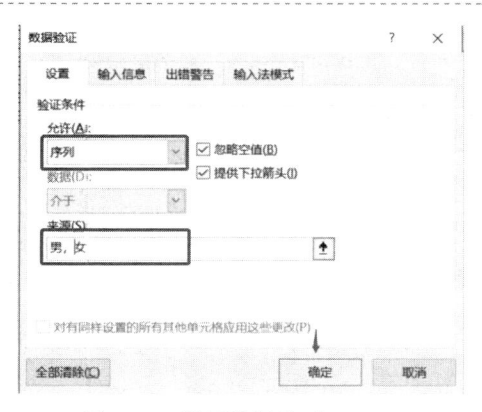

图 3-17　设置数据验证　　　　　图 3-18　数据验证设置完成后的效果

3.2　工作表格式化实训

【任务导入】

张老师：小李同学，上节课咱们学习的电子表格基本操作应该不难吧？

学生小李：是的，不是很难，虽然和 Word 字处理操作界面完全不同，但难度不大。

张老师：上节课咱们仅仅是针对电子表格的基本操作进行实训，如"创建工作簿""工作表编辑"等操作。其实 Excel 2016 电子表格处理软件还有很多实用性功能，本节课，老师教你如何美化电子表格。

学生小李：好的，张老师，我都迫不及待想学了。

张老师：好，那我们就开始学习吧！本节课编辑"员工工资表"。

本次实训任务：对"员工工资表"进行格式化处理，主要包括工作表行列操作、单元格操作、设置工作表中数据的格式（字体、数字、表格边框、套用表格格式、条件格式等）。本次实训任务完成效果如图 3-19 所示。

图 3-19　"员工工资表"格式化结果

1．实训目的

（1）能对工作表行、列和单元格进行插入、删除、移动等操作。

（2）能运用"设置单元格格式"完成工作表的字体、数值等内容格式化操作。

（3）能依据指定条件设置工作表格式。

（4）能对工作表自动套用表格样式。

2．实训内容

打开本书素材"员工工资表.xlsx"工作簿，完成实训内容的操作。

（1）插入标题行，在第 1 行之前插入新的一行，在 A1 单元格中输入文字"员工工资表"，并设置 A1:I1 单元格区域合并居中。

（2）插入空列，在 H 列之前插入新的空列，在 H2 单元格中输入"房租扣款"内容。将房租扣款的数额输入 H3:H9 单元格区域中，如图 3-19 所示。

（3）删除数据，王进这名员工已经离职，要求删除该名员工的数据，可删除行或者清空单元格数据。

（4）设置第一行文字的字体格式，字体为"隶书"，加粗，字号 24，字体颜色为"红色"。设置数字格式，将所有数字型的数据设置为"货币"类型，保留小数点 0 位。

（5）设置字体对齐方式，设置 A2:I9 单元格区域所有内容对齐方式为"水平垂直方向均是居中对齐。"

（6）设置表格边框和底纹，为了打印有边框线的表格，可以为表格添加不同线型的边框，外框线为粗线红色，内框线为细线红色，将 A2:I2 单元格区域底纹样式设置为"标准色黄色"。

（7）调整表格列宽与行高，将 A2:I9 单元格区域的行高设置为 20，列宽设置为 12。

（8）快速格式化工作表，设置 A2:I9 单元格区域自动套用表格样式为"中等色，白色表样式中等深浅 1"，去除筛选按钮和镶边行。

（9）条件格式，请对加班工资为 0 元的数据设置为"标准色深蓝，加粗"的字体格式。

（10）条件格式，请使用"数据条"来帮助用户比较"绩效奖金"列区域的单元格，该列单元格设置为"渐变填充，橙色数据条"。

3．实训步骤

（1）插入标题行，在第 1 行之前插入新的一行，在 A1 单元格中输入文字"员工工资表"，并设置 A1：I1 单元格区域合并居中。

操作方法如下：

◆ 将鼠标移动至表格第 1 行的位置，此时，鼠标光标变成黑色向右箭头，单击鼠标右键，选择"插入"功能即可，如图 3-20 所示。

（2）插入空列，在 H 列之前插入新的空列，在 H2 单元格中输入"房租扣款"内容。将房租扣款的数额输入 H3:H9 单元格区域中，如图 3-19 所示。操作方法如下：

①此处与插入行的方法一致，需要将鼠标移动至 H 列的位置，鼠标光标变成黑色箭头，单击鼠标右键，选择"插入"命令即可。

（3）删除数据，王进这名员工已经离职，要求删除该名员工的数据，可删除行或者清空单元格数据。

操作方法如下：

①清空第 5 行（王进）数据，选中第 5 行，然后按"Delete"键，或者单击鼠标右键，选择"清除内容"命令，即可清空该行单元格的内容。

②鼠标移动至第 5 行，选择第 5 行，单击鼠标右键，选择"删除"功能即可。

（4）设置第一行文字的字体格式，字体为"隶书"，加粗，字号为 24，字体颜色为"红色"。设置数字格式，将所有数字型的数据设置为"货币"类型，保留小数点 0 位。

操作方法如下：

①选中 A1 单元格，在"开始"功能区的"字体"组中完成字体的设置（方法同 Word 文档）。

②选中 D3:H9 单元格区域，单击鼠标右键，选择"设置单元格格式"；再单击"数字"选项卡，选择"货币"类型，小数位数输入"0"，如图 3-21 所示。

图 3-20　电子表格插入行的步骤　　　　图 3-21　"货币"分类格式的设置方式

（5）设置字体对齐方式，设置 A2:I9 单元格区域所有内容对齐方式为"水平垂直方向均是居中对齐。"

操作方法如下：

选择 A2:I9 单元格区域，单击鼠标右键，选择"设置单元格格式"，单击"对齐"选项卡，在水平和垂直的选项中，全部选择"居中"，如图 3-22 所示。

（6）设置表格边框和底纹，为了打印有边框线的表格，可以为表格添加不同线型的边框，外框线为粗线红色，内框线为细线红色，将 A2:I2 单元格区域的底纹样式设置为"标准色黄色"。

操作方法如下：

①选择单元格区域 A2:I9，单击鼠标右键，选择"设置单元格格式"，在弹出的对话框中单击"边框"选项卡，在该选项卡中可以进行边框的如下设置，首先完成表格外边框设置，内边框设置的方法同外边框，如图 3-23 所示。

◆ "样式"列表框：选择宽度最宽的线条形状。

◆ "颜色"下拉列表框：选择边框的颜色为标准色"红色"。

◆ "预置"选项组：单击"外边框"按钮为表格添加外边框。

②选择单元格区域 A2:I2，在"开始"功能区"字体"组中单击"填充颜色"按钮（小水桶的图标），在颜色下拉列表框中选择题目对应的颜色，鼠标指针移动到每个颜色上能显示颜色标记。

（7）调整表格列宽与行高，将 A2:I9 单元格区域的行高设置为"20"，列宽设置为"12"。

操作方法如下：

①指定行列宽，选中 A2:I9 单元格区域，在"开始"功能区的"单元格"组中单击"格式"下拉列表框，选择"行高"，在弹出的对话框中设置行高为"20"，再次选择"列宽"，在弹出的对话框中设置列宽为"12"，如图 3-24 所示。

101

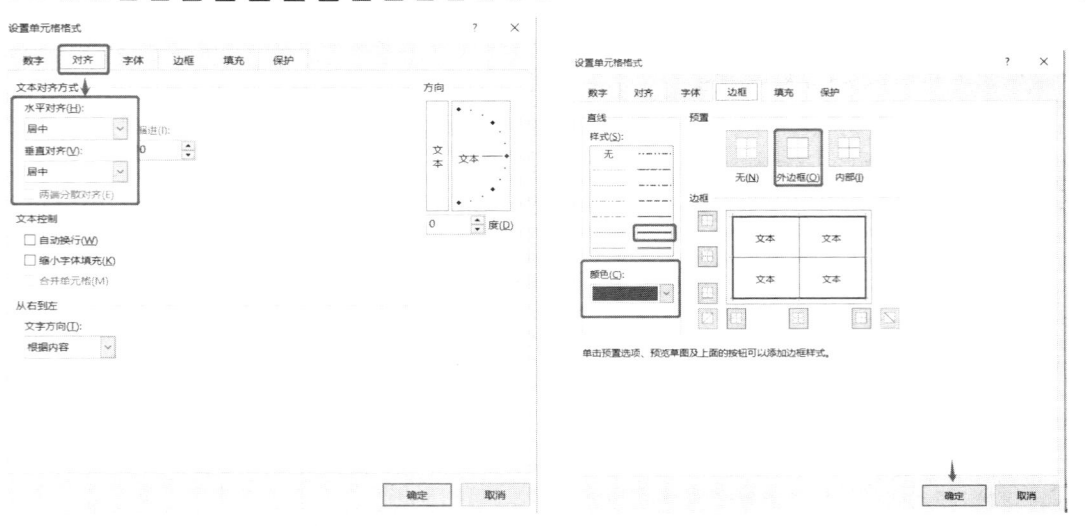

图 3-22　设置文字对齐方式　　　　　　　　　图 3-23　设置表格边框

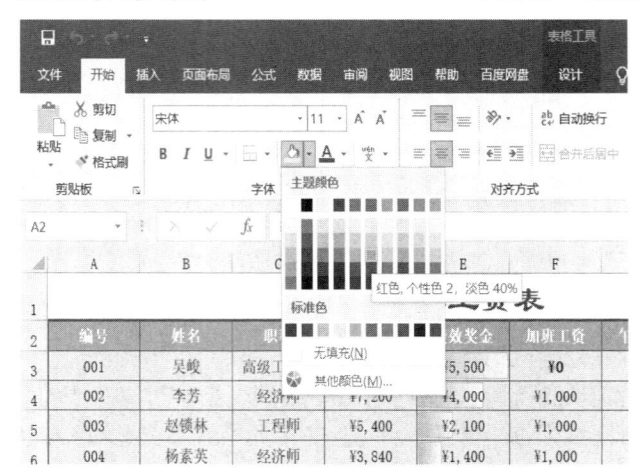

图 3-24　设置单元格填充颜色

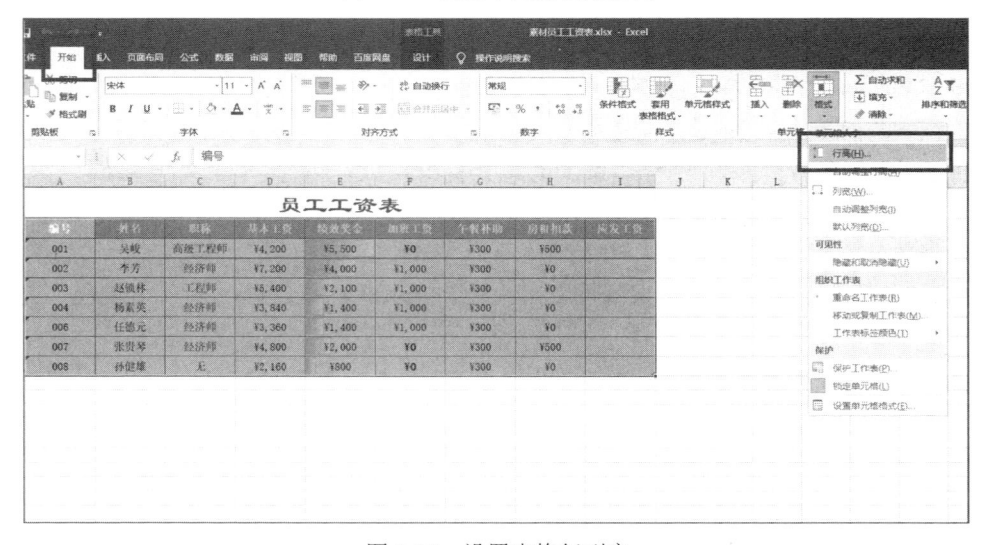

图 3-24　设置表格行列宽

②未指定行列宽，用鼠标拖动调整行和列的宽即可，将鼠标移动至要调整宽度的行或者列，当光标变成"黑色双箭头"时，即可拖动行列宽度。

（8）快速格式化工作表，设置 A2:I9 单元格区域自动套用表格样式"中等色，白色表样式中等深浅 1"，取消对"筛选按钮"和"镶边行"复选框的选择。

操作方法如下：

①选择 A2:I9 单元格区域，在"开始"功能区的"单元格"组中单击 "套用表格样式"下拉列表框，选择"中等色，白色表样式中等深浅 1"，如图 3-25 所示。

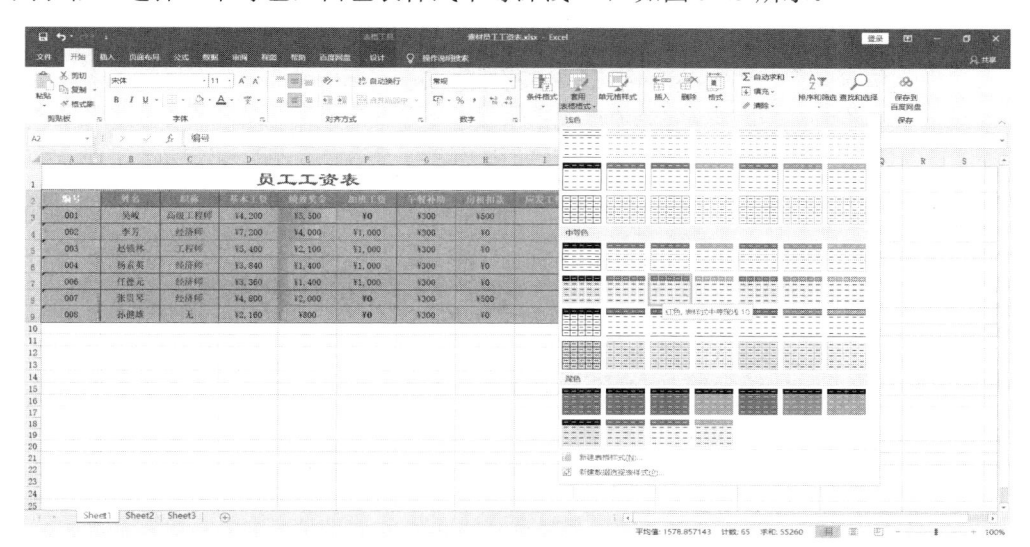

图 3-25　设置套用表格样式

②鼠标单击功能区"表格工具|设计" 表格样式组，取消对"镶边行"和"筛选按钮"复选框的选择，如图 3-26 所示。

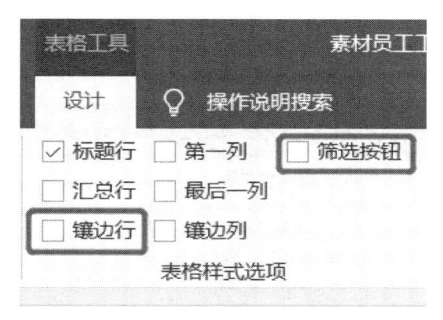

图 3-26　取消对"镶边行"和"筛选按钮"的选择

（9）条件格式，请对加班工资为 0 元的数据设置为"标准色深蓝，加粗"的字体格式。

操作方法如下：

①选中 F3:F9 单元格区域，在"开始"功能区的"样式"组中单击"条件格式"下拉列表框，单击"突出显示单元格规则"按钮，选择"等于"功能，如图 3-27 所示。

②在弹出的对话框中输入数值"0"，然后单击"设置为"下拉列表按钮，选择"自定义格式"，完成单元格格式的设置，如图 3-28 所示。

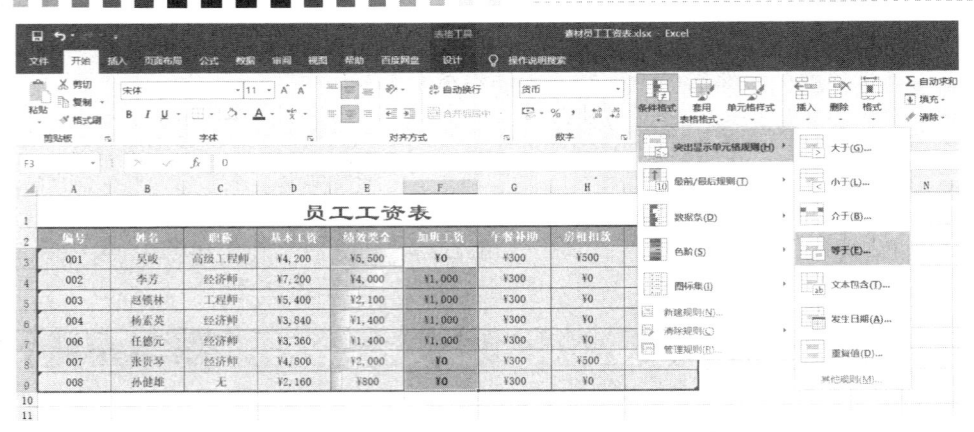

图 3-27　打开"条件格式"方式

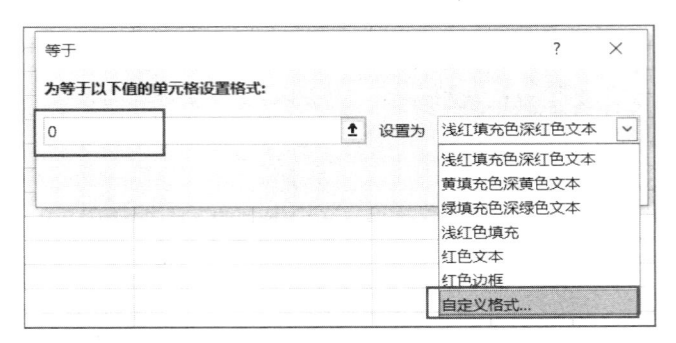

图 3-28　设置"条件格式"方式

（10）条件格式，请使用"数据条"来帮助用户比较"绩效奖金"列区域的单元格，该列单元格设置为"渐变填充，橙色数据条"。

操作方法如下：

①选中 E3:E9 单元格区域，单击功能区中的"开始"菜单，在"样式"组中单击"条件格式"下拉列表框，再单击"数据条"，选择"渐变填充，橙色数据条"，如图 3-29 所示。

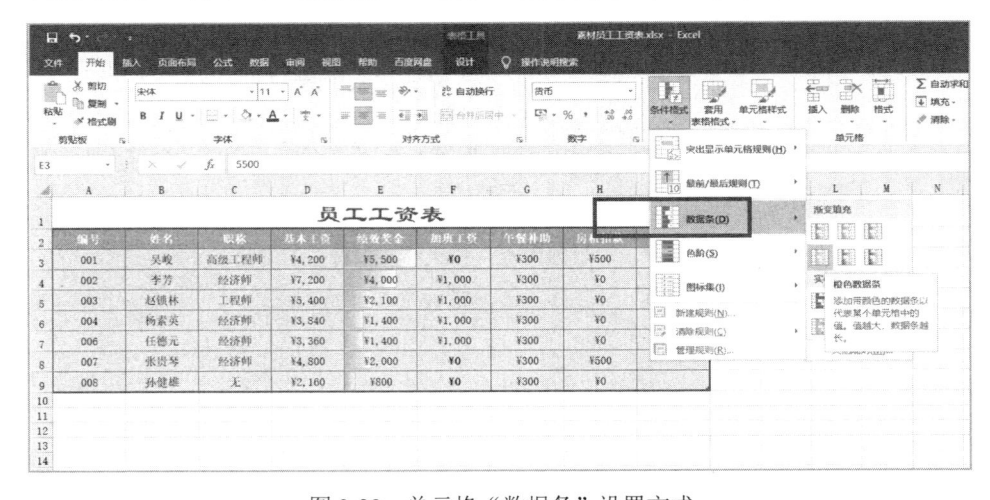

图 3-29　单元格"数据条"设置方式

3.3 公式和函数应用实训

【任务导入】

学生小李：张老师，经过上节课工作表格式化的学习，我收获很多，能帮助辅导员把我们班级课表进行格式化。

张老师：非常好，懂得学以致用。之前学习的内容仅仅是表格的基本操作，今天我们将要学习电子表格核心的功能，公式和函数的运用，能极大地缩短我们处理大批量数据的时间。

学生小李：听起来很厉害啊！张老师，赶快让我们见识一下吧！

张老师：好的，那我们现在就开始学习如何在 Excel 里运用公式和函数进行数据运算。

本次实训任务：对"学生成绩表"的成绩使用公式和函数，并按照实训要求进行数据计算，实训任务完成效果如图 3-30 所示。

学号	姓名	专业班级	商务写作（10%）	Excel应用（30%）	商务英语（10%）	市场营销（30%）	广告学（20%）	总分	等级	成绩排名	提高篇等级计算
1001	冯秀娟	商务1	99	77	98	90	79	70	合格	1	优秀
1002	张楠楠	商务1	70	81	89	72	80	62	合格	9	优秀
1003	贾波媛	商务1	70	62	72	75	77	55	不合格	14	不优秀
1004	张伟	商务1	55	90	74	88	57	66	合格	5	不优秀
1005	李阿才	商务1	80	88	92	67	64	64	合格	6	不优秀
1006	卞诚俊	商务1	75	67	70	94	79	63	合格	7	优秀
1007	贾锐	商务2	82	74	72	73	80	60	不合格	10	优秀
1008	司方方	商务2	89	92	65	86	77	69	合格	3	优秀
1009	胡继红	商务2	76	65	68	79	67	58	不合格	12	优秀
1010	范玮	商务2	73	75	71	75	90	59	不合格	11	优秀
1011	袁晓坤	商务3	55	52	48	59	64	44	不合格	17	不优秀
1012	王爱民	商务3	52	48	56	58	62	43	不合格	18	不优秀
1013	李佳斌	商务3	56	57	51	64	60	47	不合格	16	不优秀
1014	卞郁翔	商务3	88	85	73	93	87	70	合格	2	优秀
1015	张敏敏	商务3	77	76	89	90	80	66	合格	4	优秀
1016	吴峻	商务3	71	80	92	72	77	62	合格	8	优秀
1017	王芳	商务3	45	64	90	75	79	55	不合格	15	不优秀
1018	王洪宽	商务3	76	73	74	67	80	57	不合格	13	不优秀

基础函数	求商务专业学生总分成绩总和	1068	提高函数（选做题）	求商务3班学生总分的总和	443.2
	求商务专业学生总分平均分	59		若"Excel应用"成绩大于70分且"市场营销"成绩大于70分，则判断该学生的专业课成绩为"优秀"，否则为"不优秀"	将运算结果置入L2:L19单元格区域
	求总分最大值	70			
	求总分最小值	43			
	求商务专业学生总人数	18			
	求商务写作不及格人数	5	求商务1班一共有多少人	5

图 3-30 效果图

1. 实训目的

（1）学会输入公式的方法。

（2）学会单元格多种引用方式，包括相对引用、绝对引用、混合引用。

（3）学会常用函数的使用方法。

2. 实训内容

（1）单元格中公式的输入、填充（相对引用）

打开"公式与函数.xlsx"工作簿中的"学生成绩表"，使用公式计算"学生成绩表"中每位学生的总分，总分成绩最后保留小数点 0 位。总分的计算公式为：

总分=商务写作成绩*10%+Excel 应用成绩*30%+商务英语成绩*10%+市场营销成绩*30%+广告学成绩*20%

（2）单元格中公式的输入、填充（绝对引用）

打开"公式与函数.xlsx"工作簿中的"应交税额表"，使用公式计算每种产品的应交税费，应交税费保留2位小数。应交税费的计算公式为：每种产品应交税费=销售额*税率。

（3）常用函数的使用。

打开"公式与函数.xlsx"工作簿中的"学生成绩表"，运用常用函数完成学生成绩表的其他数据的计算与统计。

①在E21单元格使用"SUM求和"函数计算商务专业学生总分成绩总和；

②在E22单元格使用"AVERAGE平均值"函数计算商务专业学生总分平均分，并保留2位小数；

③在E23单元格使用"MAX最大值"函数计算总分的最大值；

④在E24单元格使用"MIN最小值"函数计算总分的最小值；

⑤使用IF函数，对"等级"一列内容进行判断，总分大于或等于60分的判断为合格，小于60分的则为不合格；

⑥使用RANK函数在K2～K19单元格中显示各学生总分成绩排名；

⑦在E25单元格使用COUNT计数函数计算学生人数；

⑧在E26单元格使用COUNTIF函数计算商务写作成绩不及格的学生人数；

（4）常用函数的使用（提高篇）。

此部分内容为选做题，运用SUMIF函数完成商务3班学生成绩总分总和的计算；运用IF函数判断Excel应用成绩大于70分且市场营销成绩大于70分,则该学生的专业课成绩为优秀，否则为不优秀；运用COUNTIF函数完成商务1班学生人数的计算。

3．实训步骤

（1）单元格中公式的输入、填充（相对引用）

打开"公式与函数.xlsx"工作簿中的"学生成绩表"，使用公式计算"学生成绩表"中每位学生的总分，总分成绩最后保留小数点0位。总分的计算公式为：

总分=商务写作成绩*10%+Excel应用成绩*30%+商务英语成绩*10%+市场营销成绩*30%+广告学成绩*20%

操作方法如下：

①单击要输入公式的单元格I2，并输入等号（=）。

②输入公式表达式，单击单元格D2，后输入运算符号"*（乘号）"再输入课程考核权重10%或者0.1，以此类推，输入公式表达式"=D2*10%+E2*30%+F2*10%+G2*30%+H2*20%"，公式中的单元格将会以不同的颜色进行区分，如图3-31所示。

③输入完毕后，按"Enter"键或者单击编辑栏中的"输入"按钮，即可在单元格I2中显示计算结果。然后将鼠标指向单元格I2右下角的填充柄，鼠标指针变为十字形时，按住鼠标左键不放向下拖动到要复制公式的区域，释放鼠标，即可完成复制公式的操作，如图3-32所示。

④选择I2：I19单元格区域，打开"设置单元格格式"对话框，将数值小数位数更改为0位小数。

（2）单元格中公式的输入、填充（绝对引用）

打开"公式与函数.xlsx"工作簿中的"应交税额表"，使用公式计算每种产品的应交税费，应交税费保留2位小数。应交税费的计算公式为：每种产品应交税费=销售额*税率。

操作方法如下：

① 单击单元格 C4，输入公式"=B4*D2"。

图 3-31　输入公式

图 3-32　总分计算结果

② 为了使单元格 D2 的位置不随复制公式而改变，将单元格 D4 中的公式改为"=B4*$D$2"。

③ 输入完毕后，按"Enter"键或者单击编辑栏中的"输入"按钮，然后向下填充完成单元格公式的复制操作。

（3）常用函数的使用。

打开"公式与函数.xlsx"工作簿中的"学生成绩表"，运用常用函数完成学生成绩表的其他数据的计算与统计。

① 在 E21 单元格使用"SUM 求和"函数计算商务专业学生总分成绩的总和。

操作方法如下：

◆ 单击 E21 单元格，再单击编辑栏上的"插入函数"按钮，在弹出的对话框中选择"选择函数"列表框中的函数"SUM"，单击"确定"按钮。然后使用鼠标选中要引用的单元格区域 I2:I19。单击"确定"按钮，即可完成函数的操作，如图 3-33 和图 3-34 所示。

图 3-33　插入函数

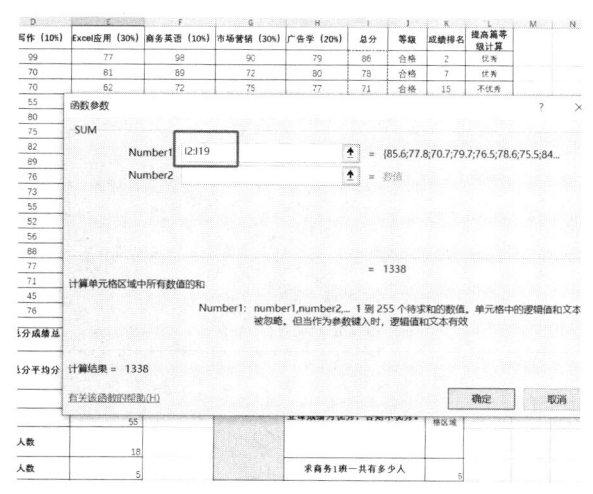

图 3-34　选中要引用单元格的区域

② 在 E22 单元格使用"AVERAGE 平均值"函数计算商务专业学生总分平均分，并保留 2 位小数。

操作方法如下：

- 单击 E22 单元格，再单击编辑栏上的"插入函数"按钮，在弹出的对话框中选择"选择函数"列表框中的函数"AVERAGE"，单击"确定"按钮。然后使用鼠标选中要引用的单元格区域 I2:I19。单击"确定"按钮，即可完成函数的操作。

③在 E23 单元格使用"MAX 最大值"函数计算总分的最大值。

操作方法如下：

- 选择 E23 单元格，再单击编辑栏上的"插入函数"按钮，在弹出的对话框中选择"选择函数"列表框中的函数"MAX"，单击"确定"按钮。然后使用鼠标选中要引用的单元格区域 I2:I19。单击"确定"按钮，即可完成函数的操作。

④在 E24 单元格使用"MIN 最小值"函数计算总分的最小值。

操作方法如下：

- 选择 E24 单元格，再单击编辑栏上的"插入函数"按钮，在"搜索函数"下的文本框中输入要选择使用的函数"MIN"，单击"转到"按钮，选择该函数，单击"确定"按钮。然后使用鼠标选中要引用的单元格区域 I2:I19。单击"确定"按钮，即可完成函数的操作。

⑤使用 IF 函数，对"等级"一列内容进行判断，总分大于或等于 60 分的判断为合格，小于 60 分的则为不合格。

操作方法如下：

- 选中单元格 J2，单击编辑栏上的"插入函数"按钮，选择 IF 函数，函数参数设置如图 3-35 所示，其中 Logical_test 表示逻辑判断表达式，输入"I2>=60"；Value_if_true 表示判断条件为逻辑"真"（TRUE）时显示的内容，输入"合格"；Value_if_false 表示判断条件为逻辑"假"（FALSE）时显示的内容，输入"不合格"，单击"确定"按钮，则 J2 单元格内显示结果，拖动该单元格右下角的填充柄，分别计算出其他学生的成绩等级。

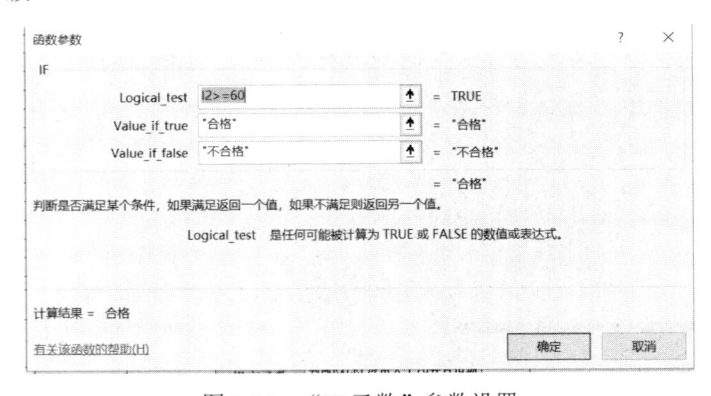

图 3-35 "IF 函数"参数设置

⑥使用 RANK 函数在 K2～K19 单元格中显示各学生的总分成绩排名。

操作方法如下：

- 单击单元格 K2，打开 RANK 函数对话框，函数参数设置如图 3-36 所示，RANK 函数用于返回某一数值在一列数值中相对于其他数值的排位。
- Number 代表需要排序的数值，输入"I2"；

- Ref 代表排序数值所处的单元格区域（这里需绝对引用单元格区域），输入"SI$2:$I$19"；此处有一个小技巧，仅仅需要按下键盘上的 F4 键，即可对该区域添加绝对引用的符号。
- Order 代表排序方式参数（如果为"0"或者忽略，则按降序排名，即数值越大，排名结果数值越小；如果为非"0"值，则按升序排名，即数值越大，排名结果数值越大），这里按降序排列，输入"0"，单击"确定"按钮。然后拖动该单元格右下角的填充柄，分别计算出其他学生的成绩排名。

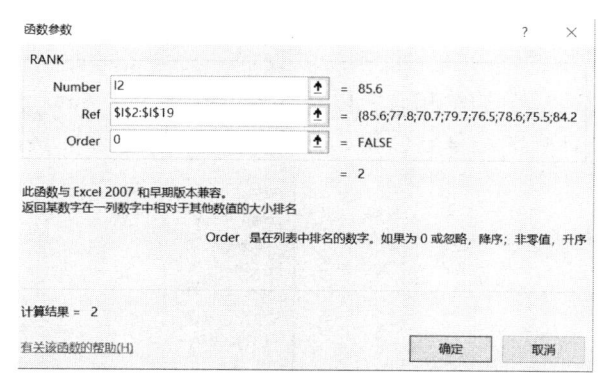

图 3-36 "RANK 函数"参数设置

⑦在 E25 单元格使用 COUNT 计数函数计算学生人数。

操作方法如下：

- 选中单元格 C25，打开 COUNT 函数对话框，具体设置如图 3-37 所示，由于 COUNT 函数只对数字型数据进行计数，所以在 COUNT 函数的参数设置 Value1 处的参数设置选择 D2:D19、E2:E19 或 F2:F19 或 G2:G19 或 H2:H19 任意一列单元格区域均可，单击"确定"按钮即可。

图 3-37 "COUNT 函数"参数设置

⑧在 E26 单元格使用 COUNTIF 函数计算商务写作成绩不及格的学生人数。

操作方法如下：

- 选中单元格 C26，打开 COUNTIF 函数对话框，具体设置如图 3-38 所示，其中 Range 代表要统计计数的单元格区域，输入 D2:D19 单元格区域，Criteria 表示指定的条件表达式，输入："<60"，注意，此处的条件表达式中的"<"需要切换至英文输入法状态

下输入，单击"确定"按钮。

(4) 常用函数的使用（提高篇）。

此部分内容为选做题，运用 SUMIF 函数完成商务 3 班学生成绩总分总和的计算；运用 IF 函数判断 Excel 应用成绩大于 70 分且市场营销成绩大于 70 分，则该学生的专业课成绩为优秀，否则为不优秀；运用 COUNTIF 函数完成商务 1 班学生人数的计算。

操作方法如下：

①选中 K21 单元格，打开 SUMIF 函数对话框，具体设置如图 3-39 所示，其中 Range 表示用于求和计算的实际单元格，在本题中，用于求和计算的单元格区域是"专业班级"，所以要选择"C2:C19"单元格区域；Criteria 则为以数字、表达式或文字表达的条件，在本题中，要求计算商务 3 班的学生总分的总和，所以条件为"商务 3"，Sum_range 用于求和计算的实际单元格，在本题中要计算的是总分总和，所以要选择 I2:I19 单元格区域。

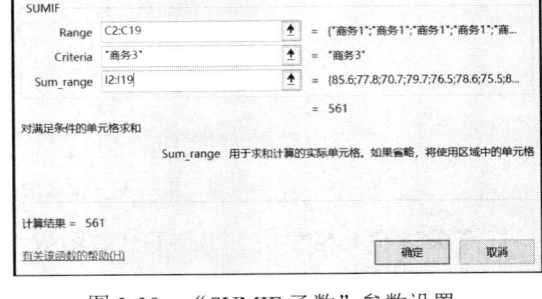

图 3-38 "COUNTIF 函数"参数设置　　　　图 3-39 "SUMIF 函数"参数设置

②选中 L2 单元格，打开 IF 函数对话框，具体设置如图 3-40 所示，本题有两个判断的条件，所以需要在 Logical_test 表示逻辑判断表达式，输入"and(E2>70,G2>70)"以满足两个条件并用的目的。

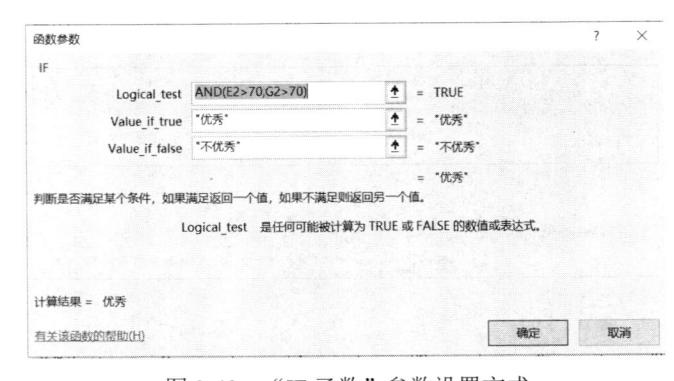

图 3-40 "IF 函数"参数设置方式

③选中 K26 单元格，打开 COUNTIF 函数对话框，具体设置如图 3-41 所示，本题条件表达式为"文本"，所以该函数的用法不仅仅只针对数字型，还可以用于文本的条件计数。针对本题要求计算商务 1 班人数，则 Range 的非空单元格区域要选择 C2:C19 单元格区域，因为该区域属于班级列。

图 3-41 "COUNTIF 函数"参数设置

3.4 数据统计与管理实训

【任务导入】

学生小李：张老师，经过前几次实训课的学习，我发现在电子表格里用公式和函数进行数据运算好方便，那么除了我们之前学过的内容，Excel 还有其他功能吗？我想了解更多！

张老师：好啊，Excel 还有很多其他应用功能，比如今天我们即将要学习的数据管理功能。在用 Excel 制作相关的数据表格时，我们可以利用排序、筛选、分类汇总、数据透视表功能，浏览、查询、统计相关的数据信息，以提高用户的工作效率。

学生小李：老师，这听起来更加有趣，正好辅导员让我统计班级各个市县学生的人数呢，看来刚好能用上，那我们赶紧学习吧！

张老师：好的，那我们开始进行今天的实训学习吧！

本次实训任务：对"产品销售情况登记表"进行排序、筛选、分类汇总，以及建立数据透视表，实训任务完成效果如图 3-42 和图 3-43 所示。

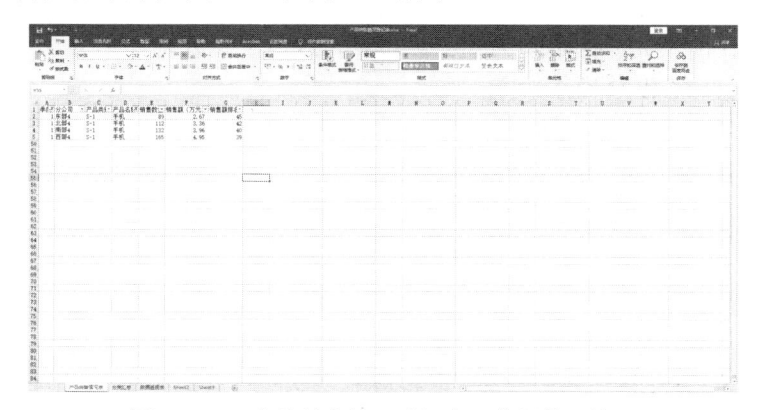

图 3-42 "产品销售情况登记表"数据管理结果

1．实训目的
（1）能按照指定的条件对数据进行排序。
（2）能利用自动筛选功能查找出符合条件的数据。

季度	分公司	产品类别	产品名称	销售数量	销售额（万元）	销售额排名
1	西部1	D-1	电视	21	9.37	30
1	东部2	K-1	空调	24	8.50	32
2	南部1	D-1	电视	27	7.43	34
2	北部2	K-1	空调	37	5.11	37
3	东部3	D-2	电冰箱	39	9.13	31
2	西部1	D-1	电视	42	18.73	13
1	北部3	D-2	电冰箱	43	13.80	25
3	东部2	K-1	空调	45	15.93	21
2	南部3	D-2	电冰箱	45	10.53	29
3	南部1	D-1	电视	46	12.65	26
2	北部3	D-2	电冰箱	48	15.41	22
3	北部2	K-1	空调	53	7.31	35
3	北部3	D-2	电冰箱	54	17.33	20
1	南部2	K-1	空调	54	19.12	12
2	东部1	D-1	电视	56	15.40	23
2	西部2	K-1	空调	56	7.73	33
3	西部3	D-2	电冰箱	57	18.30	16
1	西部3	D-2	电冰箱	58	18.62	14
2	南部2	K-1	空调	63	22.30	8
3	北部1	D-1	电视	64	28.54	5
2	东部3	D-2	电冰箱	65	15.21	24

求和项:销售额（万元）	列标签				
行标签	电冰箱	电视	空调	手机	总计
1	73.371	83.747	65.176	14.94	237.234
2	63.297	74.115	63.102	14.79	215.304
3	62.307	94.132	65.28	13.35	235.069
总计	198.975	251.99	193.56	43.08	687.61

求和项:销售额（万元）	列标签		
行标签	北部1	北部2	总计
电视	99.458		99.458
空调		37.702	37.702
总计	99.458	37.702	137.16

图 3-43　数据透视表样图

（3）能利用分类汇总功能满足多种数据整理的要求。

（4）能利用高级筛选功能完成更复杂条件的筛选。

（5）能创建数据透视表，初步学会数据透视表合并汇总表、处理不规范数据、制作动态交互图表。

2．实训内容

（1）工作表排序

打开工作簿“产品销售情况登记表.xlsx”，复制该工作表，将副本移动至 Sheet2 工作表之前（复制两次），将复制后的“产品销售情况表（2）”工作表名称更改为“分类汇总”，将复制后的“产品销售情况表（3）”工作表名称更改为“数据透视表”。打开“产品销售情况表”，对工作表内的数据清单按主要关键字为“季度”升序和次要关键字为“产品名称”降序进行排序。

（2）工作表筛选

继续编辑“产品销售情况表”，筛选出“销售额”在 20 万元以上的产品。取消筛选，再次筛选出“销售额排名”前 10 名的产品。取消筛选，完成第 1 季度电视销售额的筛选，将筛选出的第一季度电视所有销售数据复制粘贴至 Sheet2 工作表中。

（3）数据的分类汇总

打开“分类汇总”工作表，对工作表内的数据清单按照主要关键字“产品名称”进行升序排序。要求统计出不同产品类别的销售额总和，以“产品名称”为分类字段，以“求和”为汇总方式，完成分类汇总操作。

（4）建立数据透视表

打开“数据透视表”工作表，将数据透视表置于现有工作表 I4:M12 单元格区域，以“季度”为行标签，列标签为“产品名称”，值为“销售额（万元）”。

提高篇（选做题）：再次创建一个数据透视表，将该数据透视表置于现有工作表 I12:M15 单元格区域，行标签为“产品名称”，列标签为“分公司”，值为“销售额（万元）”。要求运用数据透视表统计算出分公司北部 1 和北部 2 的所有产品总销售额。

（5）高级筛选（提高篇，选做题）

高级筛选在日常办公中主要针对复杂的筛选条件，在国家计算机一级考试中是重要考点内容，相较于自动筛选的简便，高级筛选的操作有所不同。

打开“高级筛选.xlsx”工作簿，对工作表“产品销售情况表”内数据清单的内容按照主要关键字“分公司”的降序次序和次要关键字“季度”的升序次序进行排序，对排序后的数据进行高级筛选（在数据清单前插入四行，条件区域设在 A1:G4 单元格区域。）请在对应字段列内输入条件,条件为:产品名称为"空调"或"电视"且销售额排名在前 20 名,请运用高级筛选完成该条件的筛选任务。

3. 实训步骤

(1)工作表排序

打开工作簿"产品销售情况登记表.xlsx",复制该工作表将副本移动至 Sheet2 工作表之前(复制两次),将复制后的"产品销售情况表(2)"工作表名称更改为"分类汇总",将复制后的"产品销售情况表(3)"工作表名称更改为"数据透视表"。打开"产品销售情况表",对工作表内的数据清单按主要关键字为"季度"升序和次要关键字为"产品名称"降序进行排序。

操作方法如下:

①工作表移动、复制、重命名。

②单击"产品销售情况表"工作表中含有数据的任意单元格,在"开始"功能区中单击"编辑"组中的"排序和筛选"下拉菜单,打开"排序"对话框,设置"主要关键字"为"季度",设置"次序"为"升序";单击"添加条件"按钮,设置"次要关键字"为"产品名称",设置"次序"为"降序",单击"确定"按钮,如图 3-44 所示。

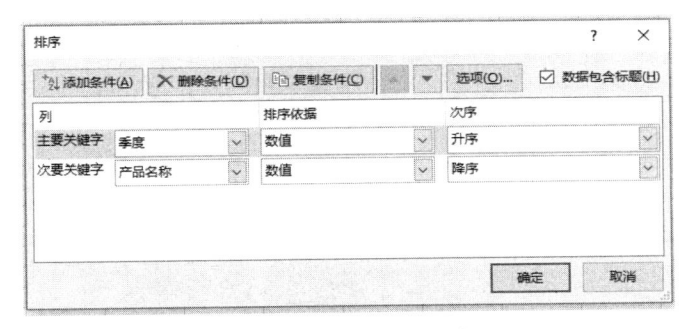

图 3-44 "排序"对话框

(2)工作表筛选

继续编辑"产品销售情况表",筛选出"销售额"在 20 万元以上的产品。取消筛选,再次筛选出"销售额排名"前 10 名的产品。取消筛选,完成第 1 季度电视的销售额的筛选,将筛选出的第一季度电视所有销售数据复制粘贴至 Sheet2 工作表中。此处要求学会几种筛选方式。

操作方法如下:

①单击"产品销售情况表"工作表中含有数据的任意单元格,在"开始"功能区中单击"编辑"组中的"排序和筛选"下拉菜单,打开"筛选"对话框,此时数据列表中每个字段名的右侧将出现一个下拉按钮,如图 3-45 所示。

②单击 F1 单元格的下拉按钮,在下拉列表中选择"数字筛选"单击"大于",在弹出的对话框中输入值"20",单击"确定"按钮,如图 3-46 所示。

③选中 A1:G1 单元格区域,单击"编辑"组中的"排序和筛选"下拉菜单,单击"清除",即可取消原有的筛选内容,如图 3-53 所示。用①的步骤打开"筛选"对话框,单击 G1 单元格的下拉按钮,在下拉列表中选择"数字筛选",单击"前 10 项",在弹出的"自动筛选前 10 个"对话框中,选择"最小"的前 10 项,即可筛选出销售额排名前 10 名的数据,如图 3-47 所示。

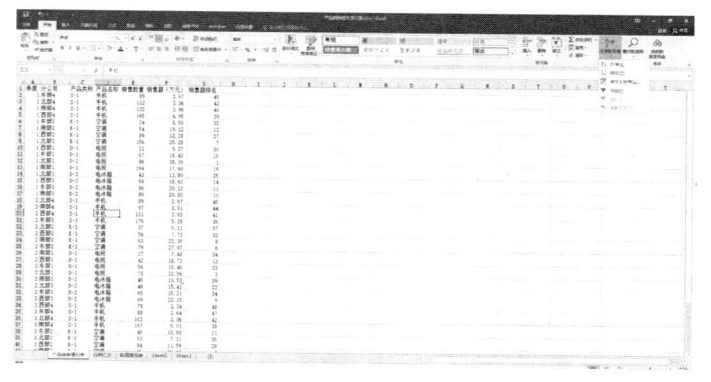

图 3-45 "筛选"功能打开方式

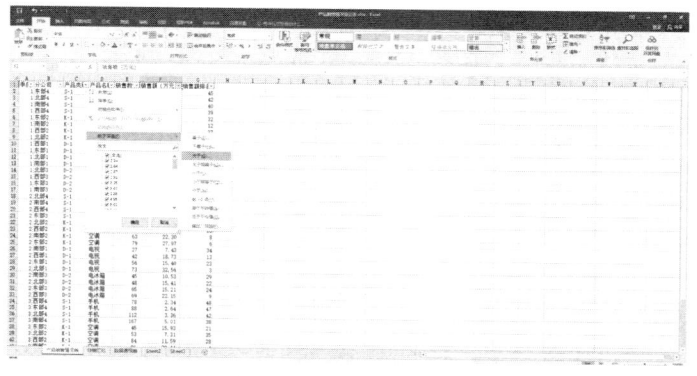

图 3-46 自定义筛选方式

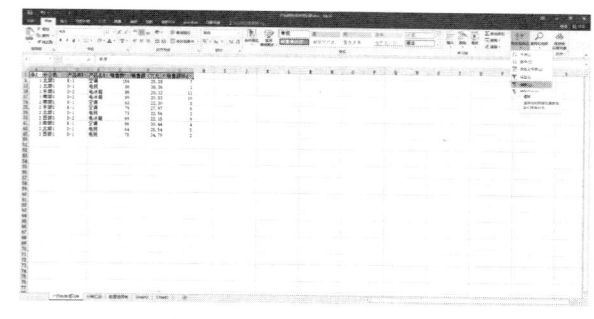

图 3-47 清除筛选的方式

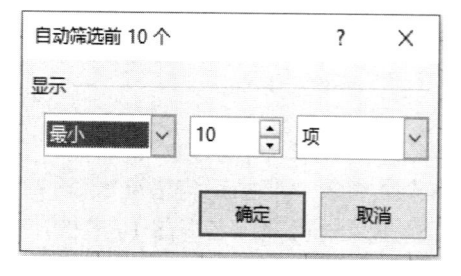

图 3-48 设定排名前 10 名的值

④取消筛选，用①的步骤打开"筛选"对话框，单击 A1 单元格的下拉按钮，在下拉列表中取消对"全选"复选框的选择，再勾选"1"，单击"确定"按钮，如图 3-49 所示。单击 D1 单元格的下拉按钮，用同样的方式筛选手机，选中 A1:G5 单元格区域，将其复制后粘贴至 Sheet2 工作表中。

（3）数据的分类汇总

打开"分类汇总"工作表，对工作表内的数据清单按照主要关键字"产品名称"进行升序排序。要求统计出不同产品类别的销售额总和，以"产品名称"为分类字段，以"求和"为汇总方式，完成分类汇总操作。

操作方法如下：

①完成排序操作。

②在"数据"功能区中单击"分级显示"组中的"分类汇总"按钮，弹出"分类汇总"

对话框,设置"分类字段"为"产品名称","汇总方式"为"求和",在"选定汇总项"中仅仅勾选"销售额(万元)"复选框,取消选中其他复选框,再勾选"汇总结果显示在数据下方"复选框,最后单击"确定"按钮,如图3-50所示。

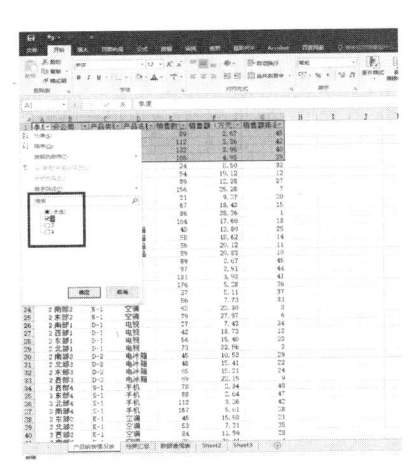

图3-49　文本型数据筛选方式 　　　　　　图3-50　设置"分类汇总"

（4）建立数据透视表

打开"数据透视表"工作表,将数据透视表置于现有工作表I4:M12单元格区域,以"季度"为行标签,列标签为"产品名称",值为"销售额(万元)"。

操作方法如下:

①将鼠标光标置于任意带有数据的单元格内,在"插入"功能区中单击"表格"组中的"数据透视表"按钮,弹出"创建数据透视表"对话框。在"选择放置数据透视表的位置"中选中"现有工作表"单选按钮,单击"位置"区域,用鼠标拖曳该工作表的I4:M12单元格区域,单击"确定"按钮,如图3-51所示。

②在窗口右侧出现的"数据透视表字段"窗格中拖动"季度"到"行"区域,拖动"产品名称"到"列"区域,拖动"销售额(万元)"到"值"区域,关闭"数据透视表字段"窗格,如图3-52所示。

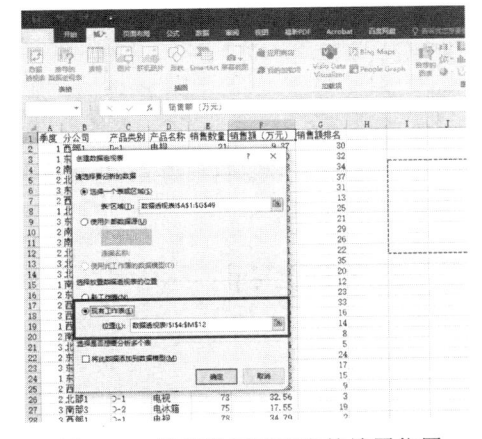

图3-51　设置数据透视表的放置位置 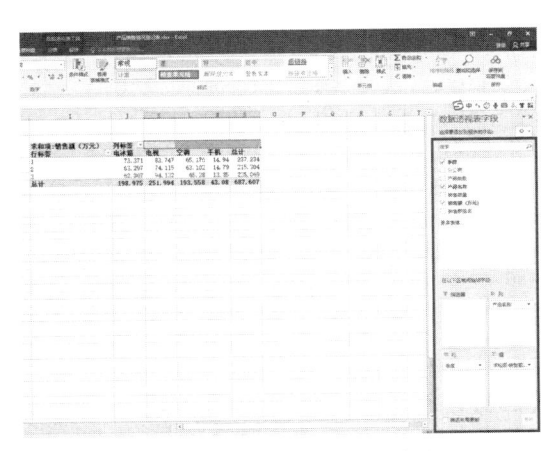　　　　图3-52　设置数据透视表字段

提高篇（选做题）：再次创建一个数据透视表，将该数据透视表置于现有工作表I12:M15单元格区域，行标签为"产品名称"，列标签为"分公司"，值为"销售额（万元）"。要求运用数据透视表统计算出分公司北部1和北部2的所有产品总销售额。

操作方法如下：

①根据前小题的做法完成数据透视表的创建。

②在创建好的数据透视表中，单击列标签的下拉按钮，取消勾选"全选"复选框，仅勾选"北部1"和"北部2"，即可统计出北部1和北部2的所有产品总销售额，随着条件的变更，可以随时变化筛选条件，做好数据分析。

（5）高级筛选（提高篇，选做题）

打开"高级筛选.xlsx"工作簿，对工作表"产品销售情况表"内数据清单的内容按照主要关键字"分公司"的降序次序和次要关键字"季度"的升序次序进行排序，对排序后的数据进行高级筛选（在数据清单前插入四行，条件区域设在A1:G4单元格区域。）请在对应字段列内输入条件，条件为：产品名称为"空调"或"电视"且销售额排名在前20名，请运用高级筛选完成该条件的筛选任务。

操作方法如下：

①请根据（1）中的操作步骤完成排序。

②在工作表中选中第1行并单击鼠标右键，在弹出的快捷菜单中选择"插入"命令，反复此操作3次即可在数据清单前插入4行。选中A5:G5单元格区域，单击鼠标右键，在弹出的快捷菜单中选择"复制"，选中A1单元格，右击，选择"粘贴"。在D2单元格中输入"空调"，在D3单元格中输入"电视"，在G2和G3单元格中均输入"<=20"，如图3-53所示。

③在"数据"功能区中，单击"排序和筛选"组中的"高级"按钮，弹出"高级筛选"对话框，在列表区域，用鼠标拖曳选择A5:G53单元格区域，在条件区域，用鼠标拖曳选择A1:G3单元格区域，单击"确定"按钮，即可完成高级筛选的工作，如图3-54所示。

图3-53　高级筛选条件输入方式　　　图3-54　高级筛选列表区域和条件区域设置

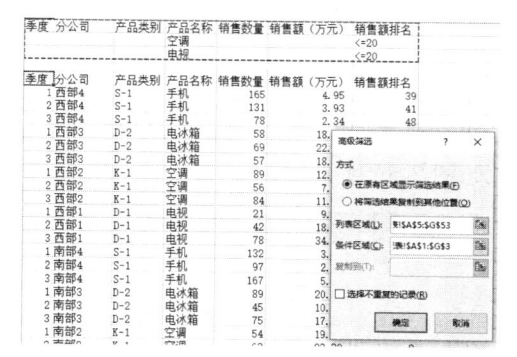

3.5　图表的建立与编辑实训

【任务导入】

学生小李：张老师，昨天我们开班会，辅导员在给我们做专业前景分析的时候用了很多图表，我觉得图表能够更加直观生动展示数据，会后我专门问了辅导员图表如何制作，她说这是 Excel 里面的内容。

张老师：哦？那你能否告诉我辅导员做汇报的时候都是图表有什么特点？

学生小李：嗯，我想想……有柱形的、有圆饼状的、还有些是折线的，而且它们的颜色也特别鲜明，看起来非常生动直观。

张老师：呵呵，看来小李同学观察得非常仔细。是的，图表是 Excel 的又一强大功能。Excel 的功能不仅体现在对数据的处理上，而且它能更方便地把枯燥的数据生成生动的图表展示给信息的需求者，就是你看到的。图表展示信息能提供一种更为简洁的理解信息的方式。

学生小李：张老师，那我们什么时候学习图表呢？

张老师：我今天给你们准备的实训内容就是图表的制作，下面我们就开始学习吧。

本次实训任务：把"商务专业学生成绩表"按照要求生成图表，并对生成的图表进行处理，结果如图 3-55 所示。

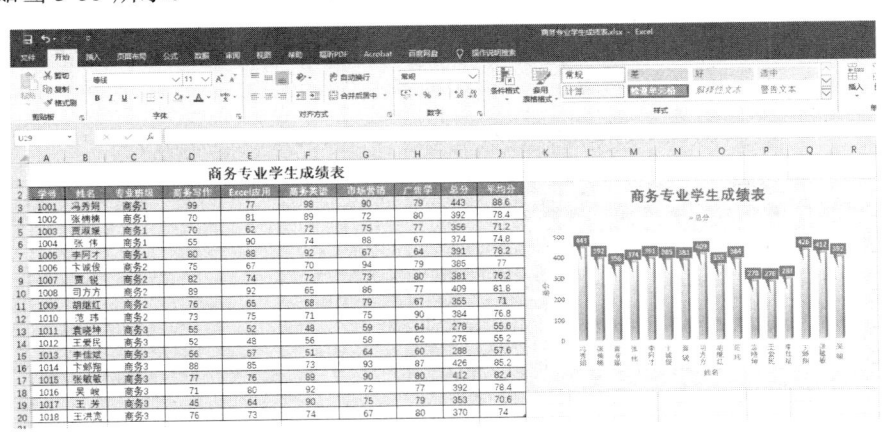

图 3-55 "商务专业学生成绩表"图表示例

1. 实训目的

（1）能够按照条件创建不同类型的图表。

（2）能对图表进行编辑，如更改图表标题、坐标轴标题、图例位置、图表样式等。

2. 实训内容

（1）创建图表

打开"商务专业学生成绩表.xlsx"工作簿，选择"B2:B20"单元格区域以及"I2:I20"单元格区域，创建"三维簇状柱形图"。

（2）调整图表大小和位置

将图表移动至 K2:R18 单元格区域，适当调整图表大小，以满足该区域的大小。

（3）添加、删除图表中的数据

删除王洪宽和王芳两名同学在图表中的数据，添加操作与删除操作相反。

（4）修改图表内容

①更改图表标题和格式，添加坐标轴标题。将图表标题更改为"商务专业学生成绩表"，设置图表标题格式为填充"渐变填充-预设渐变" 随意选择一个自己喜欢的颜色，为图表添加横坐标轴标题"姓名"，添加纵坐标轴标题"总分"。

②更改图表横坐标轴文字方向为"竖排"，更改纵坐标轴的"边界"数值，最大值"500"，最小值"0"，主要单位为"100"。

③添加图例,并将图例位置置于图表"顶部"。
④添加数据标签,并为图表添加"样式8"的图表样式。
⑤设置图表区、绘图区、数据系列的格式。

将图表区的背景填充色设置为"纹理-羊皮纸",将绘图区的背景填充设置为"纯色-白色"。将数据系列的填充颜色设置为"渐变填充-浅色渐变个性色5"。

3．实训步骤

（1）创建图表

打开"商务专业学生成绩表.xlsx"工作簿,选择"B2:B20"单元格区域及"I2:I20"单元格区域,创建"三维簇状柱形图"。

操作方法如下：

①在工作表中选中"B2:B20"单元格区域及"I2:I20"单元格区域,注意在选择不连续的区域时,需要按"Ctrl"键辅助完成选中区域操作。

②在"插入"功能区中单击"图表"组中的"插入柱形图和条形图"按钮,在弹出的菜单中选择"三维簇状柱形图",如图3-56所示。

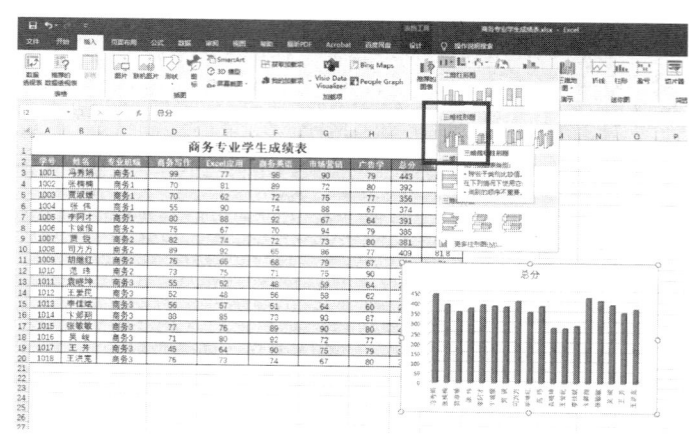

图3-56 选择"三维簇状柱形图"

（2）调整图表大小和位置

将图表移动至K2:R18单元格区域,适当调整图表大小,以满足该区域的大小。

操作方法如下：

①鼠标移动至图表区域,此时鼠标光标变成四箭头方向的光标时,直接按住鼠标左键进行拖动至K2:R18单元格区域。

②选中图表,将鼠标移动至图表右下角的○处,当形状变为双向箭头时拖动鼠标即可调整图表大小；也可以在"图表工具/格式"功能区的"大小"组中精确设定高度和宽度。

（3）添加、删除图表中的数据

删除王洪宽和王芳两名同学在图表中的数据,添加操作与删除操作相反。

操作方法如下：

①选中图表,在图表的右侧会出现3个按钮,单击"图表筛选器"按钮,在弹出的窗口中单击"数值"选项卡,然后取消对"王洪宽"和"王芳"数值复选框的选择。

②单击"应用"按钮,即可从图表中删除,如图3-57所示。

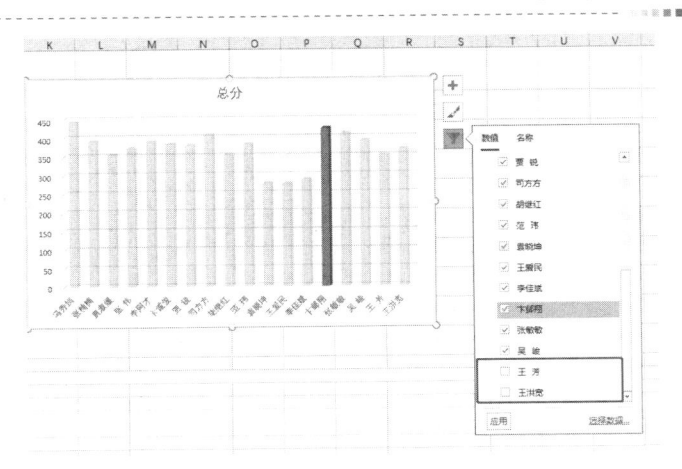

图 3-57　删除图表数据

（4）修改图表内容

①更改图表标题和格式，添加坐标轴标题。将图表标题更改为"商务专业学生成绩表"，设置图表标题格式为填充"渐变填充-预设渐变"，随意选择一个自己喜欢的颜色，为图表添加横坐标轴标题"姓名"，纵坐标轴标题"总分"。

操作方法如下：

◆ 双击图表标题，将图表标题内容更改为"商务专业学生成绩表"。
◆ 鼠标右键单击标题文本，在弹出的快捷菜单中选择"设置图表标题格式"命令，打开"设置图表标题格式"窗格，单击"标题选项"选项卡，在填充下选择"渐变填充"，在预设渐变的下拉菜单中选择颜色，如图 3-58 所示。

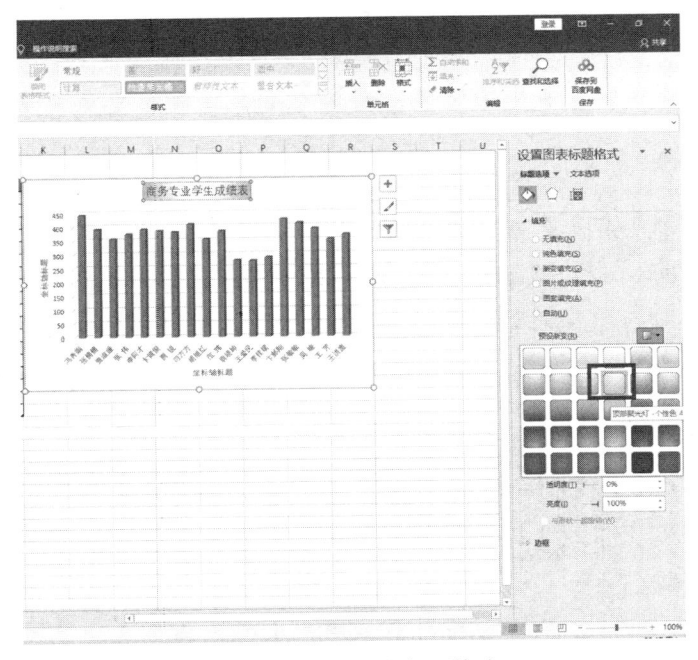

图 3-58　设置图表标题格式

◆ 选中图表，在图表的右侧会出现 3 个按钮，单击"图表元素"按钮，勾选"坐标轴标题"复选框，如图 3-59 所示。

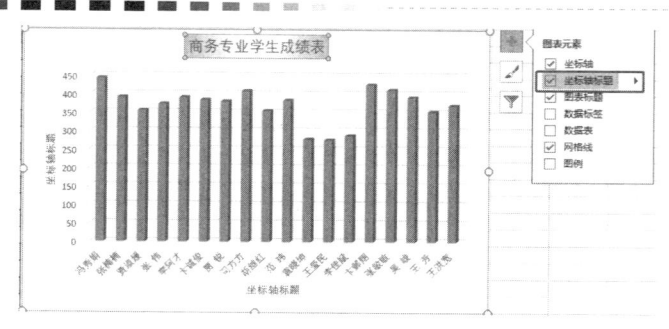

图 3-59 添加坐标轴标题

◆ 双击横坐标轴标题，更改内容为"姓名"，纵坐标轴标题更改为"总分"。

②更改图表横坐标轴文字方向为"竖排"，更改纵坐标轴的"边界"数值，最大值"500"，最小值"0"，主要单位为"100"。

操作方法如下：

◆ 鼠标右键单击"水平（类别）轴"，在打开的快捷菜单中选择"设置坐标轴格式"，在右侧弹出的对话框中，单击"文本选项"中的"文本框"按钮，文字方向选择"竖排"，如图 3-60 所示。

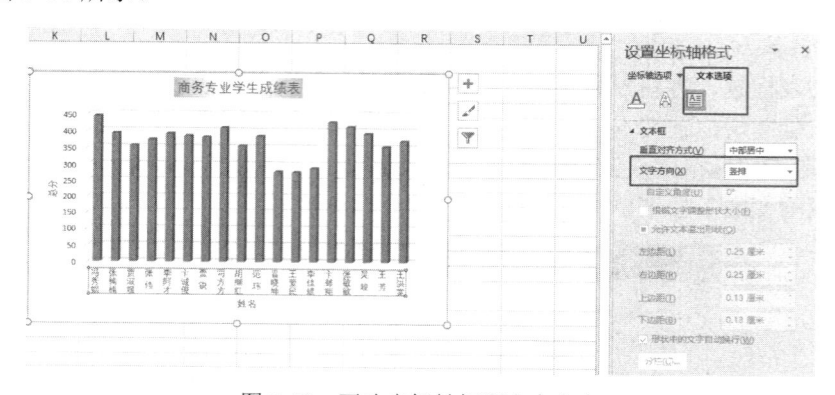

图 3-60 更改坐标轴标题文字方向

◆ 使用鼠标右键单击"垂直（值）轴"，在打开的快捷菜单中选择"设置坐标轴格式"，在右侧弹出的对话框中，依据题目要求设定"边界"数值，如图 3-61 所示。

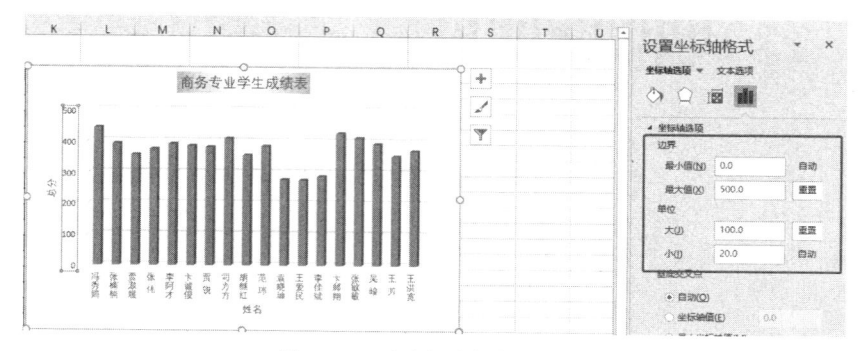

图 3-61 更改纵坐标轴边界值

③添加图例，并将图例位置置于图表"顶部"。

操作方法如下：

◆ 选中图表,在图表的右侧会出现3个按钮,单击"图表元素"按钮,勾选"图例"复选框,再单击右侧菜单下拉箭头,选择"顶部",如图3-62所示。

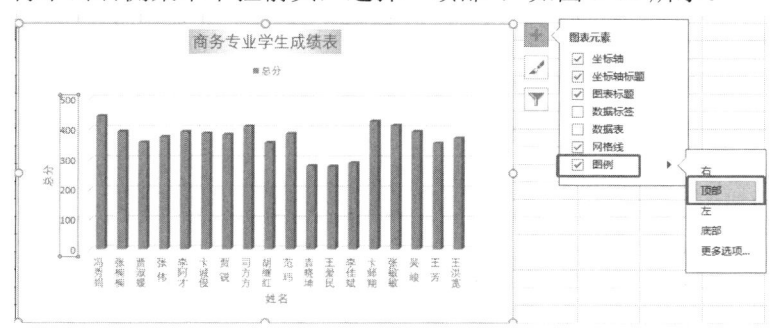

图3-62 添加图例及更改图例位置

④添加数据标签,并为图表添加"样式8"的图表样式。

操作方法如下:

◆ 选中图表,在图表的右侧会出现3个按钮,单击"图表元素"按钮,勾选"数据标签"复选框,再次选中图表,在"图表工具/设计"功能区的"图表样式"组中选择"样式8",如图3-63所示。

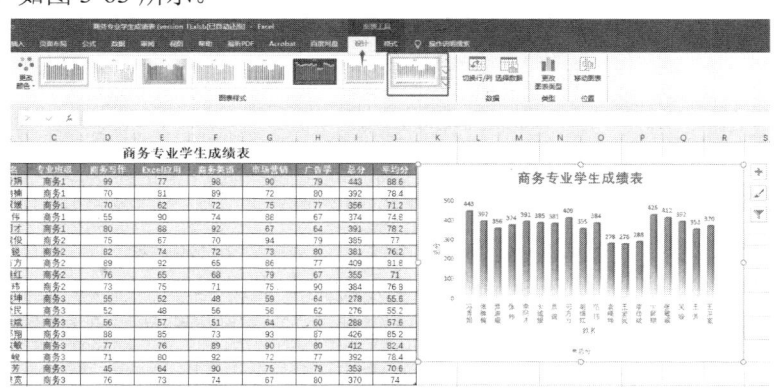

图3-63 设置图表样式

⑤设置图表区、绘图区、数据系列的格式。

将图表区的背景填充颜色设置为"纹理-羊皮纸",将绘图区的背景填充颜色设置为"纯色-白色"。将数据系列的填充颜色设置为"渐变填充-浅色渐变个性色5"。

操作方法如下:

◆ 选中图表,在"图表工具/格式"功能区的"当前所选内容"组中单击下拉列表框,选择"图表区",如图3-64所示,然后使用鼠标右键单击"设置图表区域格式",打开设置对话框。

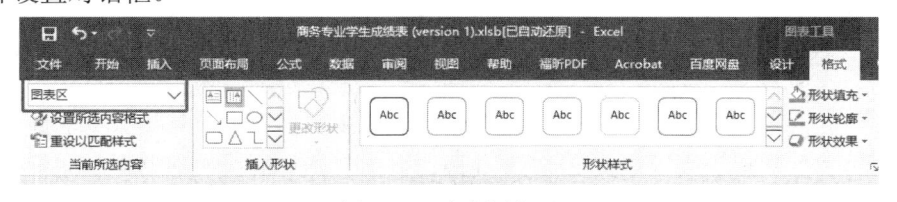

图3-64 选中图表区

◆ 在右侧弹出的"设置图表区格式"对话框中，单击"填充"选项，选择"图片或纹理填充"，然后完成"羊皮纸"背景的填充，如图 3-65 所示。用同样的方法完成其他区域的颜色填充。

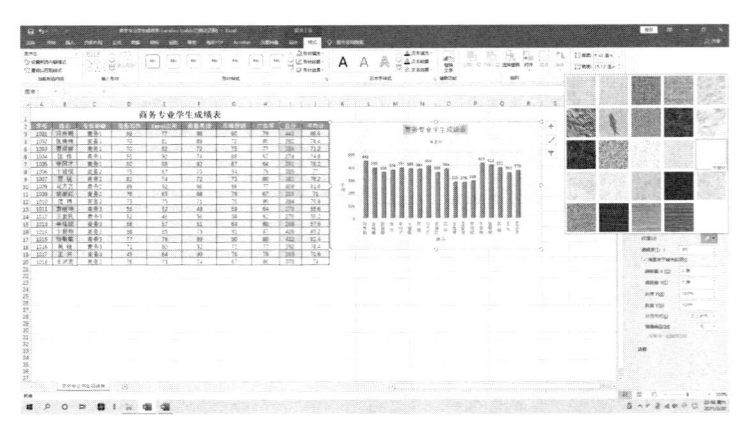

图 3-65　设置图表区背景颜色

3.6　电子表格一级考试综合实训

【任务导入】

学生小李：张老师，我准备报名参加全国计算机一级等级考试，有没有类似于一级考试的模拟练习题，方便在考前练习。

张老师：当然有啊，我们的机房里都安装了计算机一级考试模拟软件，软件的界面和题目都和一级考试类似。现在我们就一起来练习 2 套综合实训吧。

学生小李：太好了张老师，我都迫不及待想练习了，想看看自己真正掌握得怎么样。

3.6.1　电子表格一级考试综合实训（一）

1．实训目的

通过综合实训的训练，让学生熟悉一级等级考试的考试类型及要求。

2．实训内容

本案例选用模拟软件中的考试题库试卷 2。

（1）打开工作簿文件 Excel.xlsx。

①将 Sheet1 工作表命名为"回县比率表"，然后将工作表的 A1:D1 单元格合并为一个单元格，内容水平居中；计算"分配回县/考取比率"列内容（分配回县考取比率=分配回县人数/考取人数，保留小数点后面 2 位）；使用条件格式将"分配回县考取比率"列内大于或等于 50%的值设置为红色、加粗。

②选取"时间"和"分配回县/考取比率"两列数据，建立"带平滑线和数据标记的散点图"图表，设置图表样式为"样式 4"，图例位置靠上，图表标题为"分配回县考取散点图"，将图表插入表的 A12:D27 单元格区域内。

(2)打开工作簿文件 EXC.xlsx

对工作表"产品销售情况表"内数据清单的内容按主要关键字"分公司"的升序次序和次要关键字"产品类别"的降序次序进行排序,完成对各分公司销售量平均值的分类汇总,各平均值保留小数点后 0 位,汇总结果显示在数据下方,工作表名不变,保存 EXC.xlsx 工作簿。

3. 实训内容步骤

打开一级模拟考试软件,依据此路径"考试题库→Office 2016 版考试题库试卷 2→电子表格",找到题目,开始操作。

(1)打开文档 Excel.xlsx,按照要求完成下列操作并以该文件名(Excel.xlsx)保存文档。

①将 Sheet1 工作表命名为"回县比率表",然后将工作表的 A1:D1 单元格合并为一个单元格,内容水平居中;计算"分配回县/考取比率"列内容(分配回县考取比率=分配回县人数/考取人数,保留小数点后面 2 位);使用条件格式将"分配回县考取比率"列内大于或等于 50%的值设置为红色、加粗。

操作方法如下:

- 选中"Sheet1 工作表",单击鼠标右键,在打开的快捷菜单中选择"重命名" 在编辑框中输入"回县比率表"。
- 选中 A1:D1 单元格区域,在"开始"功能区的"对齐方式"组中单击"合并后居中"按钮。
- 单击要输入公式的单元格 D3,并输入等号(=),输入公式表达式"=C3/B3",输入完毕后,按"Enter"键或者单击编辑栏中的"输入"按钮,然后将鼠标指向单元格 D3 右下角的填充柄,鼠标指针变为"十字形"时,按住鼠标左键不放向下拖动到要复制公式的区域,释放鼠标,即可完成复制公式的操作。
- 选择 D3:D10 单元格区域,单击鼠标右键,在打开的快捷菜单中选择"设置单元格格式",在打开的对话框中单击"数字"选项卡,选择"百分比"类型,小数位数输入 2。
- 选择 D3:D10 单元格区域,在"开始"功能区中的"样式"组中单击"条件格式"下拉列表框,再单击"突出显示单元格规则"按钮,选择"大于"功能,在弹出的大于框中输入"50%",设置为"自定义-红色-加粗"。完成后的效果如图 3-66 所示。

时间	考取人数	分配回县人数	分配回县/考取比率
2004	232	152	65.52%
2005	353	162	45.89%
2006	450	239	53.11%
2007	586	267	45.56%
2008	705	280	39.72%
2009	608	310	50.99%
2010	769	321	41.74%
2011	776	365	47.04%

某县大学升学和分配情况表

图 3-66 模拟考试软件第 2 套题库电子表格完成效果图 1

②选取"时间"和"分配回县/考取比率"两列数据,建立"带平滑线和数据标记的散点图"图表,设置图表样式为"样式 4",图例位置靠上,图表标题为"分配回县考取散点图",将图表插入到表的 A12:D27 单元格区域内。

操作方法如下:

◆ 在工作表中选中"A2:A10"单元格区域以及"B2:B10"单元格区域,注意在选择不连续的区域时,需要按"Ctrl"键辅助完成选中区域操作。
◆ 在"插入"功能区中单击"图表"组中的"插入散点图(X\Y)或气泡图"按钮,在弹出的菜单中选择"带平滑线和数据标记的散点图"。
◆ 选中图表,在"图表工具/设计"功能区的"图表样式"组中选择"样式 4",添加图例,使用鼠标右键单击图例,在打开的快捷菜单中选择"设置图例格式",在右侧弹出的窗口中,单击"图例"选项,选择图例位置"靠上"。
◆ 双击图表标题,更改标题名称。移动图表至 A12:D27 单元格区域,完成后的效果如图 3-67 所示。

图 3-67 模拟考试软件第 2 套题库电子表格完成效果图 2

(2)打开工作簿文件 EXC.xlsx

对工作表"产品销售情况表"内数据清单的内容按主要关键字"分公司"的升序次序和次要关键字"产品类别"的降序次序进行排序,完成对各分公司销售量平均值的分类汇总,各平均值保留小数点后 0 位,汇总结果显示在数据下方,工作表名不变,保存 EXC.xlsx 工作簿。

操作方法如下:

◆ 单击"产品销售情况表"工作表中含有数据的任意单元格,在"开始"功能区中单击"编辑"组中的"排序和筛选"下拉菜单,打开"自定义排序"对话框,设置"主要关键字"为"分公司",设置"次序"为升序;单击"添加条件"按钮,设置"次要关键字"为"产品类别",设置"次序"为"降序",单击"确定"按钮。
◆ 在"数据"功能区中单击"分级显示"组中的"分类汇总"按钮,弹出"分类汇总"对话框,设置"分类字段"为"分公司","汇总方式"为"平均值",在"选定汇总项"中仅仅勾选"销售额(万元)"复选框,取消选中其他复选框,再勾选"汇总结果显示在数据下方"复选框,最后单击"确定"按钮。完成后的效果如图 3-68 所示。

季度	分公司	产品类别	产品名称	销售数量	销售额（万元）	销售额排名
1	北部1	D-1	电视	86	38.36	1
2	北部1	D-1	电视	73	32.56	3
3	北部1	D-1	电视	64	28.54	5
	北部1 平均值					3
1	北部2	K-1	空调	89	12.23	26
3	北部2	K-1	空调	53	7.31	35
2	北部2	K-1	空调	37	5.11	36
	北部2 平均值					32
3	北部3	D-2	电冰箱	54	17.33	19
2	北部3	D-2	电冰箱	48	15.41	21
1	北部3	D-2	电冰箱	43	13.80	24
	北部3 平均值					21
1	东部1	D-1	电视	67	18.43	14
3	东部1	D-1	电视	66	18.15	16
2	东部1	D-1	电视	56	15.40	22
	东部1 平均值					17
2	东部2	K-1	空调	79	27.97	6
3	东部2	K-1	空调	45	15.93	20
1	东部2	K-1	空调	24	8.50	32
	东部2 平均值					19
1	东部3	D-2	电冰箱	86	20.12	10
2	东部3	D-2	电冰箱	65	15.21	23
3	东部3	D-2	电冰箱	39	9.13	31
	东部3 平均值					21
1	南部1	D-1	电视	64	17.60	17
3	南部1	D-1	电视	46	12.65	25
2	南部1	D-1	电视	27	7.43	34
	南部1 平均值					25
3	南部2	K-1	空调	86	30.44	4
2	南部2	K-1	空调	63	22.30	7
1	南部2	K-1	空调	54	19.12	11
	南部2 平均值					7
1	南部3	D-2	电冰箱	89	20.83	9
3	南部3	D-2	电冰箱	75	17.55	18
2	南部3	D-2	电冰箱	45	10.53	29
	南部3 平均值					19
3	西部1	D-1	电视	78	34.79	2
2	西部1	D-1	电视	42	18.73	12
1	西部1	D-1	电视	21	9.37	30
	西部1 平均值					15
1	西部2	K-1	空调	89	12.28	26
3	西部2	K-1	空调	84	11.59	28
2	西部2	K-1	空调	56	7.73	33
	西部2 平均值					29
2	西部3	D-2	电冰箱	69	22.15	8
1	西部3	D-2	电冰箱	58	18.62	13
3	西部3	D-2	电冰箱	57	18.30	15
	西部3 平均值					12
	总计平均值					18

图 3-68　模拟考试软件第 2 套题库电子表格完成效果图 3

3.6.2　电子表格一级考试综合实训（二）

1．实训目的

通过综合实训的训练，让学生熟悉一级等级考试的考试类型及要求。

2．实训内容

本案例选用模拟软件中的新增题库 5。

（1）打开工作簿文件 Excel.xlsx。

①选择 Sheet1 工作表，将 A1:G1 单元格合并为一个单元格，文字居中对齐；计算每个学生的平均成绩置于“平均成绩（按百分制计算）”列（数值型，保留小数点后 0 位）；利用函数计算“备注”列，如果学生平均成绩大于或等于 82，填入“A”，否则填入“B”，利用 COUNTIF 函数分别计算一班、二班、三班的人数置于 J4:J6 单元格区域；利用 SUM 函数计算三个班的总人数置于 J7 单元格内；利用 COUNTIFS 函数分别计算每班平均成绩（按百分制计算），条件为 75 分及以上学生的人数，将结果分别置于 K13:K15 单元格区域；分别计算每班（按百分制计算）平均成绩在 75 分及以上的人数占三个班总人数的百分比（百分比型，保留小数点 2 位）置于 J13:J15 单元格区域内。利用条件格式将 F3:F32 单元格设置“金色，个性色 4，淡色 40%”渐变填充数据条。

②选取 Sheet1 工作表 I12:J15 数据区域的内容建立“三维饼图”，图表标题为“成绩百分比图”，标题位于图表上方，顶部显示图例，饼图内显示数据标签；将图表插入当前工作表 Sheet1 的“H20:K34”单元格区域内，Sheet1 工作表命名为“成绩统计表”。

③选择“图书销售统计表”工作表，对工作表内数据清单的内容进行高级筛选（在数据清单前插入 4 行，条件区域设在 A1:F3 单元格区域，请在对应字段列内输入条件），条件是经销部门为“第 1 分部”或“第 3 分部”且销售数量排名在前 30 名（请用<=30），工作表名不

变，保存工作簿。

3. 实训步骤

①选择 Sheet1 工作表，将 A1:G1 单元格合并为一个单元格，文字居中对齐；计算每个学生的平均成绩置于"平均成绩（按百分制计算）"列（数值型，保留小数点后 0 位）；利用函数计算"备注"列，如果学生平均成绩大于或等于 82，填入"A"，否则填入"B"，利用 COUNTIF 函数分别计算一班、二班、三班的人数置于 J4:J6 单元格区域；利用 SUM 函数计算三个班的总人数置于 J7 单元格内；利用 COUNTIFS 函数分别计算每班平均成绩（按百分制计算），条件为 75 分及以上学生的人数，将结果分别置于 K13:K15 单元格区域；分别计算每班（按百分制计算）平均成绩在 75 分及以上的人数占三个班总人数的百分比（百分比型，保留小数点 2 位）置于 J13:J15 单元格区域内。利用条件格式将 F3:F32 单元格设置为"金色，个性色 4，淡色 40%"渐变填充数据条。

操作方法如下：

◆ 选中 A1:G1 单元格区域，在"开始"功能区的"对齐方式"组中单击"合并后居中"按钮。

◆ 在 F3 单元格中输入公式"=AVERAGE(C3/150*100，D3，E3/150*100)"，按"Enter"键。选中 F3 单元格，将鼠标指针移动到单元格右下角的填充柄上，当指针变为黑十字形时，按住鼠标左键，拖动单元格填充柄到 F32 单元格中，释放鼠标左键。

◆ 选中 F3:F32 单元格区域并单击鼠标右键，在弹出的快捷菜单中选择"设置单元格格式"命令。弹出"设置单元格格式"对话框。在"数字"选项卡中，选择"分类"组中的"数值"，设置"小数位数"为"0"，单击"确定"按钮。

◆ 在 G3 单元格内输入公式"=IF(F3>=82,"A","B")"，按"Enter"键。选中 G3 单元格，将鼠标指针移动到单元格右下角的填充柄上，当指针变黑十字形时，按住鼠标左键，拖动单元格填充柄到 G32 单元格中，释放鼠标左键。

◆ 在 J4 单元格内输入公式"=COUNTIF($B$3: $B$32,I4)"，按"Enter"键。选中 J4 单元格，将鼠标指针移动到单元格右下角的填充柄上，当指针变黑十字形时，按住鼠标左键，拖动单元格填充柄到 J6 单元格中，释放鼠标左键。在 J7 单元格内输入公式"=SUM(J4:J6)"后按"Enter"键。

◆ 在 K13 单元格内输入公式"=COUNTIFS($B$3:$B$32, I13，$F$3:$F$32，">=75")，按"Enter"键。选中 K13 单元格，将鼠标指针移动到单元格右下角的填充柄上，当指针变黑十字形时，按住鼠标左键，拖动单元格填充柄到 K15 单元格中，释放鼠标左键。

◆ 在 J13 单元格输入公式"=K13/$J$7"，按 Enter 键，选中 J13 单元格，将鼠标指针移动到单元格右下角的填充柄上，当指针变黑十字形时，按住鼠标左键，拖动单元格填充柄到 J15 单元格中，释放鼠标左键。

◆ 选中 J13:J15 单元格区域并单击鼠标右键，在弹出的快捷菜单中选择"设置单元格格式"命令。弹出"设置单元格格式"对话框，在"数字"选项卡中，选择"分类"组中的"百分比"，设置"小数位数"为"2"，单击"确定"按钮。

◆ 选中 F3:F32 单元格区域。在"开始"功能区的"样式"组中，单击"条件格式"下拉按钮，在弹出的下拉列表中选择"数据条"下的"其他规则"，弹出"新建格式规则"对话框，在"编辑规则说明"组中，设置"条形图外观"下的"填充"为"渐变填充"，设置颜色为"金色，个性色 4，淡色 40%"，单击"确定"按钮。完成后的效果如图 3-69 所示。

图 3-69 模拟考试软件新增题库 5 电子表格完成效果图 1

②选取 Sheet1 工作表 I12:J15 数据区域的内容建立"三维饼图",图表标题为"成绩百分比图",标题位于图表上方,顶部显示图例,饼图内显示数据标签;将图表插入当前工作表 Sheet1 的"H20:K34"单元格区域内,将 Sheet1 工作表命名为"成绩统计表"。

操作方法如下:

- ◆ 选中 I12:J15 单元格区域。在"插入"功能区的"图表"组中单击"插入饼图或圆环图按钮",选择"三维饼图",弹出"插入图表"对话框。
- ◆ 选中图表,双击图表标题,更改标题内容。在图表右侧出现的 3 个按钮中,单击图表元素,勾选"图例"和"数据标签",并单击"图例"右侧的箭头打开图例位置选项,选择"顶部"。
- ◆ 拖动图表,使其左上角在 H20 单元格内,调整图表区的大小使其在 H20:K34 单元格区域内。双击 Sheet1 工作表的表名处,将其更改为"成绩统计表"。完成后的效果如图 3-70 所示。

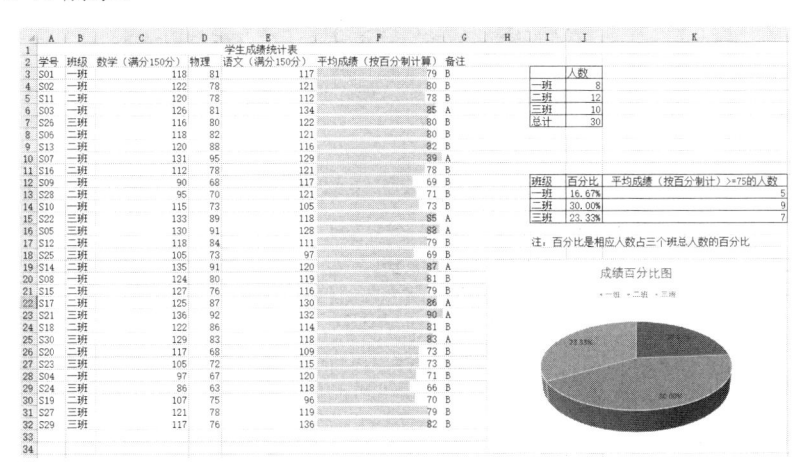

图 3-70 模拟考试软件新增题库 5 电子表格完成效果图 2

③选择"图书销售统计表"工作表,对工作表内数据清单的内容进行高级筛选(在数据清单前插入 4 行,条件区域设在 A1:F3 单元格区域,请在对应字段列内输入条件),条件是经销部门为"第 1 分部"或"第 3 分部"且销售数量排名在前 30 名(请用<=30),工作表名不

变，保存 Excel.xlsx 工作簿。

操作方法如下：

◆ 切换到“图书销售统计表”工作表，选中第一行单元格并单击鼠标右键，在弹出的快捷菜单中选择“插入”命令，反复此操作 3 次即可在数据清单前插入 4 行。选中 A5:G5 单元格区域，按“Ctrl+C”组合键复制，单击 A1 单元格，按“Ctrl+V”组合键进行粘贴。在 A2 单元格中输入第 1 分部，在 A3 单元格中输入第 3 分部，在 F2 和 F3 单元格中输入“<=30”。在“数据”功能区的“排序和筛选”组中，单击“高级”按钮，弹出“高级筛选”对话框，设置列表区域为“图书销售统计表!$A$5:$G$69”，设置条件区域为“图书销售统计表! $A$1:$G$3”，单击“确定”按钮。

◆ 保存并关闭工作簿。完成后的效果如图 3-71 所示。

	A	B	C	D	E	F	G
1	经销部门	图书类别	季度	销售数量（册）	销售额（元）	销售数量排名	销售额排名
2	第1分部					<=30	
3	第3分部					<=30	
4							
5	经销部门	图书类别	季度	销售数量（册）	销售额（元）	销售数量排名	销售额排名
7	第3分部	工业技术	2	321	9630	29	54
8	第1分部	工业技术	2	435	21750	8	23
21	第3分部	农业科学	4	432	32960	9	4
22	第1分部	生物科学	3	323	22610	28	22
23	第1分部	工业技术	3	324	16200	26	31
24	第1分部	农业科学	4	342	10260	22	50
29	第3分部	生物科学	2	345	24150	20	15
32	第1分部	生物科学	1	345	24150	20	15
33	第1分部	农业科学	3	365	10950	17	44
34	第1分部	生物科学	2	412	28840	14	10
36	第1分部	工业技术	1	569	28450	4	11
37	第1分部	农业科学	2	654	19620	2	26
38	第1分部	农业科学	1	765	22950	1	20
44	第1分部	交通科学	1	436	35648	7	3
57	第3分部	交通科学	4	432	20563	9	24
58	第1分部	交通科学	4	365	29879	17	7
61	第1分部	交通科学	2	654	45321	2	1
70							

图 3-71　模拟考试软件新增题库 5 电子表格完成效果图 3

3.7　电子表格应用实战训练

【任务导入】

张老师：小李同学，电子表格的基本知识已经讲授完。今天我们来一次应用实战训练，测试一下你对 Excel 2016 电子表格处理软件知识技能的熟练程度，你觉得怎么样？

学生小李：好的。张老师，我觉得可以挑战一下自己，我们现在就开始吧！

本次任务为综合实训：将 Excel 2016 电子表格处理软件的所有主要功能进行整合，巩固及加强前几节的实训内容，同时也可以测试学生对于之前所学内容的掌握程度。电子表格综合任务完成效果如图 3-72~图 3-75 所示。

1．实训目的

（1）能完成电子表格的基本操作。

（2）能对工作表进行格式化处理。

（3）能根据要求使用公式函数完成电子表格数据计算。

（4）能运用“筛选”“排序”“分类汇总”等功能对数据进行管理。

（5）能创建图表并对图表进行编辑。

图 3-72　原始信息工作表效果图

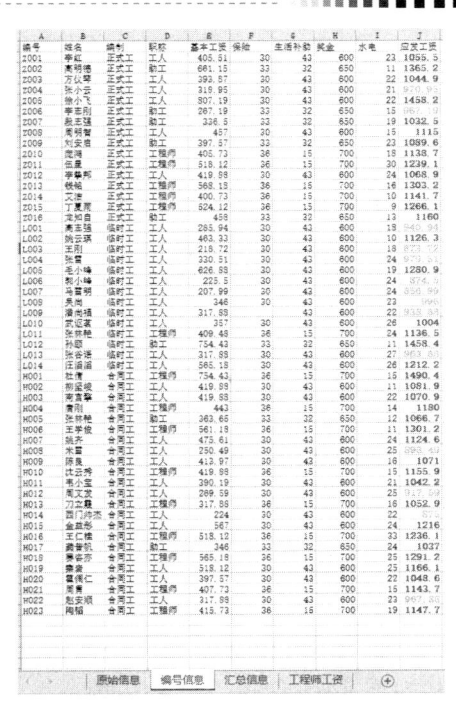

图 3-73　编号信息工作表效果图

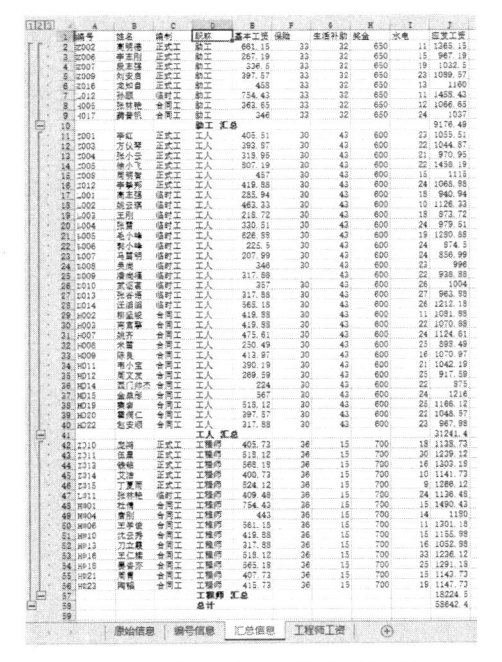

图 3-74　汇总信息工作表效果图

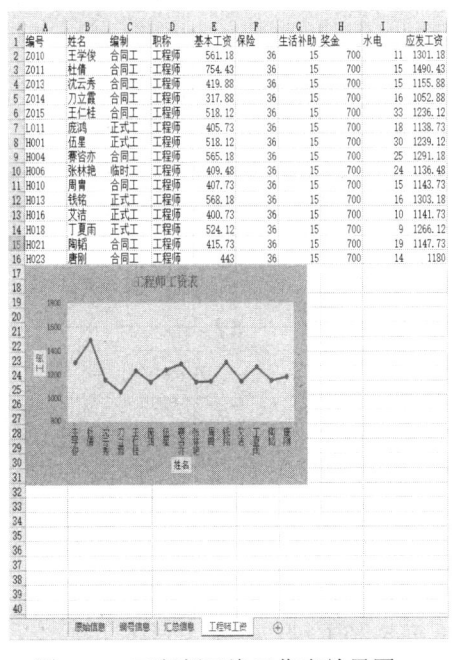

图 3-75　工程师工资工作表效果图

2．实训内容

打开"Excel.xlsx"，进行如下操作。

（1）表格基本操作

设置表格的标题（A1:H1 单元格区域）合并居中。在"原始信息"工作表的 G 列前，插入"奖金"列。表格内所有数值型数据右对齐。

（2）公式函数的使用

①应用 IF 函数，填充"原始信息"工作表内"奖金"一列的数据。奖金数据按职称分为以下三个等级：工人 600；助工 650；工程师 700。

②计算员工应发工资：应发工资＝基本工资＋保险＋生活补助＋奖金－水电

（3）工作表格式的设置

①将上述已完成的"原始信息"工作表的所有数据（不包括表格格式和标题）复制到"编号信息"工作表中，对"编制"列进行降序排列。在"姓名"前增加"编号"一列，根据不同编制进行编号。其中正式工的编号为 Z001，Z002，……Z016；临时工的编号为 L001，L002，……L014；合同工的编号为 H001，H002，……H023。

②应用条件格式，对"编号信息"工作表的"应发工资"一列数据设置如下格式：当员工应发工资大于 1200 元时，数据显示为红色加粗，当员工应发工资小于 1000 元时，数据显示为橙色加粗，其他显示为紫色加粗。

（3）工作表数据管理

将"编号信息"工作表中的所有内容复制到"汇总信息"工作表中，完成如下操作。

①从"汇总信息"工作表中筛选出职称为"工程师"的所有记录（包含表格第一行表头部分）复制到"工程师工资"工作表内；

②在"汇总信息"工作表中，将"职称"列进行降序排序。以"职称"为分类字段，"求和"为汇总方式，对"应发工资"进行汇总。

（4）图表操作

根据"工程师工资"工作表的员工姓名和应发工资数据完成如下图表，并将该图表嵌入"工程师工资"工作表中。图表样图如 3-76 所示。

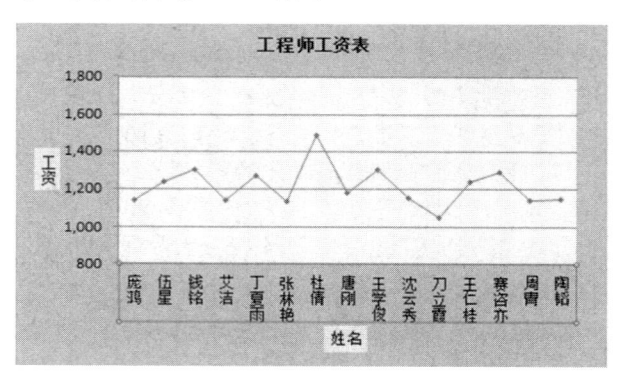

图 3-76　图表样图

3．实训步骤

（1）表格基本操作

设置表格的标题（A1:H1 单元格区域）合并居中。在"原始信息"工作表的 G 列前，插入"奖金"列。表格内所有数值型数据右对齐。

操作方法如下：

①选中 A1:H1 单元格区域，在"开始"功能区的对齐方式组中单击"合并后居中"按钮。

②选中 G 列，单击鼠标右键，选择"插入"功能，在 G2 单元格区域输入"奖金"。

（2）公式函数的使用

①应用 IF 函数，填充"原始信息"工作表内"奖金"一列的数据。奖金数据按职称分为以下三个等级：工人 600；助工 650；工程师 700。

操作方法如下：

- 选择 G3 单元格，单击"插入函数"命令，选择 IF 函数，完成 IF 函数参数设置，在"Logical_test"中输入：C3="工人"，在"Value_if_true"中输入：600，在"Value_if_false"中输入：IF（C3="助工",650,IF（C3="工程师",700）），如图 3-77 所示，单击"确定"按钮。
- 将鼠标指向单元格 G3 右下角的填充柄，鼠标指针变为十字形时，按住鼠标左键不放向下拖动到要复制函数的区域。

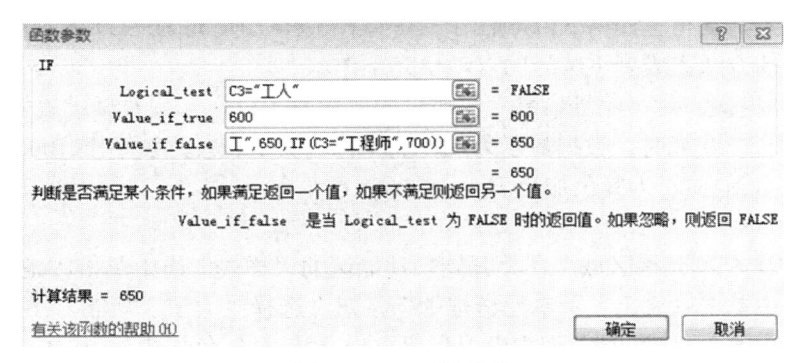

图 3-77　IF 函数设置

②计算员工应发工资：应发工资＝基本工资＋保险＋生活补助＋奖金－水电。

操作方法如下：

- 选择单元格 I3，在单元格中输入公式"=D3+E3+F3+G3-H3"，按"Enter"键，将鼠标指向单元格 I3 右下角的填充柄，按住鼠标左键不放向下拖动到要复制公式的区域。结果如图 3-78 所示。

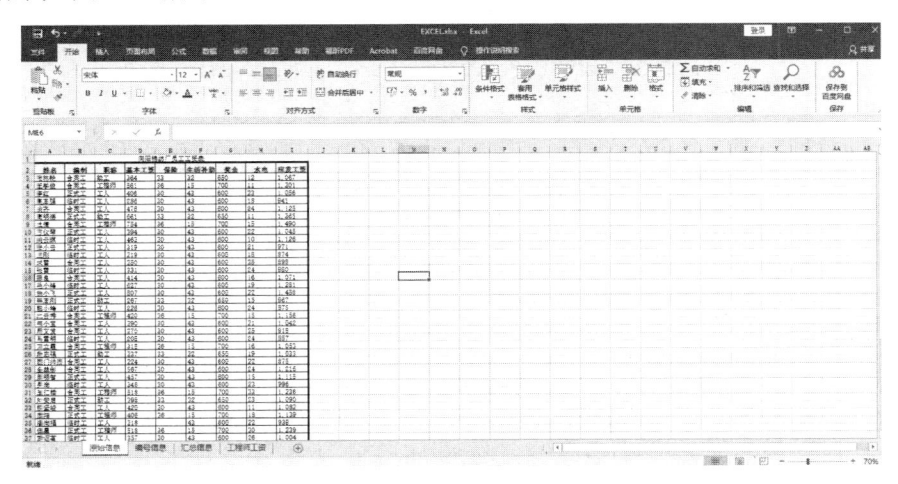

图 3-78　员工应发工资

（3）格式的设置

①将上述已完成的"原始信息"工作表的所有数据（不包括表格格式和标题）复制到"编

号信息"工作表中,对"编制"列进行降序排列。在"姓名"前增加"编号"一列,根据不同编制进行编号。其中正式工的编号为 Z001,Z002,……Z016;临时工的编号为 L001,L002,……L014;合同工的编号为 H001,H002,……H023。

操作方法如下:

◆ 选中 A2:I55 单元格区域,单击鼠标右键,选择"复制",切换到"编号信息"工作表,单击鼠标右键,选择"粘贴",粘贴选项选择"值"。

◆ 选中 C 列数据,在"开始"功能区中的"编辑"组单击"排序和筛选"按钮,在下拉菜单中选择"降序"。

◆ 选中 A 列,单击鼠标右键,选择"插入"功能,在 A1 单元格区域输入"编号"。在单元格 A2 中输入"Z001",将鼠标指向单元格 A2 右下角的填充柄,按住鼠标左键不放向下拖动至单元格 A17,则正式工的编号被自动填充为:"Z001,Z002,……Z016";以同样的方法完成剩下编号的自动填充工作。

②应用条件格式,对"编号信息"工作表的"应发工资"一列数据设置如下格式:当员工应发工资大于 1200 元时,数据显示为红色加粗,当员工应发工资小于 1000 元时,数据显示为橙色加粗,其他显示为紫色加粗。

操作方法如下:

◆ 选中 J2:J55 单元格区域,在"开始"功能区的"样式"组中单击"条件格式",在下拉菜单中单击"突出显示单元格规则"按钮,选择"大于"功能,在弹出的"大于"对话框中输入"1200",格式设置为"自定义格式/红色加粗",单击"确定"按钮,如图 3-79 所示。运用相同的方法完成其他题目的操作,如图 3-80 和图 3-81 所示。

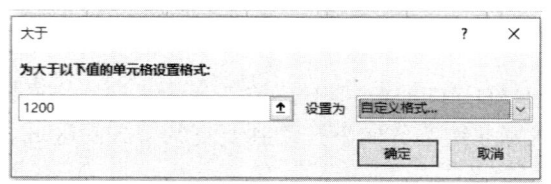

图 3-79 "大于"对话框　　　　　图 3-80 "小于"对话框

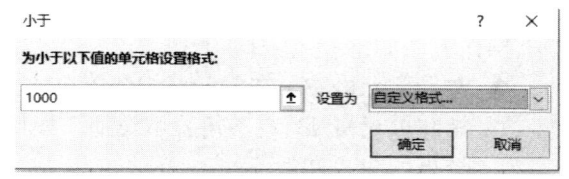

图 3-81 "介于"对话框

(4) 数据处理

将"编号信息"工作表中的所有内容复制到"汇总信息"工作表中,完成如下操作。

①从"汇总信息"工作表中筛选出职称为"工程师"的所有记录(包含表格第一行表头部分)复制到"工程师工资"工作表内。

操作方法如下:

◆ 单击"汇总信息"工作表中含有数据的任意单元格,在"开始"功能区中单击"编辑"组中的"排序和筛选"下拉菜单,打开"筛选"对话框,此时数据列表中每个字段名的右侧将出现一个下拉按钮。
- 单击 D1 单元格的下拉按钮，仅仅勾选"工程师"复选框，单击"确定"按钮，如图 3-82 所示。
- 全选筛选结果的区域，单击鼠标右键，选择"复制"，切换到"工程师工资"工作表，单击鼠标右键，选择"粘贴"。

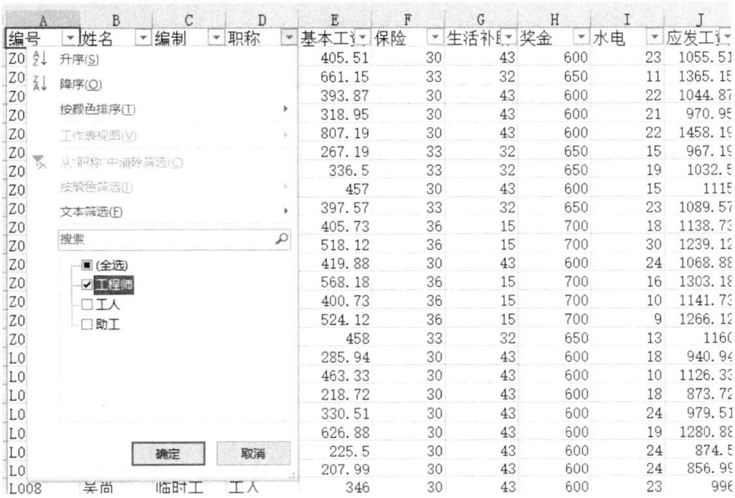

图 3-82 "工程师工资"工作表

②在"汇总信息"工作表中，将"职称"列进行降序排序。以"职称"为分类字段，"求和"为汇总方式，对"应发工资"进行汇总。

操作方法如下：
- 切换回"汇总信息"工作表，先取消筛选，后排序。单击"汇总信息"工作表中含有数据的任意单元格，在"数据"功能区的"分级显示"组中单击"分类汇总"按钮，在弹出的"分类汇总"对话框中，设置分类字段为"职称"，汇总方式为"求和"，选定汇总项为"应发工资"，单击"确定"按钮。

（5）图表操作

根据"工程师工资"工作表的员工姓名和应发工资数据生成对应折线图表，并将该图表嵌入"工程师工资"工作表中，如图 3-83 所示。操作方法如下：

①在工作表中选中"B1:B16"单元格区域及"J1:J16"单元格区域，注意在选择不连续的区域时，需要按"Ctrl"键辅助完成选中区域操作。

②在"插入"功能区中单击"图表"组中的"插入折线图和面积图"按钮，在弹出的菜单中选择"带数据标记的折线图"。

③双击图表标题，修改标题为"工程师工资表"。

④双击图表区任意区域，在窗口右侧弹出"设置图表区格式"对话框，设置"填充/纯色填充/颜色/水绿色，个性色 5，单色 40%"。

⑤单击绘图区，在窗口右侧弹出"设置绘图区格式"对话框，设置"填充/纯色填充/颜色/标准色/黄色"。

⑥单击垂直（值）轴，在窗口右侧弹出"设置坐标轴格式"对话框，在"坐标轴选项"中设置最小值为"800"，最大值为"1800"，主要刻度单位"200"。

⑦选择水平（类别）轴，右击，选择"设置坐标轴格式"，设置"文本选项/文本框/文字方向/竖排"。

⑧选中图表，在图表的右侧会出现 3 个按钮，单击"图表元素"按钮，勾选"坐标轴标题"复选框，坐标轴标题依据效果图分别更改为"姓名"和"工资"，双击横坐标轴及纵坐标轴标题，在窗口右侧更改填充颜色为黄色即可。

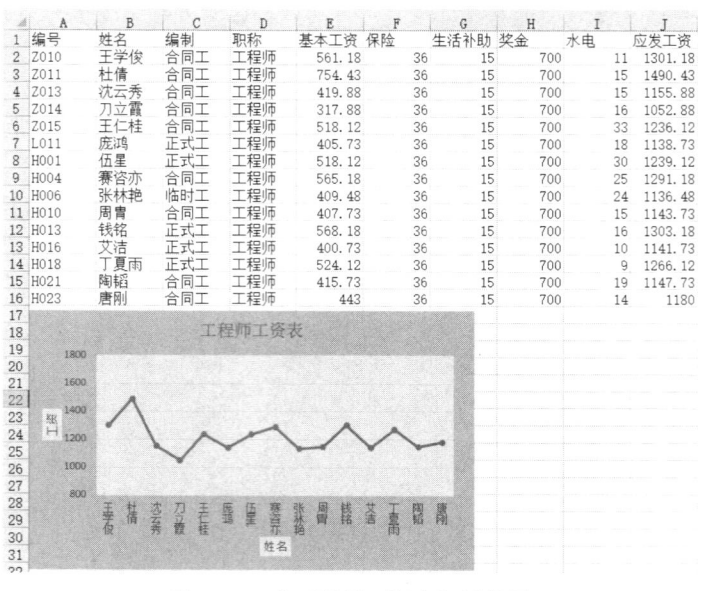

图 3-83　"工程师工资表"折线图

3.8　Excel 2016 相关知识

3.8.1　Excel 2016 简介

Excel 是电子表格软件（进行数据处理、统计分析和辅助决策的软件），也是 Office 套装中最重要的组件之一。Excel 内置了多种函数，可以对大量数据进行分类、排序、绘制图表等，掌握 Excel 2016 可以显著提高工作效率。Excel 2016 相较于 Excel 2016 版本，新增加 Clippy 助手，在功能区上显示着"告诉我您想要做什么"的文本框，它就是"Tell Me"搜索栏，可以快速在搜索栏中搜索想要编辑的功能。另外，Excel 2016 文件菜单中对"打开"和"另存为"的界面进行了改良，强化了数据分析功能，Excel 2016 中还新增了树状图、旭日图、直方图、排列图、箱形图与瀑布图等，整体操作界面更加关注用户的使用感受，无论是何种版本的电子表格，处理及管理大批量数据仍是最强大的功能。

Excel 2016 的主要功能：管理数据账务、制作报表、对数据排序与分析、制作数据图表等功能。

3.8.2　Excel 2016 窗口

1．Excel 2016 应用程序窗口的组成

Excel 2016 启动后，窗口如图 3-84 所示，它主要由标题栏、快速访问工具栏、功能区、编辑栏、工作表编辑区、工作表标签、状态栏等部分组成。

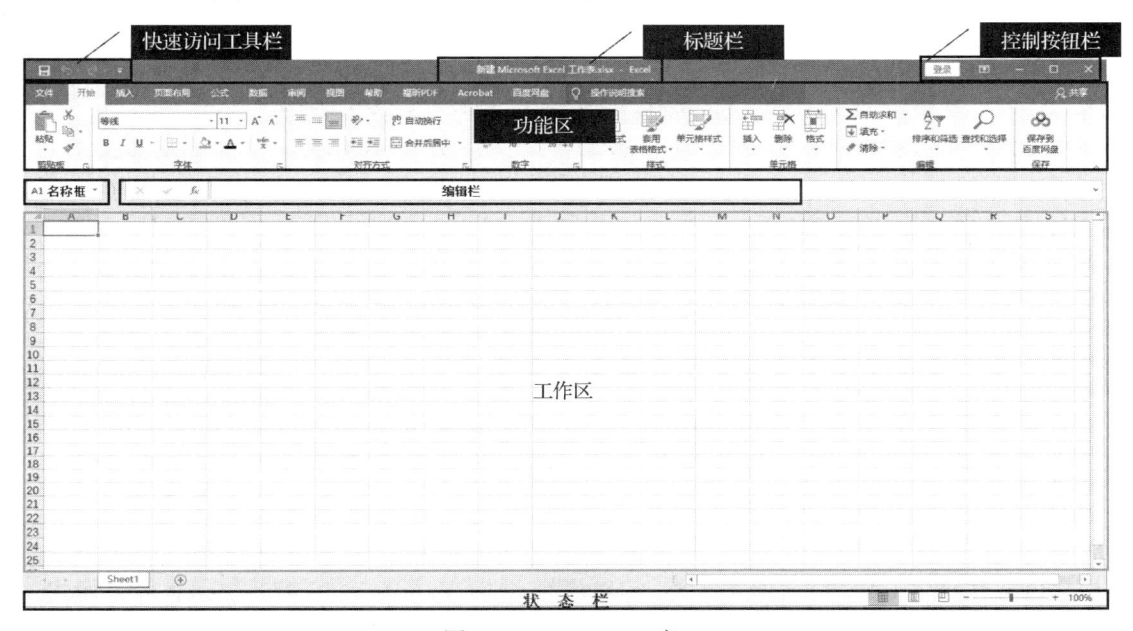

图 3-84　Excel 2016 窗口

标题栏：位于 Excel 应用程序窗口的最上面，可显示 Excel 2016 文档的文件名。双击标题栏可以将窗口在最大化和还原状态之间切换，当窗口处于还原状态时，可拖动标题栏来移动窗口的位置。

快速访问工具栏：快速访问工具栏是一个可自定义的工具栏，为方便用户快速执行常用命令，将功能区上选项卡中的一个或几个命令在此区域独立显示，以减少在功能区查找命令的时间，提高工作效率。

功能区：位于 Excel 2016 标题栏的下方，是一个包括"文件""开始""插入""页面布局""公式""数据""审阅""视图"八个选项卡组成的区域。它将用于处理数据的所有命令组织在不同的选项卡中。单击不同的选项卡标签，可切换功能区中显示的工具命令。在每一个选项卡中，命令又被分类放置在不同的组中。组的右下角通常都会有一个对话框启动器按钮，用于打开与该组命令相关的对话框，以便用户对要进行的操作做更进一步的设置。

编辑栏：编辑栏又称编辑行，用于显示当前单元格内容，或编辑所选单元格。它位于功能区下方，工作表上方，包括公式框（3 个图标按钮）和编辑框。

名称框：显示当前活动对象的名称信息，包括单元格列标和行号、图表名称、表格名称等。名称框也可用于定位到目标单元格或其他类型对象。在名称框中输入单元格的列表和行号，即可定位到相应的单元格。例如：当鼠标单击 C3 单元格时，名称框中显示的是"C3"；当名称框中输入"C3"时，光标定位到 C3 单元格。

工作表编辑区：工作表数据内容显示或编辑的工作区，位于 Excel 2016 窗口编辑栏下方的中间格子区域，包括全选框、行号、列号、滚动条、单元格等元素。全选框位于文件窗口的左上角，用于选择当前窗口工作簿的所有单元格。行顺序为 1、2、3…，共 65536 行。列顺序为：A、B、…、Z、AA、…、AZ、BA、…、BZ、…、IV，共有 256 列。当工作表内容在屏幕上显示不下时，可通过滚动条实现工作表的水平和垂直移动。

工作表标签：即工作表名称，位于 Excel 2016 文档窗口左下角的工作表标签栏中。系统默认有"Sheet1""Sheet2""Sheet3"三张工作表，用户可以对工作表进行重命名、创建、移动等操作。单击不同的工作表标签可在工作表间进行切换。当工作表较多时，可使用窗口左下角工作表标签栏中的 4 个工作表移动按钮 ⏮ ◀ ▶ ⏭ 显示更多的工作表标签。

状态栏：状态栏位于应用程序窗口的底部，用于显示键盘操作状态、系统状态的帮助信息，包括信息提示区、键盘状态区、自助计算区等组成部分。

2. 工作簿、工作表和单元格概念

Excel 2016 文档称为工作簿，工作簿文档的后缀是.xlsx。工作簿由若干工作表组成。工作表按照"行和列"组织的单元格构成。单元格是 Excel 中数据处理的基本组成单位。用户可以方便地在单元格中进行各类数据、公式和函数的输入和修改，还可以方便地对单元格的格式（字符的字体、字型、字号和颜色等，数值的格式、边框和背景等）进行设置。工作表中的全部单元格构成 Excel 2016 的工作区。

Excel 的基本信息元素包括工作簿、工作表、单元格：

工作簿：Excel 是以工作簿为单元来处理工作数据和存储数据文件的。在 Excel 中，数据和图表都是以工作表的形式存储在工作簿文件中的。工作簿名就是文件名。启动 Excel 后，系统会自动打开一个新的、空白工作簿，Excel 自动为其命名为"工作簿1"，其扩展名为.xlsx。

一个工作簿中可以包含多张工作表。一般来说，一张工作表保存一类相关的信息，这样，在一个工作簿中可以管理多个类型的相关信息。例如，用户需要创建一份年度销售统计表，就可以创建一个包含 12 张工作表的工作簿，每张工作表分别创建一个月的销售统计表。新建一个工作簿时，Excel 默认提供 3 个工作表，分别是 Sheet1、Sheet2 和 Sheet3，分别显示在工作表标签中。在实际工作中，可以根据需要添加更多的工作表。

工作表：Excel 工作表是一张由行和列组成的巨大的二维表，是工作簿的重要组成部分。它是 Excel 进行组织和管理数据的地方，用户可以在工作表中输入数据、编辑数据、设置数据格式、排序数据和筛选数据等。

尽管一个工作簿文件可以包含许多工作表，但在同一时刻，用户只能在一张工作表中进行工作，这意味着只有一个工作表处于活动的状态。通常把该工作表称为活动工作表或当前工作表，其工作表标签以反白显示。

单元格：每个工作表由 256 列和 65 536 行组成，列和行交叉形成的每个网格又称为一个单元格。每一列的"列标"由 A、B、C…表示，每一行的"行号"由 1,2,3…表示，每个单元格的位置由交叉的列、行名表示。例如，在列 B 和行 5 处交点的单元格可表示为 B5。

每个工作表中只有一个单元格为当前工作的单元格，称为活动单元格，屏幕上带粗线黑框的单元格就是活动单元格，此时可以在该单元格中输入和编辑数据。在活动单元格的右下角有一个小黑点，称为填充柄，利用此填充柄可以填充某个单元格区域的内容。

3. Excel 2016 功能区组成

Excel 2016 的功能区位于标题栏的下方，包括"文件""开始""插入""页面布局""公

式""数据""审阅""视图"八个主要功能选项卡，如图 3-85 所示。

图 3-85　Excel 2016 的功能选项卡

（1）"文件"选项卡

在"文件"选项卡中可以实现对 Excel 文件的保存、另存为、打开、关闭、打印、新建、帮助等功能。Excel 文件也称为 Excel 工作簿，Excel 工作簿与 Word 文档操作方法类似。"文件"选项卡窗口如图 3-86 所示。

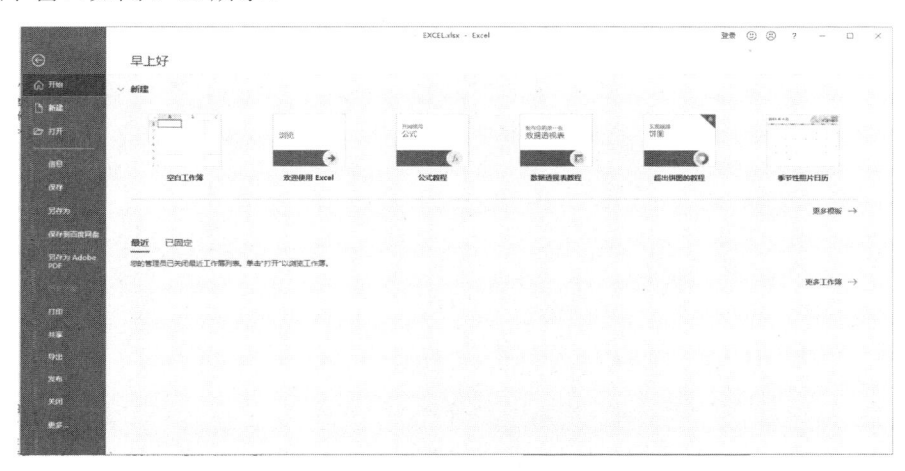

图 3-86　Excel 2010 "文件"选项卡窗口

在 Excel 窗口中，选择"文件"选项卡中的"新建"命令，可以打开如图 3-87 所示界面，选择"创建"命令，即可新建一个空白工作簿，除了空白工作簿，还有很多自带模板的工作簿。

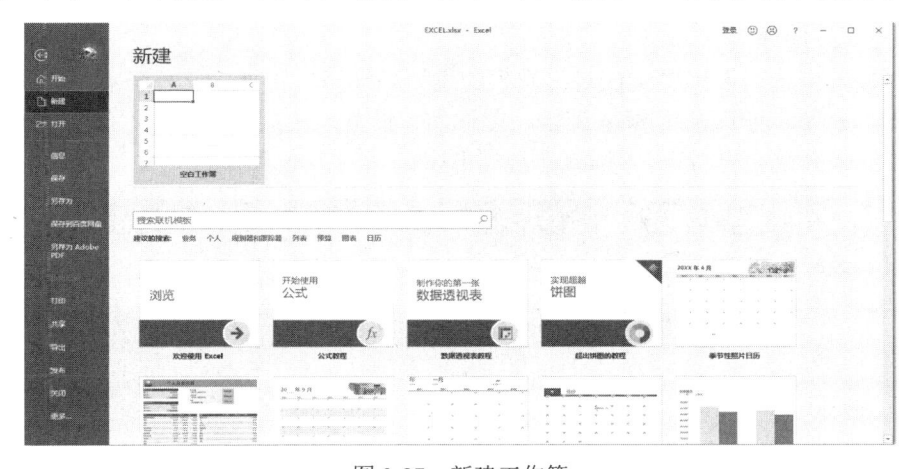

图 3-87　新建工作簿

选择"文件"选项卡中的"打开"按钮，可以调出"打开"对话框。在"打开"对话框的"查找范围"栏中，选择包含所需工作簿的驱动器、文件夹，从下面的文件窗口中选择要打开的 Excel 文档，单击"打开"按钮，即可打开一个原有的 Excel 文档。

若需将当前的工作簿保存在磁盘上，选择"文件"选项卡中的"保存"命令或单击"快速访问工具栏"上的"保存"按钮，工作簿将按原文件名直接保存。若想将文件保存在某个位置，可以选择"文件"选项卡中的"另存为"命令，在"保存位置"栏中选择驱动器、文件夹；在"文件名"编辑栏中输入文件名；在"保存类型"栏中选择文件类型；最后单击"保存"按钮存盘。

（2）"开始"选项卡

"开始"选项卡窗口如图3-88所示。启动Excel 2016后，系统会自动创建一个新的工作簿"新建Microsoft Excel 工作表.xlsx"，包含3个空的工作表Sheet1、Sheet2和Sheet3，显示内容即为"开始"选项卡中的全部功能任务窗格。

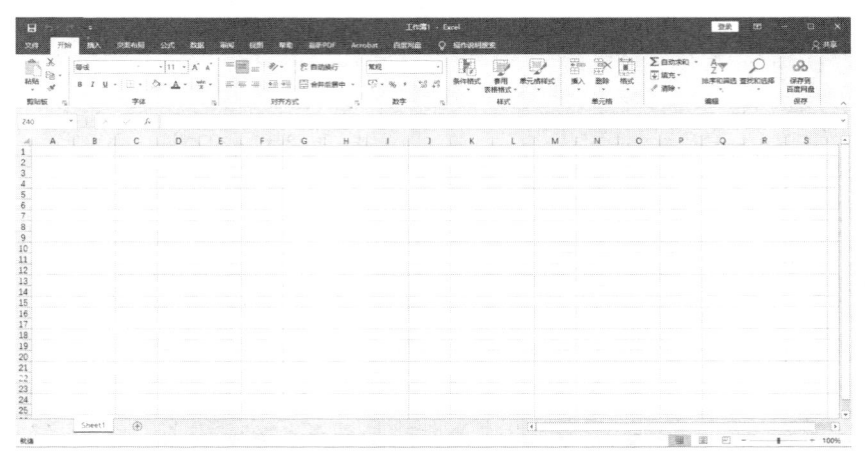

图3-88 "开始"选项卡窗口

用户在"开始"选项卡下可以对所建 Excel 工作簿内容进行基本格式设置，如：字体、对齐方式、数字形式、单元格格式、工作表编辑及格式化工作表等。同时，"开始"选项卡还包括常用的编辑和剪贴板操作功能。

（3）"插入"选项卡

选中"插入"选项卡可以实现对工作表的进一步编辑，主要功能任务有：数据透视表、表格、插图（图片、剪贴画），插入图表、迷你图、设置超链接、插入文本（文本框、页眉和页脚）以及插入公式、符号等。"插入"选项卡窗口如图3-89所示。

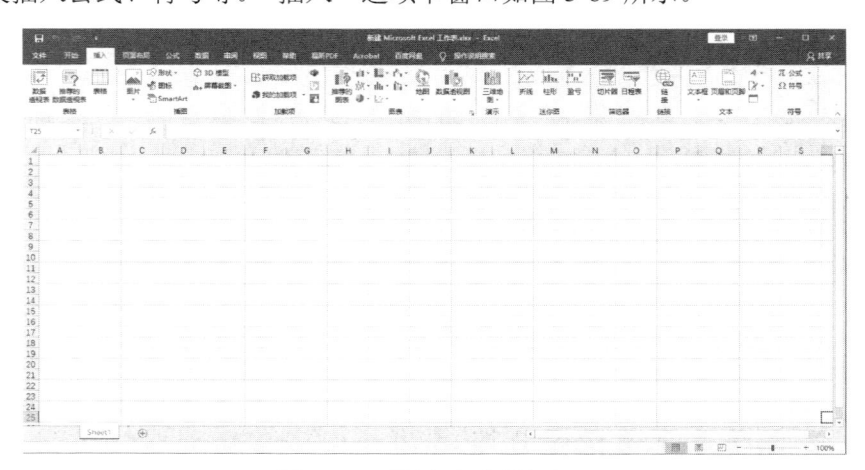

图3-89 "插入"选项卡窗口

（4）"页面布局"选项卡

在该选项卡下可完成页面设置、主题、调整工作表的打印尺寸等功能。在完成工作表数据的输入和编辑后，需要对工作表进行一些必要的页面格式设置，为打印输出做准备，如纸张方向、纸张大小、页眉页脚和页边距等。

①设置纸张方向。有"横向"和"纵向"两种方向设置，若文件的行较多而列较少则可以使用纵向打印；若文件的列较多而行较少时则可使用横向打印。

②设置页面大小。设置页面的大小就是设置以多大的纸张进行打印，如 A4、A5 等，如图 3-90 所示。

③设置页边距。设置页边距就是要设置页面的上、下、左、右及页眉、页脚边距，如图 3-91 所示。

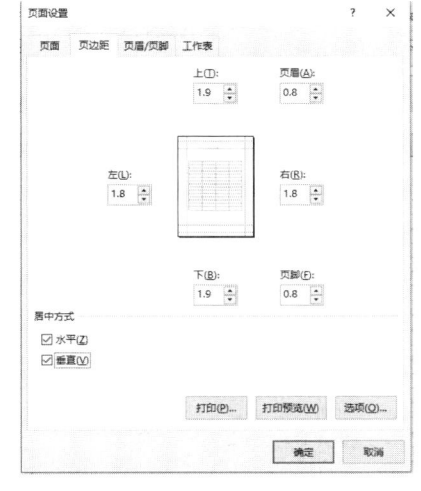

图 3-90　页面方向、大小设置

图 3-91　页边距设置

④设置页眉页脚。页眉就是在文档上端添加的附加信息，页脚就是在文档底端添加的附加信息，可在页眉页脚处添加"页码"，设置页码格式，如图 3-92 所示。

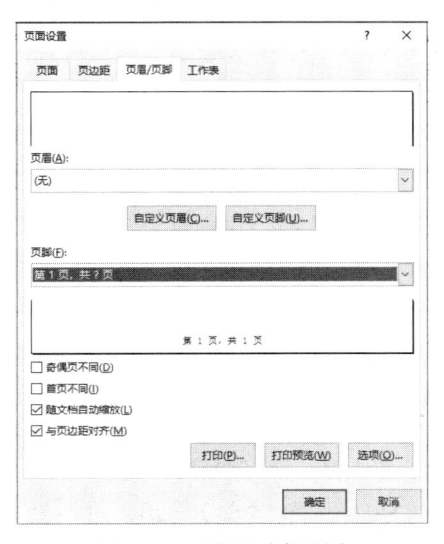

图 3-92　页眉/页脚设置

(5)"公式"选项卡

Excel 工作簿为数据处理提供了非常多的公式函数，包含财务、逻辑、文本、日期和时间等等。定义名称，此功能使公式更加容易理解和维护，可为单元格区域、函数、常量或表格定义名称，一旦采用了在工作簿中使用名称的做法，便可轻松地更新、审核和管理这些名称。关于公式审核功能，"追踪引用单元格"能追踪公式所引用的数据源从哪儿来，用箭头指示引用的数据源，如图 3-93 所示；"追踪从属单元格"能追踪某个单元格是被哪个公式所引用。监视窗口则更加方便，可同时监控多个公式的引用。

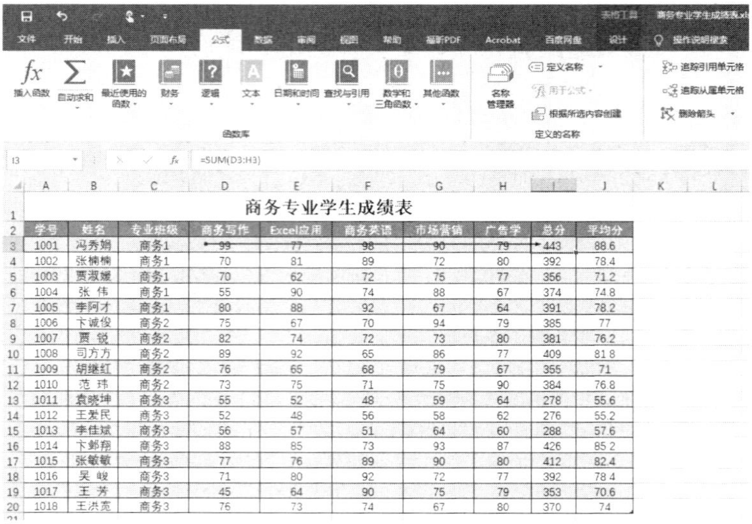

图 3-93 运用公式审核功能追踪公式引用的源数据

(6)"数据"选项卡

Excel 的"数据"选项卡能帮助使用者进行数据管理分析等方面的基础工作，实际工作中应用十分广泛，下面的内容将主要介绍几种 Excel 常用数据工具功能组。

获取和转换组：在 Excel 2016 中，原先需要使用 Power Query 插件导入和转换数据的功能，做成了内置功能。现在使用获取与转换命令组中的各项命令，可以方便地获取数据并转换数据，简单理解呢就是对数据的查询和编辑功能。

查询和连接组：可以使用查询连接至单一数据源，例如 Access 数据库，或者也可以连接至多个文件、数据库、OData 源或网站。"查询编辑器"将持续跟踪数据执行的所有操作。"查询编辑器"记录并标记数据应用的每次转换或步骤。无论转换是连接到数据源、删除列、合并还是数据类型更改，查询编辑器都跟踪"查询设置"窗格的"应用的步骤"部分中的每个操作。

排序和筛选组：用于数据的管理分析，详情步骤参见前节知识技能点。

数据工具组：

分列，在日常工作中，时常会遇见一列数据中既有中文又有英文的情况，或者是将"年/月/日"的数据按照"年""月""日"分别录入三行，实现其他查看的需要，那面对诸如将一列数据的多个内容分成几列显示时，可以使用数据工具组中的"分列"功能。

快速填充，当需要提取字符串中的数字或字符串，并且源数据缺乏规律，无法直接使用 LEFT、RIGHT、MID、FIND 等文本函数提取时，可以使用"快速填充"功能。

数据验证，可使用数据验证来限制数据类型或用户输入单元格的值。数据验证何时有用？要与他人共享工作簿，并希望输入的数据准确无误且保持一致时，数据验证十分有用。

（7）"视图"选项卡

Excel 2016 工作簿视图包括普通视图、分页预览、页面布局视图及自定义视图。

普通视图是 Excel 的默认视图，是在制作表格时常用的视图模式，在其中可方便地输入数据、对表格内容和样式进行管理等。

分页预览视图是按打印方式显示工作表的内容，Excel 自动按比例调整工作表使其行、列适合页的大小，用户也可通过左右或上下拖动来移动分页符。

页面布局视图不但可对表格进行编辑，还可同时查看表格打印在纸张上的效果。此时工作表页面的四周都会显示页边距，各页之间还有用于显示与隐藏边距的蓝色间距。

自定义视图除了系统提供的几种视图，用户还可将自己特定的显示设置和打印设置保存为自定义的视图，以便需要时快速应用自定义的视图。

在"视图"选项卡中，用户还可以对工作簿窗口进行重排、移动和任意切换。"视图"选项卡窗口如图 3-94 所示。

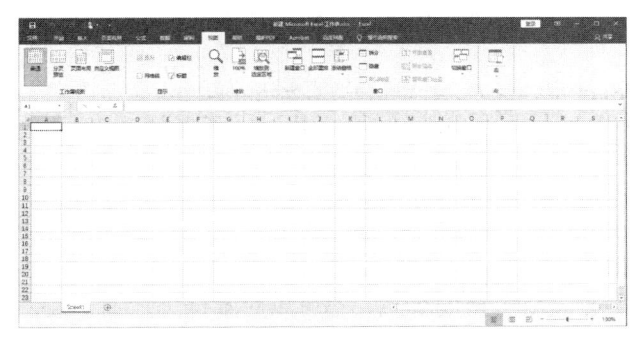

图 3-94　"视图"选项卡窗口

在移动工作表的显示时，有时希望某些数据（如行标题或列标题）随着工作表的移动而消失。因此，将它固定在窗口的上部和左边，以便识别数据，这就需要用到冻结窗格功能。用户在冻结窗格时，可以选择冻结拆分窗格、冻结首行和冻结首列的功能，如图 3-95 所示。

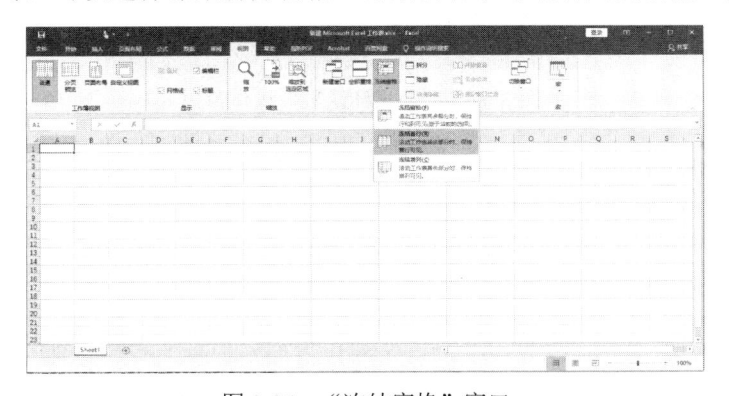

图 3-95　"冻结窗格"窗口

当用户打开多个 Excel 工作表窗口时，为了查看方便，用户可以使用全部重排功能在屏幕上并排平铺所有打开的程序窗口。

(8)"审阅"选项卡

在 Excel 2016"审阅"选项卡中，用户可以对工作表单元格内容进行校对（如拼写检查、信息检索、同义词库）、添加批注和更改（如共享工作簿、保护工作簿及保护并共享工作簿等）等操作。"审阅"选项卡窗口如图 3-96 所示。

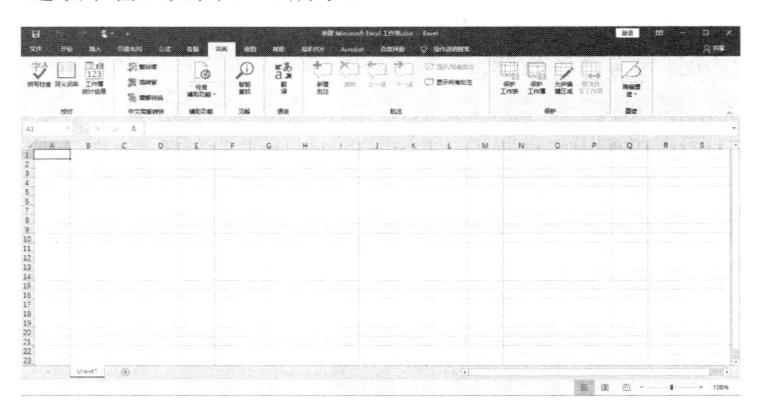

图 3-96　"审阅"选项卡窗口

3.8.3　Excel 2016 数据分析和统计管理功能

1．公式和函数

要想发挥 Excel 在数据分析与处理方面的优势，公式与函数是必须学会的知识技能，可以通过公式和函数对数据完成复杂的运算。

公式是对单元格数据进行分析的等式，它可以对数据进行加、减、乘、除或比较等运算。公式可以从同一工作表中的其他单元格、同一工作簿中不同工作表的单元格或其他工作簿中工作表中的单元格中引用。"公式和函数"操作窗口如图 3-97 所示。

图 3-97　"公式和函数"操作窗口

2．基本概念

（1）函数

为了便于使用者计算，Excel 还提供了大量的函数。函数是一个预先定义好的内置公式，可以对一个或者多个值执行运算，并返回一个或多个值。函数可以简化和缩短工作表中的公式。利用函数可以进行简单或复杂的运算。

（2）参数

公式或函数中用于执行操作或计算的数值称为参数。例如 Sum(A1:N1)，括号中的值则为参数。参数可以是数值、文本、单元格引用或单元格名称等。

（3）常量

常量是直接输入到单元格或公式中的数字或文本，常量是不用计算的值，例如，日期

2012-8-25、数字123，以及文本"回来"，都是常量。

（4）运算符

运算符是指一个标记或符号，指定表达式内执行的运算类型，如算术、比较、逻辑和引用运算等。

3．公式中的运算符

运算符用来对公式中的各种元素进行运算操作，Excel 2016中包含4种运算符：算术运算符、比较运算符、文本运算符和引用运算符。

算术运算符用于进行基本的数学运算，如加法、减法、乘法、除法等，算术运算符见表3-1。

表3-1　算术运算符

+	加（在数值前面表示正号）	*	乘
-	减（在数值前面表示负号）	/	除
%	百分比（在数值后面表示百分数）	^	乘方

比较运算符用来对两个数值进行比较，产生的结果是逻辑值TRUE或FALSE。比较运算符见表3-2。

表3-2　比较运算符

=	等于	<>	不等于
>	大于	>=	大于等于
<	小于	<=	小于等于

文本运算符用来将两个或多个文本连接成一个组合文本。文本运算符见表3-3。

表3-3　文本运算符

&	连接两个或多个文本，产生一个组合文本

引用运算符用来将区域合并计算。引用运算符见表3-4。

表3-4　引用运算符

:	定义区域范围，如A1:C1
,	将多个单元格或区域合并成一个引用，如：sum（A1，B1，C1，D1）
空格	交叉运算符，表示几个单元格区域所重叠的那些单元格，如sum（A1:B1　C1:D1）

4．运算符的优先级

Excel 2016中的一个公式可以包含多个运算符，运算符执行的先后顺序称为运算符的优先级。各种运算符的优先级见表3-5。

表3-5　运算符的优先级

运 算 符 号	优 先 级
（）	1
%	2
^	3
*/	4

续表

运 算 符 号	优 先 级
+、-	5
&	6
=、<>、>、<、>=、<=	7

5．公式的操作

公式的操作一般由公式的输入、编辑公式、公式的自动填充及引用等组成。

（1）公式的输入

一般情况下，公式计算的原则形式如"A3=A1+A2"，表示"A3 是 A1 和 A2 的和"。例如，如果 H3 单元格的值为"D3+E3+F3+G3"单元格的值，那么就在 H3 单元格中输入"=D3+E3+F3+G3"。在输入过程中，如果在编辑栏中输入了运算符"="号以后，可以继续在编辑栏中输入相应的单元格名称，也可以直接用鼠标选取相应的单元格。输入完毕后，按"Enter"键，即可在该单元格中得到各个单元格的求和结果。

（2）编辑公式

修改公式与修改单元格中数据的方法一样。首先双击包含要修改公式的单元格，当光标变成竖线，该单元格进入编辑状态，此时用户可以进行删除、增加、修改等操作。复制公式可以使用常用工具栏中的"复制"按钮，也可以按"Ctrl+C"组合键和"Ctrl+V"组合键完成复制粘贴功能。

（3）公式的自动填充

在一个单元格中输入公式后，如果相邻的单元格要进行同类型的计算，可以利用公式的自动填充。

（4）单元格引用方式

引用的作用是标识工作表的单元格或单元格区域，并指明公式中使用的数据位置。通过引用，可以在公式中使用工作表不同部分的数据，或者在多个公式中使用同一个单元格的数据，还可以引用相同工作簿中不同工作表的单元格。单元格的引用分为 3 种形式：相对引用、绝对引用和混合引用。

①相对引用表示引用的单元格相对于当前单元格的位置。例如：在 A4 单元格中输入公式"=A1+A2+A3"，将其自动填充到 B4、C4 等单元格中时，引用的地址自动调整为"=B1+B2+B3""=C1+C2+C3"。

②绝对引用表示引用的单元格在工作表中的绝对位置。绝对引用要在行、列前面加上"$"符号。例如：在 A4 单元格中输入公式"=$A$1+$A$2+$A$3"，将其自动填充到 B4、C4 等单元格中时，引用的地址自动调整为"=$A$1+$A$2+$A$3""=$A$1+$A$2+$A$3"。

③混合引用表示相对地址和绝对地址的混合使用。

例如：在$A1 中，列号$A 是绝对引用，行号 1 是相对引用。在 A4 单元格中输入公式"=$A1+$A2+A3"，将公式复制到 B5 单元格中，公式变为"=$A2+$A3+B4"。

6．常用函数的概述

Excel 中所提供的函数非常丰富，按照其使用范围不同分为数据库工作表函数、日期与时间函数、工程函数、信息函数、财务函数、逻辑函数、统计函数、查找和引用函数、文本函数和三角函数。

函数以函数名称开始，在函数名称后面输入执行函数所需要的数据，所有的参数必须都用一对括号括起来，如果有多个参数，各参数之间用逗号隔开。所给定的参数必须能产生有效的值，即可以计算函数的值，否则将在输入函数的单元格中显示#VALUE!。参数可以是数字、文本、逻辑值或单元格引用，也可以是其他函数。如果函数以公式的形式出现，应在函数名前面加等号。例如：=SUM（A1:D1）其中，SUM 是函数名，括号内的是参数。

常用函数举例，这里整理了 Excel 中使用频率最高的几种函数的功能和使用方法。

（1）SUM 函数

函数名称：SUM

主要功能：计算所有参数数值的和。

使用格式：SUM（Number1,Number2……）

参数说明：Number1、Number2……代表需要计算的值，可以是具体的数值、引用的单元格（区域）、逻辑值等。

特别提醒：如果参数为数组或引用，只有其中的数字将被计算。数组或引用中的空白单元格、逻辑值、文本或错误值将被忽略。

（2）AVERAGE 函数

函数名称：AVERAGE

主要功能：求出所有参数的算术平均值。

使用格式：AVERAGE（Number1,Number2,……）

参数说明：Number1,Number2,……：需要求平均值的数值或引用单元格（区域），参数不超过 30 个。

特别提醒：如果引用区域中包含"0"值单元格，则计算在内；如果引用区域中包含空白或字符单元格，则不计算在内。

（3）IF 函数

函数名称：IF

主要功能：根据对指定条件的逻辑判断的真假结果，返回相对应的内容。

使用格式：=IF（Logical,Value_if_true,Value_if_false）

参数说明：Logical 代表逻辑判断表达式；Value_if_true 表示当判断条件为逻辑"真（TRUE）"时的显示内容，如果忽略返回"TRUE"；Value_if_false 表示当判断条件为逻辑"假（FALSE）"时的显示内容，如果忽略返回"FALSE"。

（4）RANK 函数

函数名称：RANK

主要功能：返回某一数值在一列数值中相对于其他数值的排位。

使用格式：RANK（Number,ref,order）

参数说明：Number 代表需要排序的数值；ref 代表排序数值所处的单元格区域；order 代表排序方式参数（如果为"0"或者忽略，则按降序排名，即数值越大，排名结果数值越小；如果为非"0"值，则按升序排名，即数值越大，排名结果数值越大）。

（5）COUNTIF 函数

函数名称：COUNTIF

主要功能：统计某个单元格区域中符合指定条件的单元格数目。

使用格式：COUNTIF（Range,Criteria）

参数说明：Range 代表要统计的单元格区域；Criteria 表示指定的条件表达式。

特别提醒：允许引用的单元格区域中有空白单元格出现。

（6）MAX 函数

函数名称：MAX

主要功能：用于统计某单元格区域中数值型数据的最大值。

使用格式：MAX（Number1,[Number2],……）

参数说明：Number1、Number2 等表示要统计的数据。

（7）MIN 函数

函数名称：MIN

主要功能：用于统计某单元格区域中数值型数据的最小值。

使用格式：MIN（Number1,[Number2],……）

参数说明：Number1、Number2 等表示要统计的数据。

7．数据管理

Excel 中的数据可以组成数据清单。数据清单是包含标题及相关数据的工作表区域。在 Excel 中数据清单可以像数据库一样，执行查询、排序、汇总等操作。数据清单的一列对应数据库的一个字段，在其第一行输入字段名，字段名的格式最好与数据清单内的数据有区别。数据清单的一行对应数据库的一个记录。数据管理的操作主要涉及"数据"选项卡，如图 3-98 所示。

图 3-98 "数据"选项卡

（1）排序：在用 Excel 制作相关的数据表格时，我们可以利用其强大的排序功能，浏览、查询、统计相关的数字，数据清单排序包括快速排序、多条件排序等。

进行数据排序的具体操作为：执行"数据→排序和筛选→排序"命令。

（2）筛选：在 Excel 中，除了存储数据，更重要的功能是如何处理数据，得到用户希望的信息。下面将介绍日常工作中使用频率很高的功能——数据筛选。数据筛选包括：自动筛选、自定义筛选和高级筛选三种，以下介绍其中的两种。

◆ 自动筛选：也许用户希望创建一个只包含自己姓名的清单，或者只想抽取来自某个班级的记录。"筛选数据"使得用户可以实现。当用户对数据表进行筛选时，其他仍然得以保留，只是它们是不可见的。这些单元格仍然在原处，因此任何引用了它们的公式仍然继续返回正确的结果。尽管对于某些高级运用的筛选工具在 Excel 中被隐藏了起来，但是自动筛选功能在大多数情况中仍可以应付自如。

◆ 高级筛选：高级筛选允许设置多个条件进行复杂筛选。进行数据筛选的操作步骤为：执行"数据→排序和筛选→筛选"命令。

（3）分类汇总：在 Excel 数据处理中最常用的就是分类汇总。例如会计核算，需按照科目将明细账分类汇总；仓库管理，需按照库存产品类别将库存产品分类汇总等。Excel 2016 除了在每一类明细数据的下面添加了汇总数据，还自动在数据清单的左侧建立分级显示符号。该区域的顶部为横向排列的级别按钮，其数目的多少取决于分类汇总时的汇总个数。区域的下面是对应不同级别数据的显示明细数据按钮和隐藏明细数据按钮。利用分级显示符号，可以根据需要灵活地观察所选级别的数据，也可以方便地创建显示汇总数据、隐藏细节数据的汇总报告。

（4）数据透视表：Excel 提供的数据透视表是另一种分析和处理数据的有力工具，数据透视表可以对原始数据进行统计和计算，得出更多原始数据以外的更有用的信息。当用户试图理解不同元素之间的关系时，数据透视表便是最佳选择。

数据透视表的功能是能够将筛选、排序和分类汇总等操作依次完成，并生成汇总表格，这也是 Excel 强大数据处理能力的具体体现。数据透视表综合集成了多种功能，为用户处理数据提供了极大便利。可见，数据透视表是一张交互式的工作表，可以在不改变原始数据的情况下，按照所选的格式和计算方法对数据进行汇总，可以根据实际工作要求得出需求数据，并且对数据的合理运算可得到原始数据以外的有用信息。建立一张数据透视表可以满足很多视图的需要，从而可以节省大量的工作时间去为每个需求建立相应视图。读者应该真正理解数据透视表并且运用它提高实际工作中的效率问题。

创建数据透视表的操作方法为：执行"插入→表格→数据透视表"命令。

8．图表

为了使数据更加直观，可以将数据以图表的形式展示出来，因为利用图表可以很容易发现数据间的对比或联系。由于图表能给人以生动的感性认识，更符合人们的接受习惯，因此用图表来展示信息就能提供一种更为简洁、普遍的理解信息的方式。图表的操作在"插入"功能区中的图表组中。图表的组成元素如图 3-99 所示。

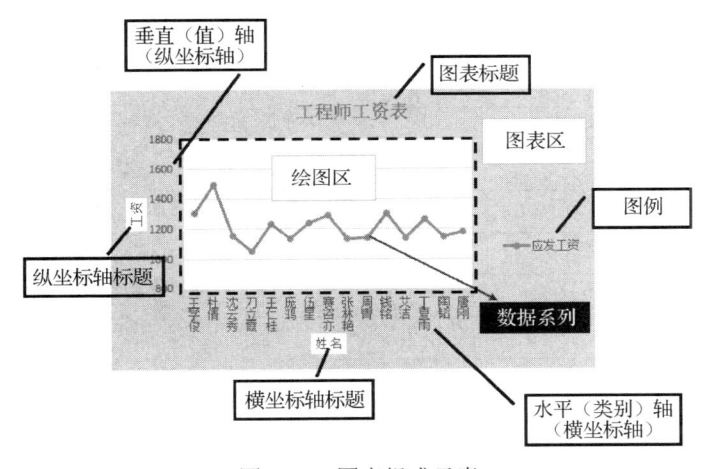

图 3-99　图表组成元素

（1）图表区：整个图表区域。
（2）绘图区：图表中绘制图形的区域。
（3）图表标题：用于简要说明图表的含义。
（4）系列轴（X 轴）及其标题：表示数据的分类，标题说明数据的类别。
（5）数值轴（Y 轴）及其标题：表示数据的数值，标题说明数据的度量单位。
（6）图例：图例显示每个数据系列使用的名称和颜色。
（7）数据系列：插入图表时，系列默认产生在列，图表中的数据系列就是工作表中选择的数据区域，以列上的内容作为"系列"也即为"图例项"。
（8）网格线：用来标记度量单位的线条，便于分清各数据点的数值。

上述各元素，可以根据需要决定是否添加，双击图表元素，可以进入该元素的格式修改对话框。

3.8.4 Excel 2016 常用操作概览

Excel 2016 是 Office 2016 中的电子表格处理软件，较之以前的版本，其界面更加符合用户日常办公需求，功能上也有很多新的改进。

本节将 Excel 2016 常用的操作制作成一个简单的表格以供用户查询预览，见表 3-6。

表 3-6　Excel 2016 常用操作概览表

类　　别	操 作 命 令	说　　明
电子表格工作簿基本操作	工作簿的创建、打开、保存	见"3.1 节电子表格基本操作实训"操作项目（可在"文件"选项卡中完成）
	工作簿打印	
	电子表格选项的设置	
电子表格工作表基本操作	工作表的选中和重命名	见"3.1 节电子表格基本操作实训"操作项目（可在"开始"选项卡或右键快捷菜单中完成）
	工作表的移动和复制	
	工作表的插入和删除	
数据输入	输入数字和文本	见"3.1 节电子表格基本操作实训"操作项目（可在"开始"选项卡中完成）
	输入时间和日期	
	自动填充数据	
格式化工作表	插入行及列	见"3.2 节 工作表格式化实训"操作项目（可在"开始"选项卡中完成，或者在"设置单元格格式"中完成）
	删除行列、清除数据	
	合并单元格	
	行高、列宽的调整	
	数字格式化	
	对齐方式设置	
	文本格式设置	
	边框和底纹的设置	
	样式的使用（条件格式、套用表格格式、单元格样式）	
	自动套用格式	
公式的使用	公式的输入	见"3.3 节 公式和函数应用"操作项目（可在"公式"选项卡中完成）
	修改和复制公式	
	公式的自动填充	
	引用	
函数的使用	函数的格式	见"3.3 节 公式和函数应用" 操作项目（可在"公式"选项卡中完成）
	函数的使用	
	常用函数举例	

续表

类　别	操作命令	说　明
数据管理	数据清单的排序	见"3.4节 数据统计与管理实训"操作项目（可在"数据"选项卡中完成）
	数据清单的筛选	
	数据清单的高级筛选	
	数据清单的分类汇总	
	数据的验证、分列、合并计算	
图表	图表建立	见"3.5节 图表的建立与编辑"操作项目（可在"插入"和"图表工具"选项卡中完成）
	编辑图表	
	数据透视表的创建	
页面布局设置	页面设置	（可在"页面布局"选项卡中完成）
	页边距设置	
	页眉页脚设置	
	工作表打印设置	

附录3　WPS电子表格介绍

　　WPS电子表格2016与Office Excel 2016的主要功能区大体一致，说明两者均能对数据进行计算处理及管理，有些许功能不一致，这也是WPS特有的功能，能更好地帮助用户完成表格处理任务，WPS电子表格具有的功能有：

　　电子表格基本操作（包括合并单元格、行列宽的设置、数字、文本等类型的设置、条件格式设置等）、公式与函数、数据排序、分类汇总、数据透视表创建、数据验证、打印等。

1．丰富的视图

　　WPS电子表格2016在视图的设计上比Office Excel 2016上有所不同，具有普通视图、分页视图、阅读视图、全屏视图、护眼模式、夜间模式六种，其中阅读视图能够让用户在所选单元格区域的行列"高亮"显示，如图3-100所示，单击某个单元格后，其所在的行列均高亮，这样就能避免很多用户弄混行列的序号。护眼模式及夜间模式则更加为用户提供良好的使用体验。

2．功能区选项卡的区别

　　①WPS电子表格 2016在功能区各类选项卡中，没有组的区分。

　　②"开始"选项卡，增加了"智能工具箱"的功能。冻结窗口也归类到该选项卡下，这与Office Excel 2016有所不同。

　　③"插入"选项卡，增加了图库功能，图库包含二维码、条形码及地图，与Office Excel 2016不同在于，WPS地图可直接查询公交路线等。另外，提供丰富的在线图表模板，如图3-101所示，可随意更换图表的样式。添加图表元素的方法和Office Excel 2016一致。最后在该选项卡下还具备"照相机"功能，该功能可以使单元格或单元格区域链接到图形对象，单元格中的数据更改将自动显示在图形之中。

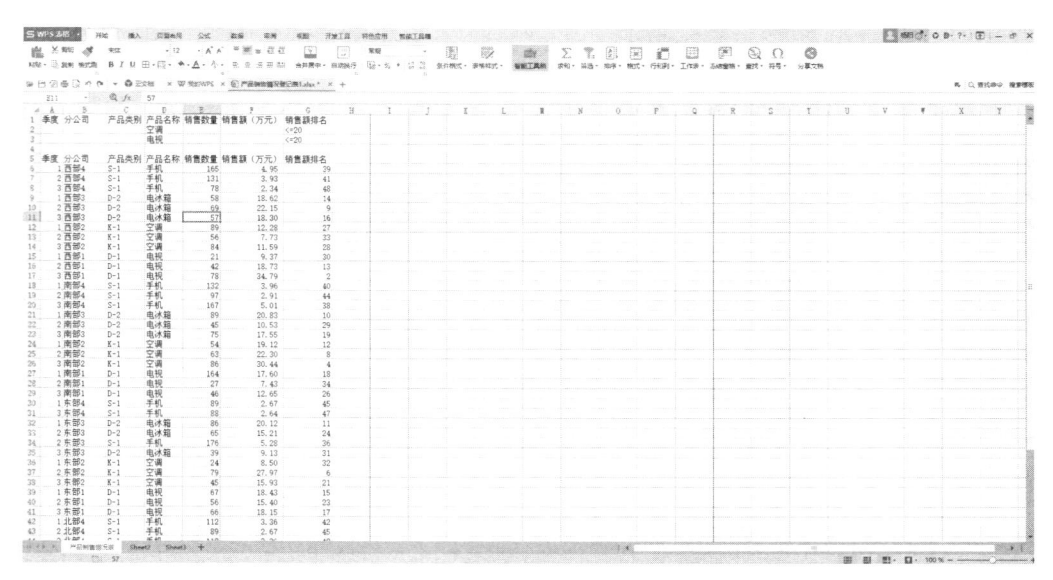

图 3-100　WPS 电子表格窗口界面

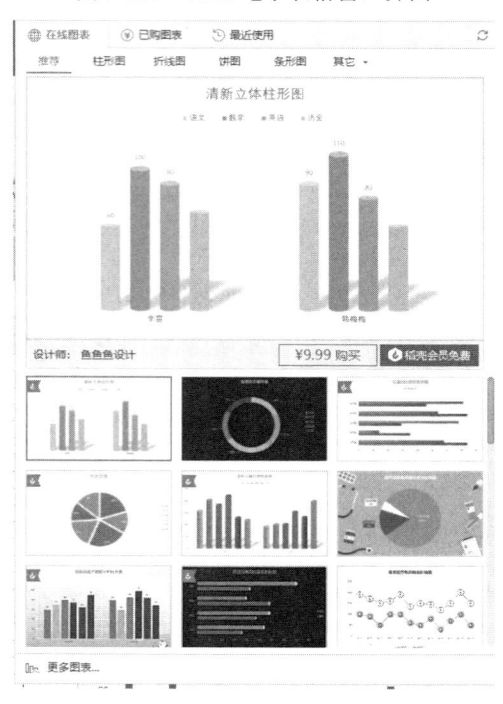

图 3-101　WPS 电子表格在线图表模板

3．特色应用

特色应用重点在于为用户提供更加便利的办公条件，"特色应用"选项卡界面如图 3-102 所示。

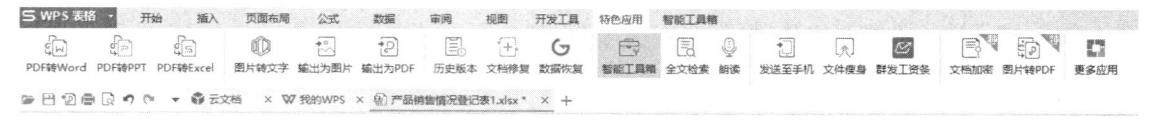

图 3-102　"特色应用"选项卡界面

①提供 PDF 转各种格式的文档（PPT、Word、Excel）

②具备文档修复功能，能快速修复表格中的乱码，解决无法打开的情况。能链接到金山数据恢复的功能，恢复误删的文件。

③智能工具箱，智能工具箱中最具特色的"文本处理"，能快速截取开头、中间、结尾文本而不用借助函数。

④提供高效省时功能，此功能需要付费，功能针对批量操作、手工调整等进行优化，一键搞定批量插入文本、批量截取文本、批量删除文本等功能。

⑤用户交互式体验良好，能一键将编辑的文档发送至手机，用户可在手机上阅读文档。

第 4 单元　PowerPoint 2016 演示文稿制作

【单元概述】

PowerPoint 2016 是微软公司推出的 Office 2016 套装软件的一个重要组件，用它制作的产品称为演示文稿。该软件制作功能非常强大，集文字、图形、图像、声音、视频和动画等多媒体对象于一体，把所要表达的信息组织在一系列图文并茂的画面中。因此，演示文稿在会议简报、企业形象展示、销售产品宣传等现代化办公活动中被广泛应用。

本单元包括五个实训任务，任务由简到难，分别是演示文稿幻灯片基本操作实训、演示文稿统一美化设计实训、演示文稿动画播放制作实训、演示文稿一级考试综合实训和一个应用实战训练。

通过学习本单元，不仅能掌握全国计算机等级考试（一级）MS Office 的相关知识，而且能通过具体案例的学习快速掌握 PowerPoint 2016 的使用方法和技巧，设计制作出精美实用的演示文稿，为后续的学习、工作做好技能储备。

4.1　演示文稿幻灯片基本操作实训

【任务导入】

学生小李：张老师，您好！最近接到辅导员布置的一项任务，需要我收集关于海南美景的介绍，并将这些成果展示在同学们面前，可是我无从下手。

张老师：你可以利用幻灯片呀！随着计算机的发展和普及，电子化办公已经成为主流。幻灯片的制作也是办公软件的组成部分，无论是现在还是将来，你进入工作岗位，它都是使用频率非常高的一款软件。图 4-1～图 4-4 展示的是不同应用场合的 PowerPoint 2016 演示文稿。

➢ 企业宣传

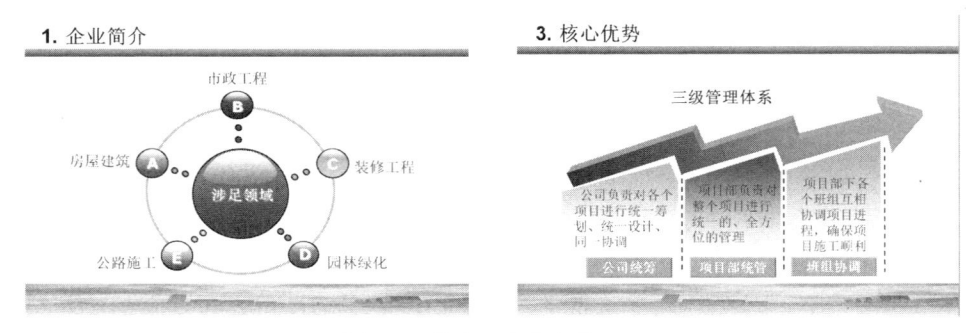

图 4-1　某公司企业宣传 PPT

➢ 工作报告

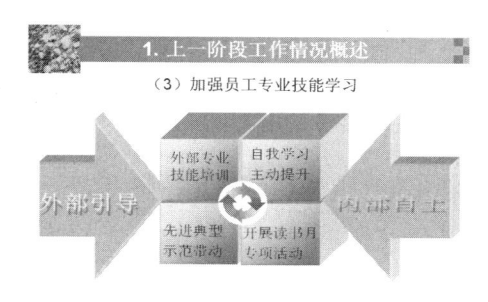

图 4-2　行政办公演示文稿案例

➢ 培训课件

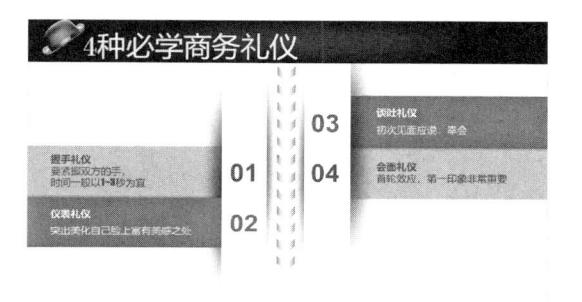

图 4-3　员工培训演示文稿案例

➢ 休闲娱乐

图 4-4　旅游演示文稿案例

学生小李：张老师，原来演示文稿有这么多用途，而且界面的设计都很美观，我已经迫不及待想要学习。我注意到其他老师在上课时也使用了幻灯片，感觉操作挺复杂的。

张老师：小李，其实一点也不复杂，因为 Office 2016 各组件的操作很多是相通的。在学习完前面章节"Word 文字处理""Excel 电子表格"制作后，你已经具备一定的基础，所以幻灯片学习起来并不困难。我们可以先从演示文稿的基本操作开始学起，学习图片、文本框、形状、表格、SmartArt 图形等对象的插入编辑方法，尝试制作一个简单的演示文稿。

学生小李：好的，张老师，那我们就开始学习吧。

本次任务采用"第一个演示文稿"案例进行实训，请依据实训内容完成任务。实训最终效果参见"4.1 演示文稿幻灯片基本操作实训"文件夹中的"第一个演示文稿终稿"。终稿效果如图 4-5 所示。

图 4-5 "第一个演示文稿终稿"幻灯片浏览视图

1．实训目的

（1）掌握演示文稿的基本操作：新建、保存演示文稿。

（2）掌握幻灯片的基本操作：设置幻灯片字体、版式；复制、粘贴、移动、删除幻灯片。

（3）掌握插入、编辑对象：图片、文本框、形状、表格、SmartArt 图形。

2．实训内容

（1）新建空白演示文稿。

新建空白演示文稿，在第 1 张幻灯片的主标题占位符中输入文字"第一个演示文稿"，字体设置为"微软雅黑，加粗"，效果如图 4-6 所示。

（2）新建第 2 张幻灯片，并设置幻灯片版式。

在第 1 张幻灯片的基础上新建一张版式为"标题和内容"的幻灯片。

在第 2 张幻灯片的标题占位符中输入文字"'标题和内容'版式"。在内容占位符中依次分段输入"占位符是在母版中预定义的文字和对象编辑区域。""常用幻灯片占位符：""内容占位符——可添加文字和图片之类对象。""标题和文本占位符——只可添加文字。"，效果如图 4-7 所示。

图 4-6　新建演示文稿效果图　　　图 4-7　第 2 张幻灯片效果图

（3）新建第 3 张幻灯片，并插入图片。

新建一张版式为"标题和内容"的幻灯片。

在标题占位符中输入文字"插入图片"。在内容占位符中插入图片"Koala.jpg"（打开"4.1 演示文稿幻灯片基本操作实训"文件夹中的素材文件夹），并设置图片样式为"旋转，白色"。

效果如图 4-8 所示。

（4）新建第 4 张幻灯片，并插入表格。

新建一张版式为"两栏内容"的幻灯片，在标题占位符中输入"插入表格"。

在右侧内容占位符中插入 5 行 3 列的表格。设置表格样式为"中度样式 2，强调 4"，表格高度为 8 厘米，宽度为 15 厘米，表格中的文字全部设置为"居中"和"垂直居中"，效果如图 4-9 所示。

图 4-8　第 3 张幻灯片效果图

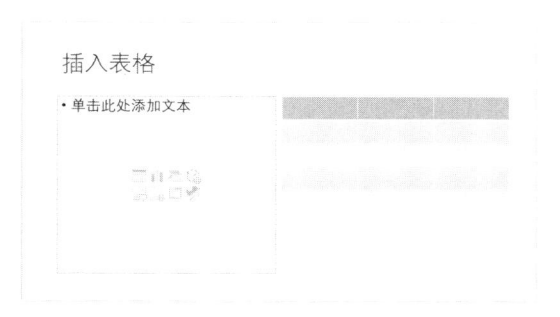

图 4-9　第 4 张幻灯片效果图

（5）新建第 5 张幻灯片。

新建一张版式为"标题和竖排文字"的幻灯片。在标题占位符中输入文字"'标题和竖排文字'版式"。在文本占位符中依次分段输入"床前明月光，疑是地上霜。举头望明月，低头思故乡。"，效果如图 4-10 所示。

（6）复制、粘贴幻灯片，插入 SmartArt 图形。

复制第 2 张幻灯片，粘贴到第 3 张幻灯片的下方，使之成为第 4 张幻灯片。

将第 4 张幻灯片的内容占位符中的文字转换为"垂直项目符号列表"的 SmartArt 图形，设置该图形的颜色为"彩色-个性色"，样式为"优雅"，效果如图 4-11 所示。

图 4-10　第 5 张幻灯片效果图

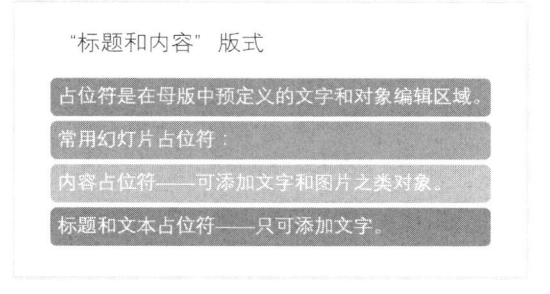

图 4-11　第 4 张幻灯片 SmartArt 图形效果图

（7）移动、删除幻灯片。

移动第 4 张幻灯片，使之成为第 6 张幻灯片，删除第 2 张幻灯片。

（8）新建第 6 张幻灯片，并插入形状和艺术字。

新建一张版式为"空白"的幻灯片。

在幻灯片中的位置（水平：9.5 厘米，从：左上角，垂直：8.5 厘米，从：左上角）插入形状"心形"，高度为 2.5 厘米，宽度为 3 厘米，锁定纵横比；形状填充为红色，无轮廓，形状效果为"发光：5 磅；橙色，主题色 2"。

在位置（水平：13.5 厘米，从：左上角，垂直：8 厘米，从：左上角）插入样式为"渐变填充：蓝色，主题色 5；映像"的艺术字"谢谢"；高度为 3.5 厘米，宽度为 6.5 厘米；艺术字的文本效果为"半映像：8 磅偏移量"，效果如图 4-12 所示。

图 4-12　第 6 张幻灯片效果图

（9）保存演示文稿并命名为"第一个演示文稿"。

3．实训步骤

（1）创建空白演示文稿。

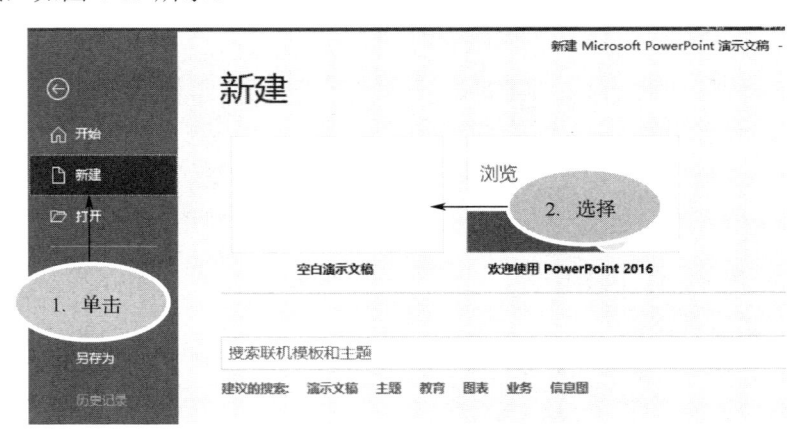

新建空白演示文稿，在第 1 张幻灯片的主标题占位符中输入文字"第一个演示文稿"，字体设置为"微软雅黑，加粗"。

> **提示**　占位符是版式中的容器，可容纳文本（包括正文文本、项目符号列表和标题）、表格、图表、SmartArt 图形、影片、声音、图片及剪贴画等内容。

操作步骤如下：

①新建空白演示文稿。

启动 PowerPoint 2016 后，单击"文件"→"新建"，在右侧"新建"区域选择"空白演示文稿"选项，如图 4-13 所示。

图 4-13　新建空白演示文稿

②将光标定位在第 1 张幻灯片的主标题占位符处，输入文字"第一个演示文稿"，如图 4-14 所示。

③选中标题占位符，在"开始"选项卡→"字体"组中设置字体类型为"微软雅黑，加粗"，如图 4-15 所示。

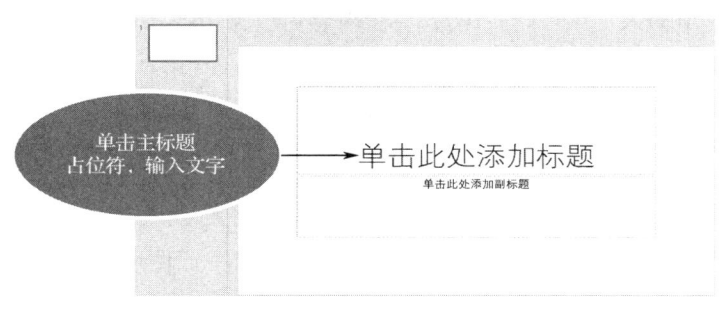

图 4-14 主标题占位符位置

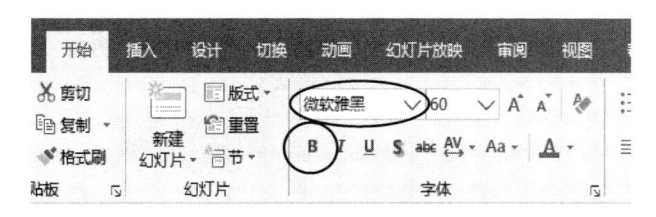

图 4-15 设置字体格式

（2）新建第 2 张幻灯片，并设置幻灯片版式。

在第 1 张幻灯片的基础上新建 1 张版式为"标题和内容"的幻灯片。

在第 2 张幻灯片的标题占位符中输入文字"'标题和内容'版式"。在内容占位符中依次分段输入"占位符是在母版中预定义的文字和对象编辑区域……"，效果如图 4-7 所示。

操作步骤如下：

①选中第 1 张幻灯片，单击"开始"选项卡→"幻灯片"组→"新建幻灯片"，在下拉列表中选择"标题和内容"的版式，如图 4-16 所示。

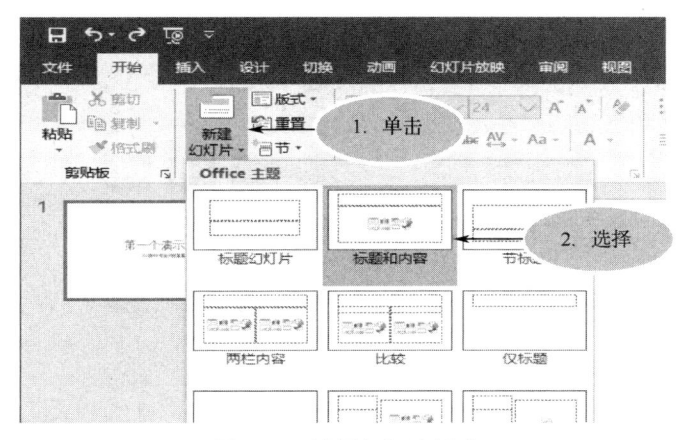

图 4-16 设置幻灯片版式

②将光标定位在标题占位符处，输入文字"'标题和内容'版式"。

③将光标定位在内容占位符处，依次分段输入"占位符是在母版中预定义的文字和对象编辑区域……"（文字内容详情查看效果图 4-7）。

（3）新建第 3 张幻灯片，并插入图片。

新建一张版式为"标题和内容"的幻灯片。

在标题占位符中输入文字"插入图片"。在内容占位符中插入图片"Koala.jpg"（打开"4.1 演示文稿幻灯片基本操作实训"文件夹中的素材文件夹），并设置图片样式为"旋转，白色"。

操作步骤如下：

①选中窗口左侧"幻灯片"选项卡中的第 2 张幻灯片，按"Enter"键，可以快速插入一张版式为"标题和内容"的幻灯片。

②将光标定位在标题占位符处，输入文字"插入图片"。

③将光标定位在内容占位符处，单击"插入"选项卡→"图像"组→"图片"，弹出"插入图片"对话框，在地址栏中选择图片所在的位置，选中需要的图片，单击"插入"按钮，如图 4-17 所示。

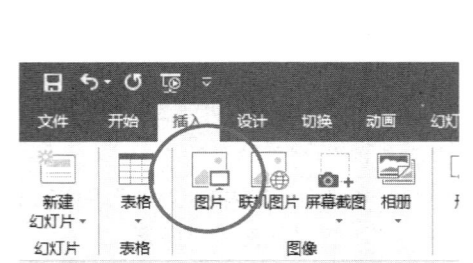

图 4-17　插入图片

④选中插入的图片，在"图片工具→格式"选项卡下的"图片样式"组中，单击"其他"下拉按钮，在下拉列表中选择"旋转，白色"，如图 4-18 所示。

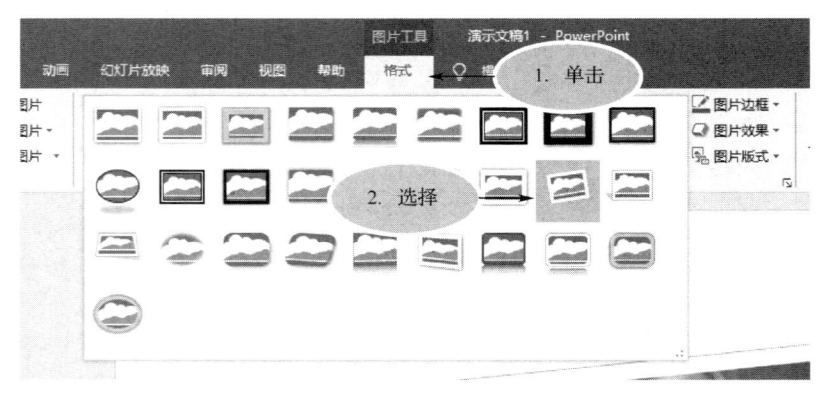

图 4-18　设置图片格式

（4）新建第 4 张幻灯片，并插入表格。

新建一张版式为"两栏内容"的幻灯片，在标题占位符中输入"插入表格"。

在右侧内容占位符中插入 5 行 3 列的表格。设置表格样式为"中度样式 2，强调 4"，表格高度为 8 厘米，宽度为 15 厘米，表格中的文字全部设置为"居中"和"垂直居中"。

操作步骤如下：

①单击新建幻灯片，在下拉列表中选择"两栏内容"的版式。

②将光标定位在标题占位符处，输入文字"插入表格"。

③在右侧内容占位符中单击"插入表格"按钮，弹出"插入表格"对话框，设置"列数"为"3"，"行数"为"5"，单击"确定"按钮，如图4-19所示。

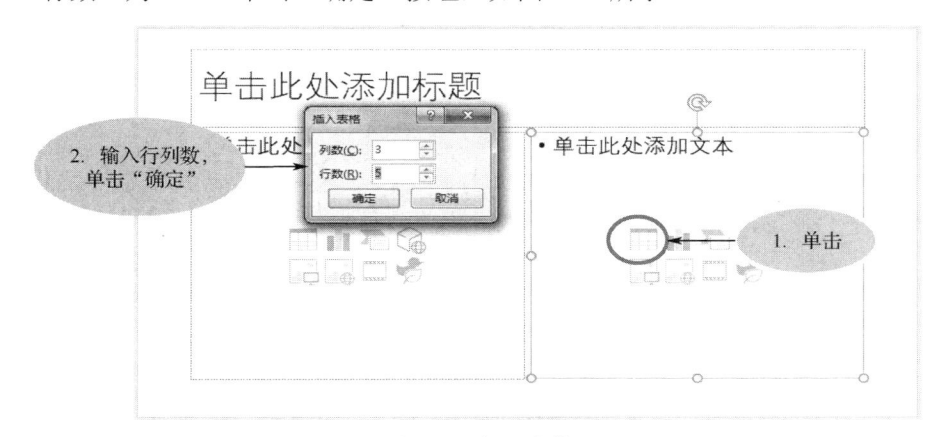

图 4-19 插入表格

④选中表格，在"表格工具→设计"选项卡下的"表格样式"组中，单击"其他"按钮，在下拉列表中选择"中度样式2，强调4"，如图4-20所示。

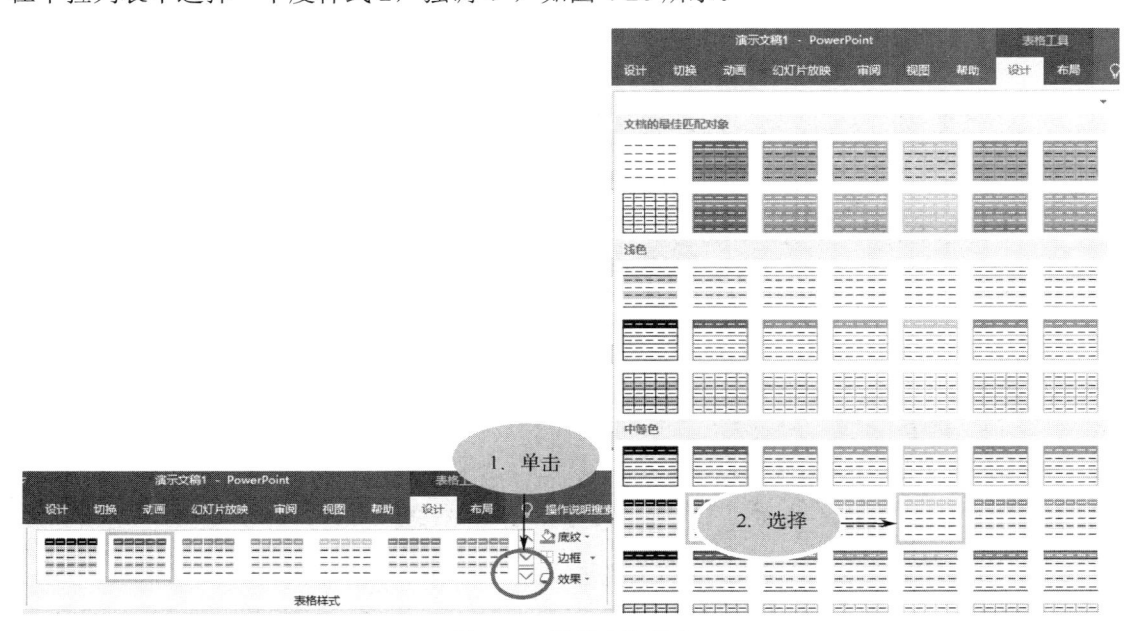

图 4-20 设置表格样式

⑤选中表格，在"表格工具→布局"选项卡的"表格尺寸"组中，设置"高度"为"8厘米"，"宽度"为"15厘米"。在"对齐方式"组中，单击"居中"按钮，再单击"垂直居中"按钮，如图4-21所示。

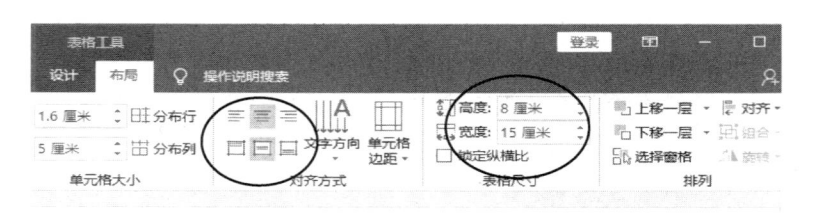

图 4-21　设置表格尺寸和对齐方式

（5）新建第 5 张幻灯片。

新建一张版式为"标题和竖排文字"的幻灯片。在标题占位符中输入文字"'标题和竖排文字'版式"。在文本占位符中依次分段输入"床前明月光，疑是地上霜。举头望明月，低头思故乡。"。

操作步骤如下：

①单击新建幻灯片，在下拉列表中选择"标题和竖排文字"的版式。

②将光标定位在标题占位符处，输入文字"'标题和竖排文字'版式"。

③将光标定位在内容占位符处，依次分段输入"床前明月光，疑是地上霜。举头望明月，低头思故乡。"（文字内容详情查看效果图 4-10）。

（6）复制、粘贴幻灯片，插入 SmartArt 图形。

复制第 2 张幻灯片，粘贴到第 3 张幻灯片的下方，使之成为第 4 张幻灯片。

将第 4 张幻灯片的内容占位符中的文字转换为"垂直项目符号列表"的 SmartArt 图形，设置该图形的颜色为"彩色-个性色"，样式为"优雅"。

操作步骤如下：

①在窗口左侧视图窗格中，右键单击第 2 张幻灯片的缩略图，在弹出的快捷菜单中选择"复制"菜单命令。右键单击第 3 张幻灯片的缩略图，在弹出的快捷菜单中选择"粘贴选项"下的"使用目标主题"，如图 4-22 所示。

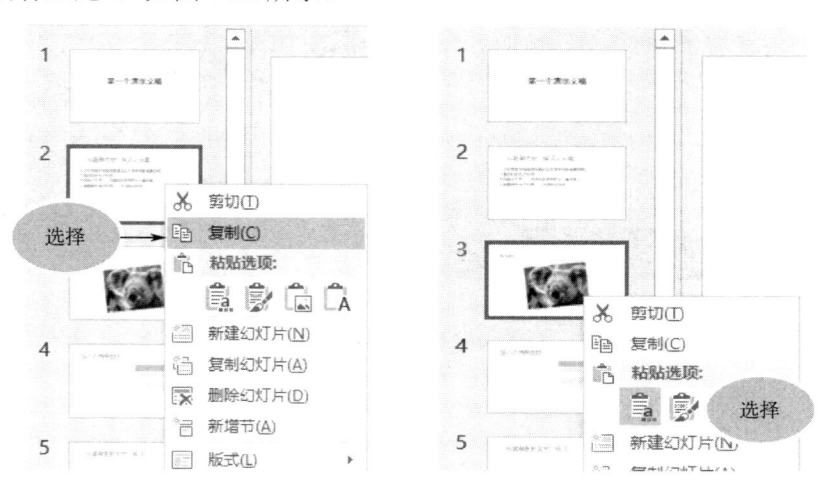

图 4-22　复制、粘贴幻灯片

②选中第 4 张幻灯片的内容占位符，单击"开始"选项卡→"段落"组→"转换为 SmartArt"，在弹出的下拉列表中选择"垂直项目符号列表"，如图 4-23 所示。

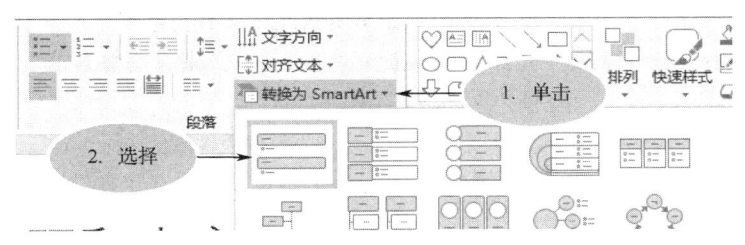

图 4-23 转换为 SmartArt 图形

③选中 SmartArt 图形,单击"SmartArtt 工具→设计"选项卡→"SmartArt 样式"组→"更改颜色",在弹出的下拉列表中选择"彩色-个性色",如图 4-24 所示。单击"其他"按钮,在下拉列表中选择"三维"下的"优雅",如图 4-25 所示。

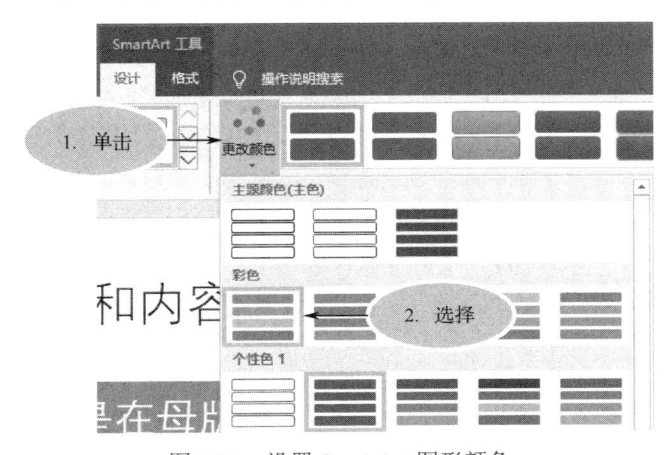

图 4-24 设置 SmartArt 图形颜色

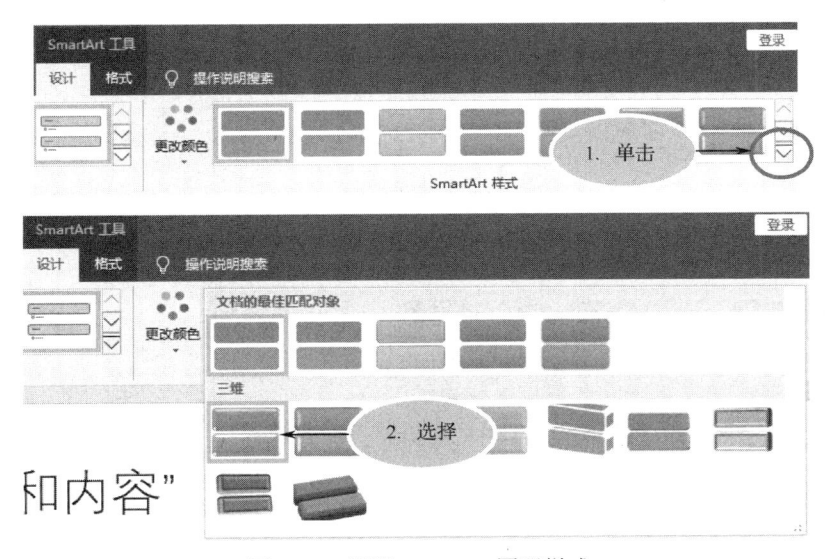

图 4-25 设置 SmartArt 图形样式

(7)移动、删除幻灯片。

移动第 4 张幻灯片,使之成为第 6 张幻灯片,删除第 2 张幻灯片。
操作步骤如下:

①单击第 4 张幻灯片，然后将其拖动到第 6 张幻灯片的位置。

②右键单击第 2 张幻灯片，在弹出的快捷菜单中选择"删除幻灯片"。

（8）新建第 6 张幻灯片，并插入形状和艺术字。

新建一张版式为"空白"的幻灯片。

在幻灯片中的位置（水平：9.5 厘米，从：左上角，垂直：8.5 厘米，从：左上角）插入形状"心形"，高度为 2.5 厘米，宽度为 3 厘米，锁定纵横比；形状填充为红色，无轮廓，形状效果为"发光：5 磅；橙色，主题色 2"。

在位置（水平：13.5 厘米，从：左上角，垂直：8 厘米，从：左上角）插入样式为"渐变填充：蓝色，主题色 5；映像"的艺术字"谢谢"；高度为 3.5 厘米，宽度为 6.5 厘米；艺术字的文本效果为"半映像：8 磅 偏移量"。

操作步骤如下：

①单击新建幻灯片，在下拉列表中选择"空白"的版式。

②单击"插入"选项卡→"插图"组→"形状"，在下拉列表中选择"基本形状"下的"心形"，如图 4-26 所示。此时，鼠标指针为"+"形状，按住鼠标左键不放，向右下角拖曳画图，然后释放鼠标。

③选中绘制出的"心形"，在"绘图工具→格式"选项卡下的"大小"组中，单击右下角的"大小和位置"按钮，在右侧的"设置形状格式"窗口中，在"大小"选项组中设置"高度"为"2.5 厘米"，"宽度"为"3 厘米"，勾选"锁定纵横比"；在"位置"选项卡下设置"水平位置"为"9.5 厘米"，从"左上角"，"垂直位置"为"8.5 厘米"，从"左上角"，如图 4-27 所示。

选中"心形"，在"绘图工具-格式"选项卡的"形状样式"组中，单击"形状填充"下拉按钮，在打开的下拉列表中选择颜色为"红色"；单击"形状轮廓"下拉按钮，在打开的下拉列表中选择"无轮廓"；单击"形状效果"下拉按钮，在打开的下拉列表中选择"发光"→"发光；5 磅；橙色，主题色 2"。

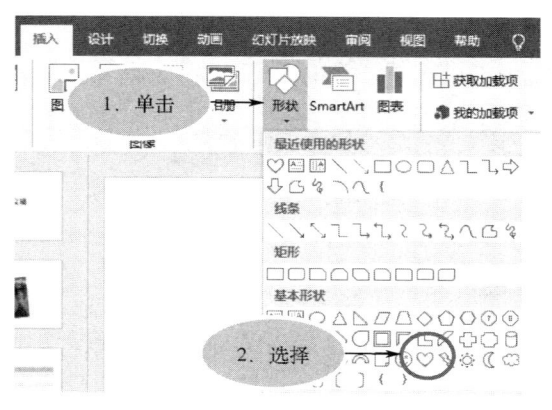

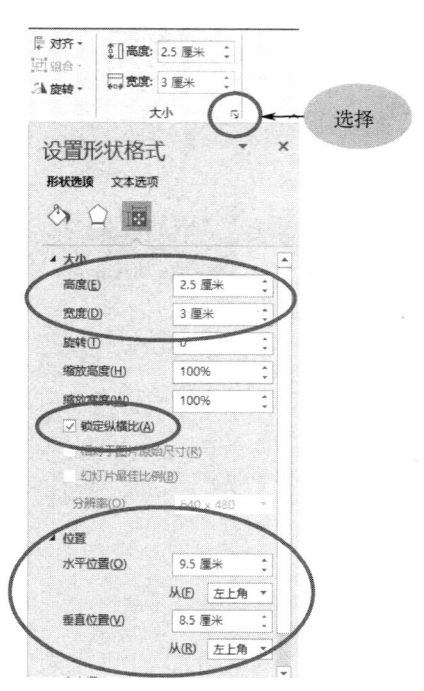

图 4-26　绘制形状　　　　　图 4-27　设置形状格式

④单击"插入"选项卡下"文本"组中的"艺术字",在下拉列表中选择"渐变填充:蓝色,主题色5;映像",如图4-28所示。在艺术字占位符中输入"谢谢"。

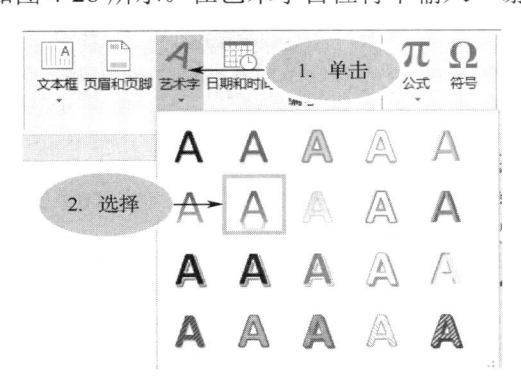

图4-28 设置艺术字样式

⑤选中艺术字,在"绘图工具→格式"选项卡下的"艺术字样式"组中,单击"文本效果",在下拉列表中选择"映像",再选择"映像变体"下的"半映像:8 磅 偏移量",如图4-29。

⑥选中艺术字,在"绘图工具→格式"选项卡下的"大小"组中,单击右下角的"大小和位置"按钮,在右侧的"设置形状格式"窗口中,在"大小"选项卡下设置高度为3.5厘米,宽度为6.5厘米;在"位置"选项卡下设置"水平位置"为13.5厘米,从:左上角,"垂直位置"为8厘米,从:左上角,如图4-30所示。

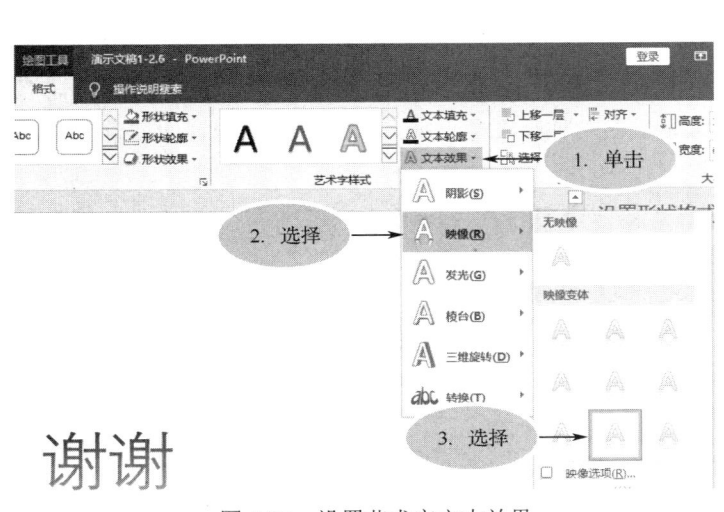

图4-29 设置艺术字文本效果

图4-30 设置艺术字格式

(9)保存演示文稿并命名为"第一个演示文稿"。

单击"快速访问工具栏"上的"保存"按钮,或单击"文件"选项卡,在打开的列表中选择"保存"选项,将弹出"另存为"对话框,单击"浏览"按钮,在弹出的"另存为"对话框中设置保存路径，输入文件名"第一个演示文稿"，单击"保存"按钮即可，如图 4-31 所示。

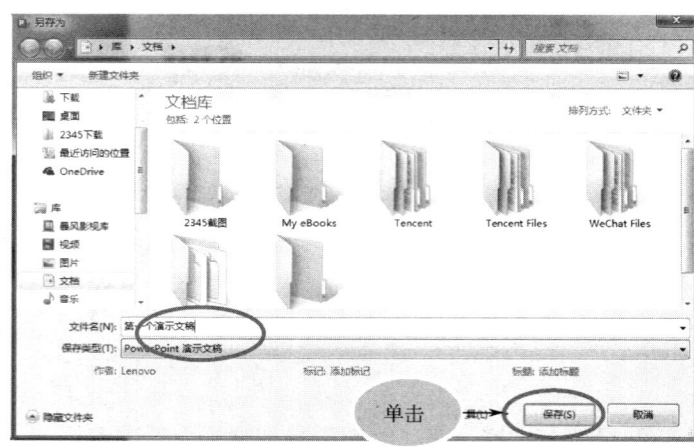

图 4-31 保存幻灯片

4.2 演示文稿统一美化设计实训

【任务导入】

学生小李：张老师，我在制作演示文稿的过程中碰到一个问题，即在每次要为多张幻灯片插入相同内容或素材时，我总是一张张地插入，感觉这么做效率很低。有没有方法能提高制作幻灯片的速度？另外，制作出的幻灯片感觉没有老师们制作的漂亮，是不是还有其他好的设计方法呢？

张老师：可以利用母版。幻灯片母版主要用于存储模板信息和设计模板，用户通过更改其中的信息，就可以改变整个演示文稿的外观。幻灯片中有很多内容，比如字体字形、占位符、背景，以及配色方案等，依次设置会造成版面混乱，并且版面会不统一。为了避免这种情况，幻灯片母版就派上用场了。

学生小李：张老师，那也就意味着，使用幻灯片母版就可以统一幻灯片里所有的风格了吗？

张老师：没错，这就是母版的强大之处。而且演示文稿还提供了很多设计主题供我们使用，应用主题能快速且轻松地设置整个文档格式，统一风格，赋予它专业和时尚的外观。现在我们就在上节课内容的基础上开始学习吧！

学生小李：好的，张老师！

本次任务采用"4.2 演示文稿统一美化设计实训"文件夹中的"4.2 第一个演示文稿初稿"案例进行实训，请依据实训内容完成任务。实训最终效果参见"4.2 第一个演示文稿终稿"。终稿效果如图 4-32 所示。

图 4-32　4.2 第一个演示文稿终稿

1．实训目的

（1）掌握幻灯片母版的设置。

（2）掌握背景的设置。

（3）学会利用幻灯片母版统一修改幻灯片样式。

2．实训内容

打开"4.2 演示文稿统一美化设计实训"文件夹中的"4.2 第一个演示文稿初稿"，进行如下设置。

（1）设置幻灯片主题。

为整个演示文稿应用"水滴"主题；设置主题颜色为"气流"，字体为"Franklin Gothic"，效果如图 4-33 所示。

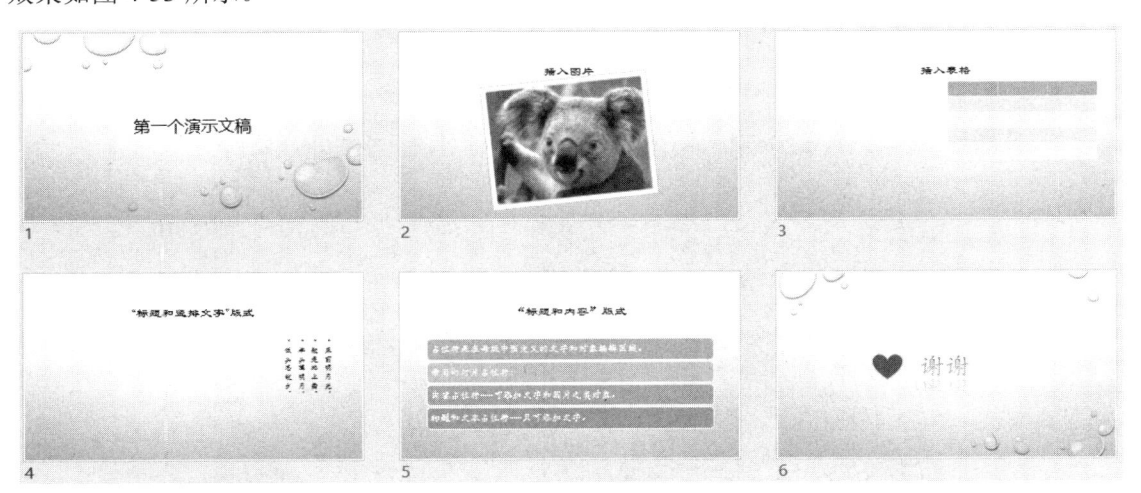

图 4-33　幻灯片主题应用效果

（2）设置幻灯片背景。

①设置第 2 张幻灯片的背景为"纯色填充：青绿，个性色 2，淡色 80%"，效果如图 4-34 所示。

②将第 3 张幻灯片的背景样式设置为"样式 6"，效果如图 4-35 所示。

③将"4.2 演示文稿统一美化设计实训"文件夹中的"图片1"作为第4张幻灯片的背景图片，效果如图4-36所示。

图4-34　第2张幻灯片背景设置效果

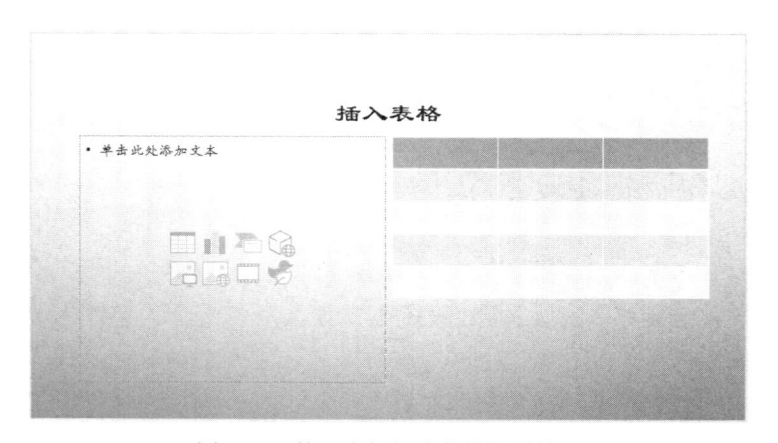

图4-35　第3张幻灯片背景设置效果

图4-36　第4张幻灯片背景设置效果

（3）设置幻灯片页码和页脚。

除标题幻灯片外，每张幻灯片中插入页码和页脚"第一个演示文稿"。页码占位符的位置设置为"右对齐，底端对齐"，文本位置设置为"居中"，12号字；页脚占位符的位置设置为

"水平居中，底端对齐"，页脚文本位置设置为"居中"，效果如图4-37所示。

图4-37　幻灯片页码和页脚设置效果

（4）母版插入背景图片。

除第1张标题版式幻灯片外，在其他幻灯片左下角显示图片"海工商徽标"，效果如图4-38所示。

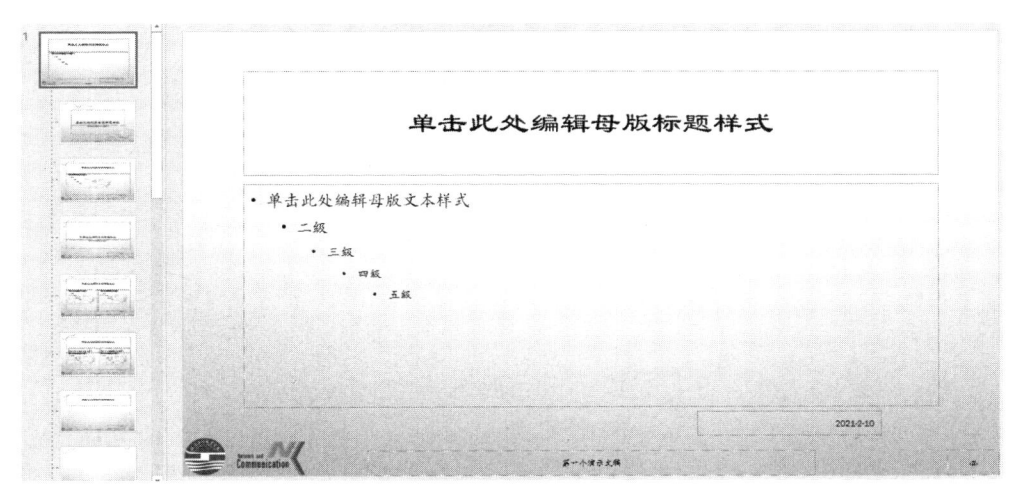

图4-38　母版插入背景图片效果

（5）在母版中，选择空白版式幻灯片，设置该版式的母版为：去除标题栏、页脚栏、并隐藏背景图形，效果如图4-39所示。

图4-39　空白版式幻灯片设置效果

3．实训步骤

（1）设置幻灯片主题。

为整个演示文稿应用"水滴"主题；设置主题颜色为"气流"，字体为"Franklin Gothic"。操作步骤如下：

①单击"设计"选项卡→"主题"组右下角的"其他"下拉按钮，在下拉列表中选择"水滴"主题，如图4-40所示。

图4-40 设置幻灯片主题

②单击"设计"选项卡→"变体"组右下角的"其他"下拉按钮，在下拉列表中单击"颜色"，再选择"气流"，如图4-41所示。

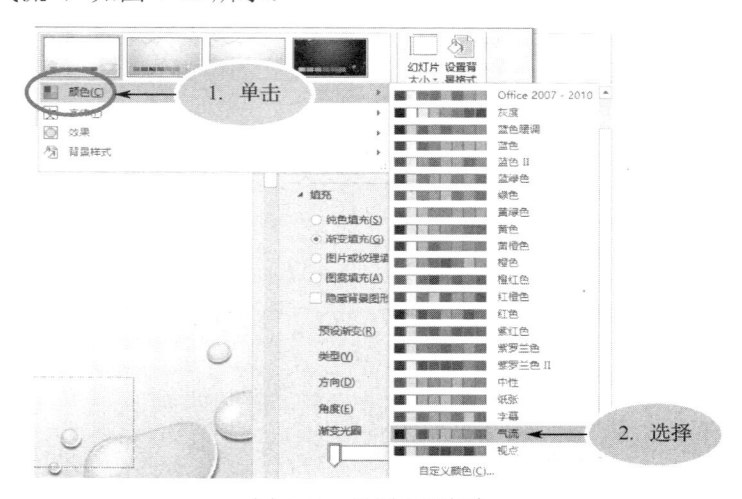

图4-41 设置主题颜色

③单击"设计"选项卡→"变体"组右下角的"其他"下拉按钮，在下拉列表中选择"字体"，再选择"Franklin Gothic"，如图4-42所示。

（2）设置幻灯片背景。

①设置第2张幻灯片的背景为"纯色填充：青绿，个性色2，淡色80%"，效果如图4-34所示。

②将第3张幻灯片的背景样式设置为"样式6"，效果如图4-35所示。

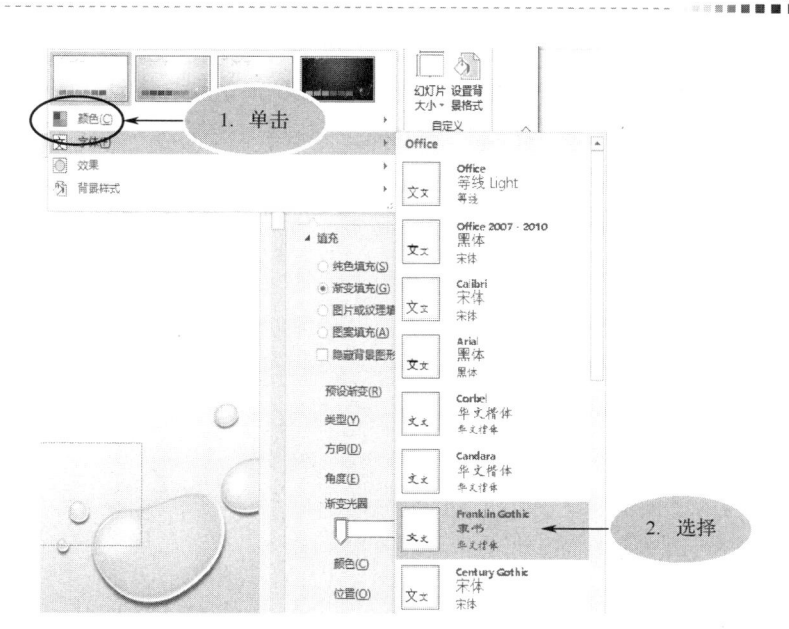

图 4-42　设置主题字体

③将"4.2 演示文稿统一美化设计实训"文件夹中的"图片 1"作为第 4 张幻灯片的背景图片。

操作步骤如下：

①选中第 2 张幻灯片，单击"设计"选项卡→"自定义"组→"设置背景格式"按钮，在窗口右侧出现"设置背景格式"窗格，选中"纯色填充"单选按钮，在"颜色"下拉列表中选择"青绿，个性色 2，淡色 80%"，如图 4-43 所示。

②选中第 3 张幻灯片，单击"设计"选项卡→"变体"组右下角的"其他"下拉按钮，在下拉列表中选择"背景样式"，如图 4-44 所示，在展开的列表中使用鼠标右键单击"样式 6"，在弹出的快捷菜单中选择"应用所选幻灯片"。

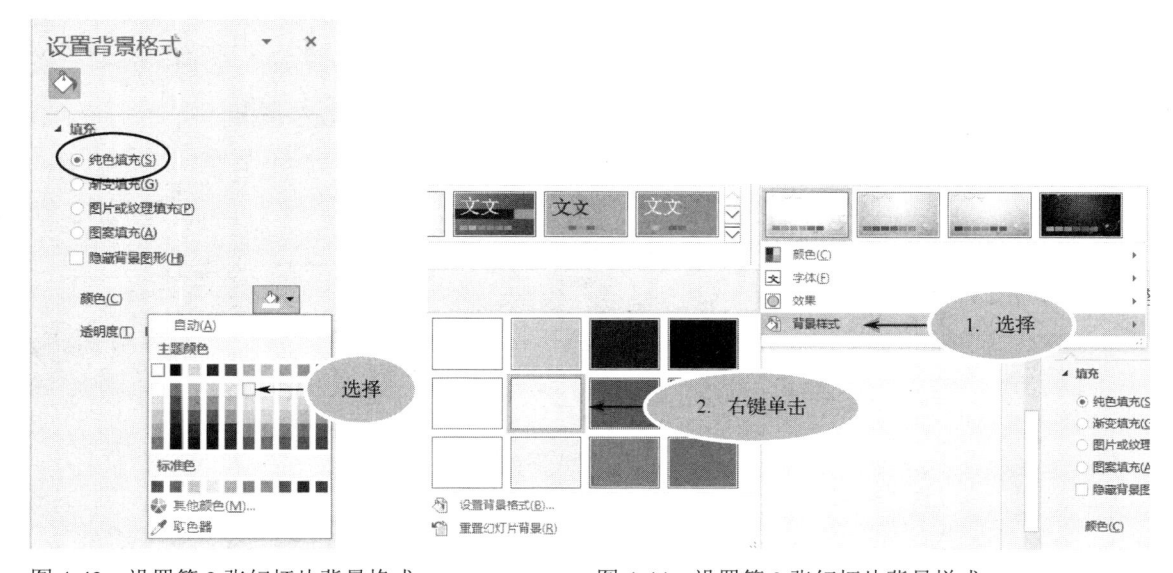

图 4-43　设置第 2 张幻灯片背景格式　　　图 4-44　设置第 3 张幻灯片背景样式

③选中第 4 张幻灯片,在"设计"选项卡的"自定义"组中单击"设置背景格式"按钮,在窗口右侧出现"设置背景格式"窗格,选中"图片或纹理填充"单选按钮,勾选"隐藏背景图形",单击"插入"按钮,在"插入图片"对话框中依据路径找到"图片 1",如图 4-45 所示。

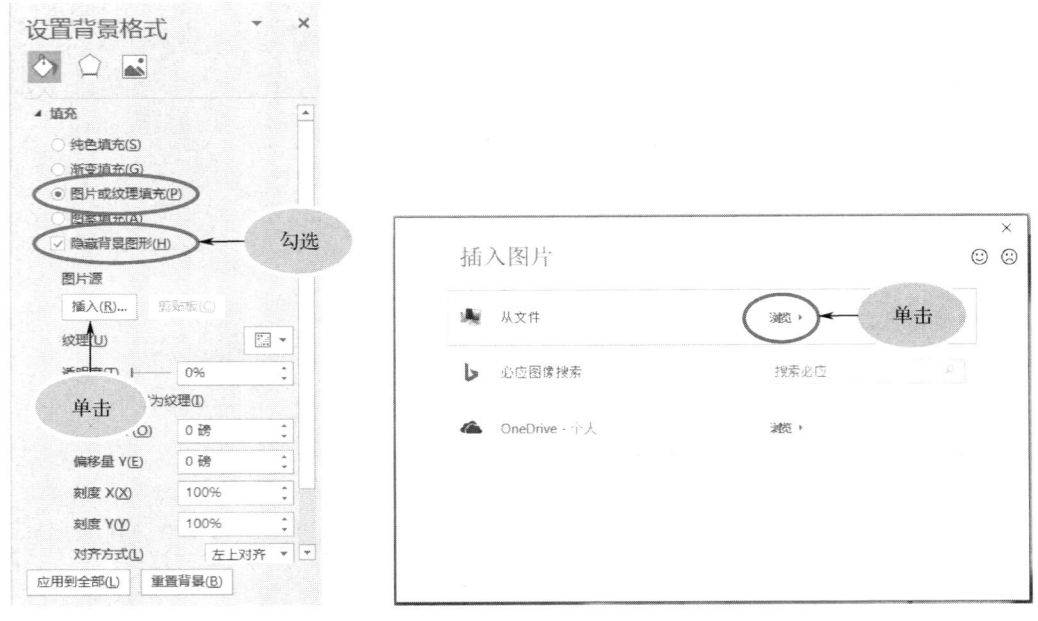

图 4-45　设置第 4 张幻灯片背景图片

(3) 设置幻灯片页码和页脚。

除标题幻灯片外,在每张幻灯片中插入页码和页脚"第一个演示文稿"。编号占位符的位置设置为"右对齐,底端对齐",文本位置设置为"居中",12 号字;页脚占位符的位置设置为"水平居中,底端对齐",页脚文本位置设置为"居中"。

操作步骤如下:

①单击"插入"选项卡→"文本"组→"页眉和页脚",在弹出的对话框中,对相应内容进行勾选并填写,如图 4-46 所示。最后单击"全部应用"按钮。

图 4-46　设置幻灯片编号及页脚

②进入幻灯片母版视图：单击"视图"选项卡→"母版视图"组→"幻灯片母版"，选定第 1 张幻灯片母版基础页"水滴 幻灯片母版"，选中"幻灯片编号"占位符，单击"绘图工具—格式"选项卡→"排列"组→"对齐"，在弹出的下拉列表中选择"右对齐"和"底端对齐"，操作步骤如图 4-47 所示。单击"开始"选项卡→"段落"组→"居中"，设置"字体"组中的"字号"为"12"。

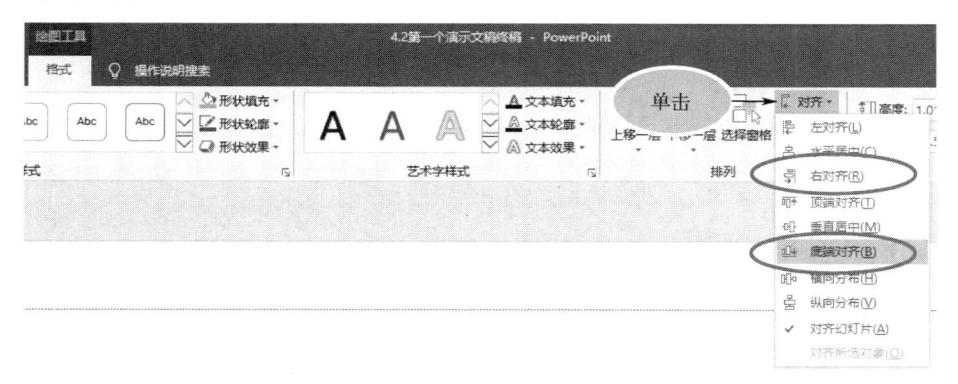

图 4-47　设置"幻灯片编号"占位符位置

③以同样的方式对"页脚"占位符进行设置，效果如图 4-48 所示。

图 4-48　编号和页脚设置效果图

（4）母版插入背景图片。

除第一张标题版式幻灯片外，在其他幻灯片左下角显示图片"海工商徽标"，效果如图 4-38 所示。

说明　在母版视图状态下，从左侧的预览中可以看出，Power Point 2016 提供了多张默认幻灯片母版页面。其中第 1 张为基础页，对它进行的设置，自动会在其余的页面上显示。

操作步骤如下：

①进入幻灯片母版视图：单击"视图"选项卡→"母版视图"组→"幻灯片母版"，选择第 1 张幻灯片母版，单击"插入"选项卡→"图像"组→"图片"，在弹出的"插入图片"对话框中，依据路径找到"海工商徽标"，单击"插入"按钮，将图片移至幻灯片左下角的位置，如图 4-49 所示。

②单击第 2 张标题幻灯片母版，在幻灯片母版下的"背景组"中，选中"隐藏背景图形"复选框，这样就可以使得标题幻灯片没有图片，如图 4-50 所示。

（5）在母版中，选择空白版式的幻灯片，设置该版式的母版为：去除标题栏、页脚栏、并隐藏背景图形。

操作步骤如下：

①进入幻灯片母版视图，选择空白版式的幻灯片，在"幻灯片母板"选项卡下的"母版版式"组中，取消对"标题""页脚"选项的选择，勾选"背景"组中的"隐藏背景图形"，如图 4-51 所示。

图 4-49　在每张幻灯片左下角插入图片

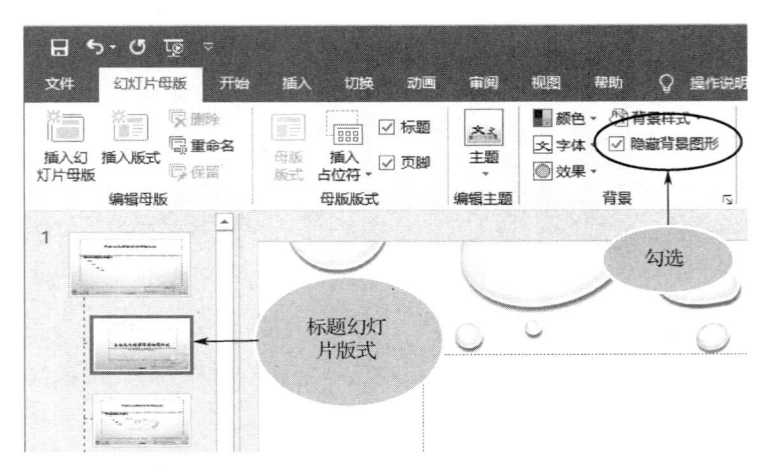

图 4-50　在每张幻灯片左下角插入图片（除标题幻灯片外）

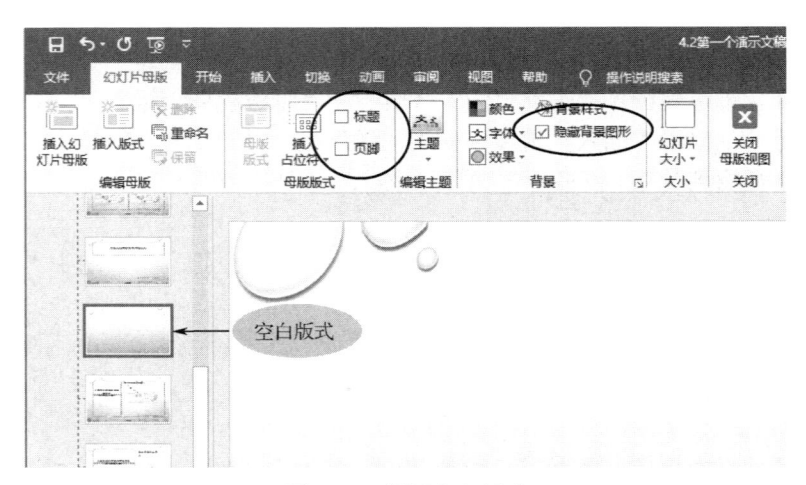

图 4-51　设置空白版式

4.3 演示文稿动画播放制作实训

【任务导入】

学生小李：张老师，昨晚我参加了关于计算机专业领域的讲座，授课老师使用的幻灯片吸引了我的注意力。

张老师：那位老师的幻灯片有什么特点呢？

学生小李：在播放他所制作的演示文稿时，图片、文字似乎都是从某个角落出现的，一会儿弹跳，一会儿闪动，总而言之特别酷炫。

张老师：你说的应该是幻灯片当中特有的互动操作，主要有动画和切换效果，这些都是幻灯片独有的功能。我们之前所学习的"Word文档"虽然也能做图文并茂的文档，但是它始终"动"不起来。因此，当需要展示某件事物时，许多人都会选择演示文稿。

学生小李：张老师，那我们就赶紧学习吧！加了动画的效果确实会让观看者更加有兴趣。

张老师：好的，我们就在上节课内容的基础上开始学习吧！

学生小李：好的，张老师！

本次任务采用"4.3 演示文稿动画播放制作实训"文件夹中的"4.3 第一个演示文稿初稿"的案例进行实训，请依据实训内容完成任务。实训最终效果参见"4.3 第一个演示文稿终稿"。终稿效果如图4-52所示。

教师可在授课前向学生展示动画效果。

1．实训目的

（1）学会为幻灯片中各种对象添加多种复杂动画效果。

（2）掌握超链接的设置。

（3）掌握幻灯片切换效果和放映方式的设置。

图4-52　设置动画效果后的演示文稿界面

2．实训内容

打开"4.3 演示文稿动画播放制作实训"文件夹中的"4.3 第一个演示文稿初稿",按照以下要求完成本次实训任务。

（1）在第 1 张幻灯片之后新建一张版式为"标题和内容"的幻灯片。在标题占位符中输入文字"目录"。在内容占位符中依次分段输入第 3 张到第 6 张幻灯片的标题。将目录内容的文字设置为 24 号字的华文仿宋,修改四段文字前的项目符号为"▫",并将该符号设置为红色,效果如图 4-53 所示。

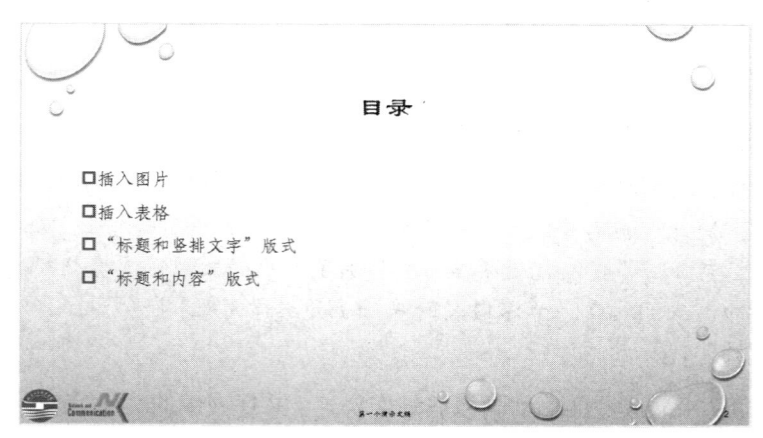

图 4-53　目录幻灯片效果图

（2）超链接设置:为第 2 张幻灯片中的每项目录内容设置链接,分别链接到第 3 张至第 6 张幻灯片。

依据演讲者习惯,需设置动作按钮:分别在第 3 张至第 6 张幻灯片的右下角设置"动作按钮:转到开头",均链接到第 2 张幻灯片,实现返回。

（3）设置第 3 张幻灯片中的图片动画为"进入→淡化",动画开始为"上一动画之后",再添加动画"强调→陀螺旋",方向为"逆时针",动画开始为"与上一动画同时";设置标题动画为"进入→劈裂",方向为"中央向左右展开",动画开始为"与上一动画同时",持续时间"3s"。动画顺序是先标题后图片。

（4）设置第 6 张幻灯片的 SmartArt 图形动画为"进入→浮入",方向为"下浮",序列为"逐个级别",动画开始为"上一动画之后"。

（5）设置全体幻灯片切换方式为"百叶窗",效果为"水平",并伴"风铃"声音,每张幻灯片的换片方式为"单击鼠标时",自动换片时间为"5s"。

（6）设置幻灯片的放映方式为"观众自行浏览（窗口）"。

3．实训步骤

（1）在第 1 张幻灯片之后新建一张版式为"标题和内容"的幻灯片。在标题占位符中输入文字"目录"。在内容占位符中依次分段输入第 3 张到第 6 张幻灯片的标题,设置字体为"华文仿宋",字号数为"24",并修改项目符号为"▫",并将该符号设置为红色,效果如图 4-53 所示。

操作步骤如下:

①选中第 1 张幻灯片,单击"开始"选项卡→"幻灯片"组→"新建幻灯片",在下拉列表中选择"标题和内容"的版式。将光标定位在标题占位符处,输入文字"目录"。将光标定

位在内容占位符处，依次分段输入"插入图片""插入表格""'标题和竖排文字'版式""'标题和内容'版式"。

②选中内容占位符，在"开始"选项卡的"字体"组中设置字体为"华文仿宋"，大小为"24"磅。

③选中内容占位符，单击"开始"选项卡→"段落"组→"项目符号"，在下拉列表中选择"项目符号和编号"，在弹出的对话框中选择"加粗空心方形项目符号"，再设置颜色为"红色"，如图4-54所示。

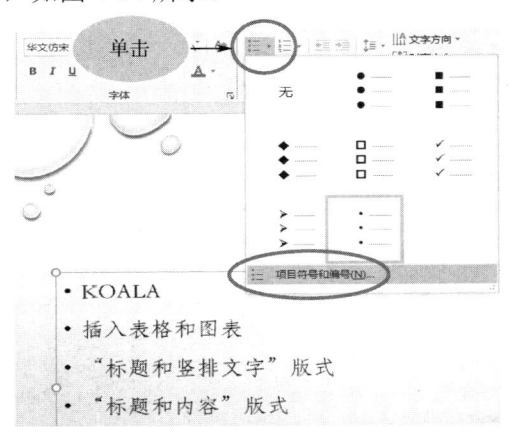

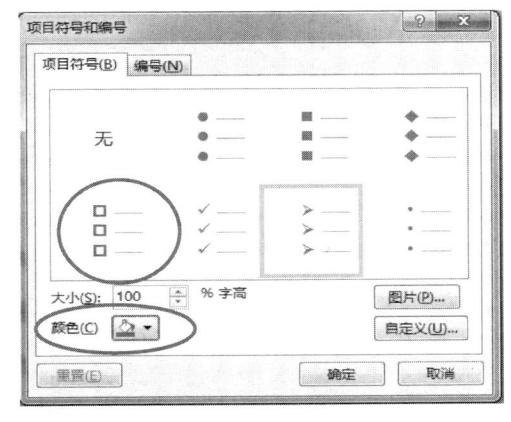

图4-54　设置项目符号

（2）超链接设置：为第2张幻灯片中的每项目录内容设置链接，分别链接到第3张至第6张幻灯片。

依据演讲者习惯，需设置动作按钮：分别在第3张至第6张幻灯片的右下角设置"动作按钮：转到开头"，均链接到第2张幻灯片，实现返回。

操作步骤如下：

①选中文字"插入图片"，单击"插入"选项卡→"链接"组→"链接"按钮，弹出"插入超链接"对话框，在"链接到"列表框中选择"本文档中的位置"，在"请选择文档中的位置"列表框中单击"3.插入图片"，单击"确定"按钮，如图4-55所示。用同样的方法设置其余3个文本相应的超链接。

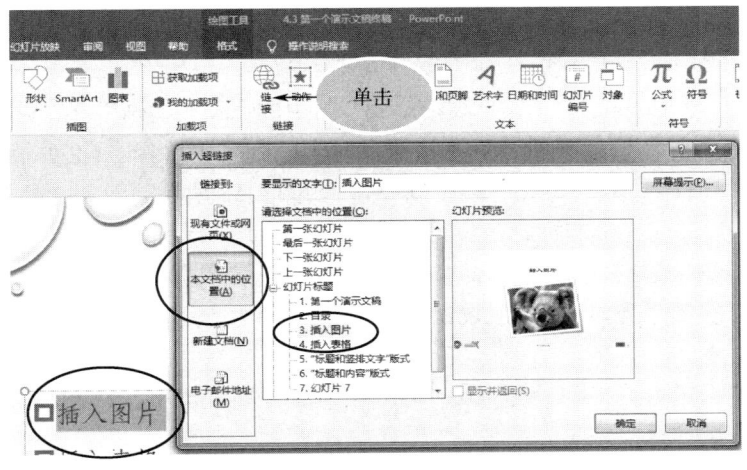

图4-55　设置目录超链接

②选中第 3 张幻灯片，单击"插入"选项卡→"插图"组→"形状"，在下拉列表中选择"动作按钮：转到开头"按钮在幻灯片右下角进行绘制，弹出"操作设置"对话框，在"超链接到"列表框中选择"幻灯片"，弹出"超链接到幻灯片"对话框，在列表框中单击"2.目录"，单击"确定"按钮，如图 4-56 所示。用同样的方法完成第 4 张至第 6 张幻灯片的设置。

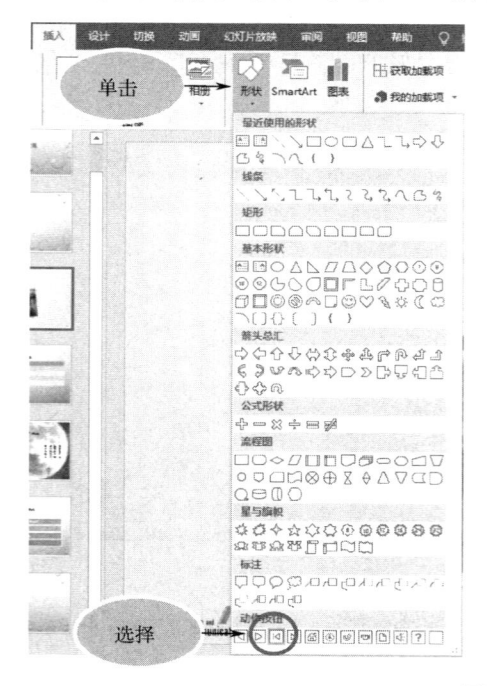

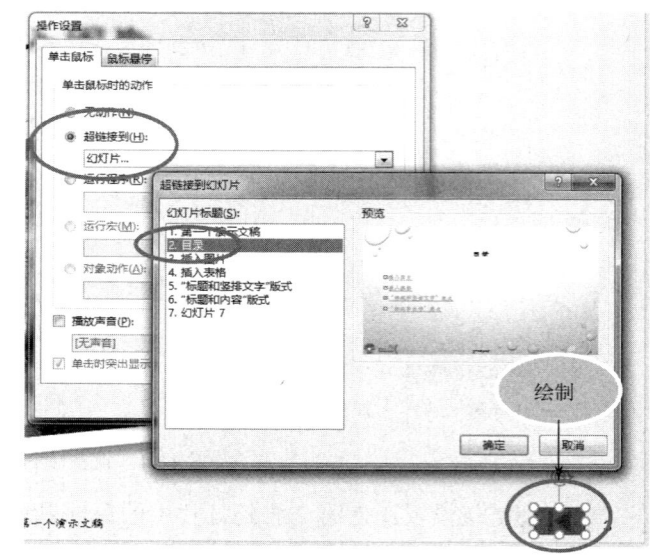

图 4-56　设置动作按钮

（3）设置第 3 张幻灯片中的图片动画为"进入→淡化"，动画开始为"上一动画之后"，再添加动画"强调→陀螺旋"，方向为"逆时针"，动画开始为"与上一动画同时"；设置标题动画为"进入→劈裂"，方向为"中央向左右展开"，动画开始为"与上一动画同时"，持续时间"3s"。动画顺序是先标题后图片。

操作步骤如下：

①选中第 3 张幻灯片中的图片"Koala"，在"动画"选项卡→"动画"组中单击"其他"按钮，在下拉列表中选择"进入→淡化"。在"计时"组中，设置"开始"为"上一动画之后"，如图 4-57 所示。

②再次选中图片"Koala"，单击"高级动画"组中的"添加动画"，在下拉列表中选择"强调→陀螺旋"，再单击"效果选项"下拉按钮，在下拉列表中选择方向为"逆时针"。在"计时"组中，设置"开始"为"与上一动画同时"，如图 4-58 所示。

③选中第 3 张幻灯片中的标题占位符，在"动画"选项卡的"动画"组中单击"其他"按钮，在下拉列表中选择"进入→劈裂"，再单击"效果选项"下拉按钮，在下拉列表中选择"中央向左右展开"。在"计时"组中，设置"开始"为"与上一动画同时"，设置持续时间"1s"，如图 4-59 所示。

④在"动画"选项卡的"计时"组中单击"向前移动"按钮，将标题的动画效果移动到第一个，如图 4-60 所示。

图 4-57 设置图片进入动画

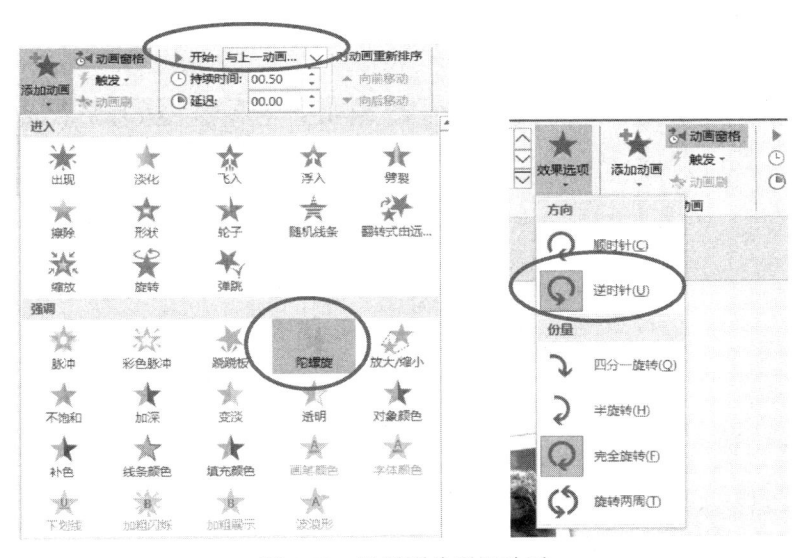

图 4-58 设置图片强调动画

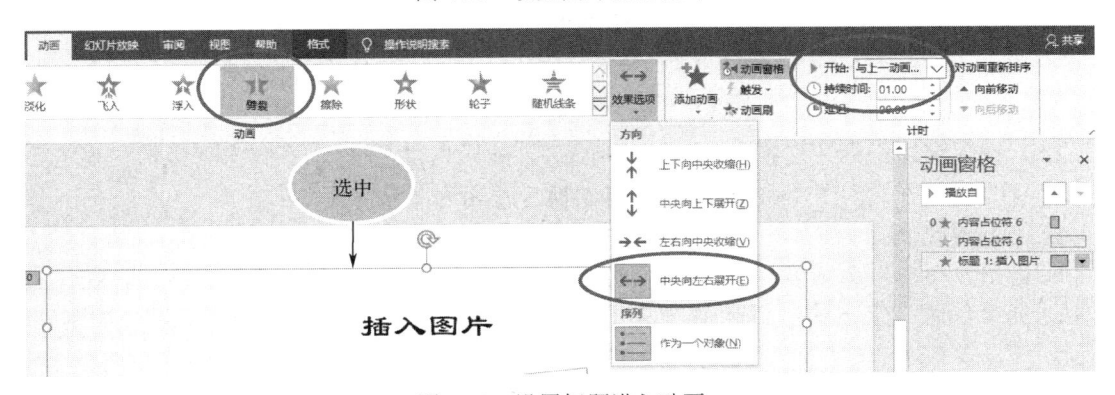

图 4-59 设置标题进入动画

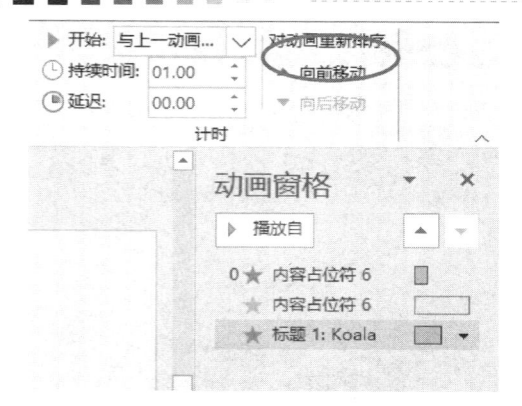

图 4-60　设置动画顺序

（4）设置第 6 张幻灯片的 SmartArt 图形动画为"进入→浮入"，方向为"下浮"，序列为"逐个级别"，动画开始为"上一动画之后"。

操作步骤如下：

选中第 6 张幻灯片中的 SmartArt 图形，单击"动画"选项卡→"动画"组→"其他"按钮，在下拉列表中选择"进入→浮入"。单击"效果选项"下拉按钮，在下拉列表中选择方向为"下浮"，序列为"逐个级别"。在"计时"组中，设置"开始"为"上一动画之后"，如图 4-61 所示。

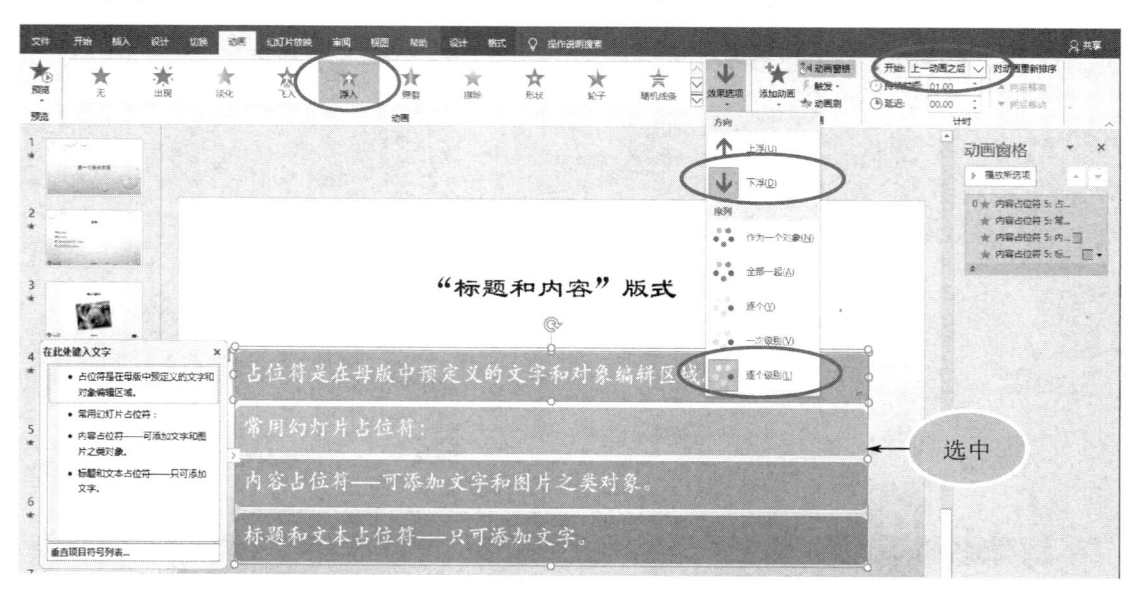

图 4-61　设置 SmartArt 图形进入动画

（5）设置全体幻灯片切换方式为"百叶窗"，效果为"水平"，并伴有"风铃"声音，每张幻灯片的换片方式为"单击鼠标时"，自动换片时间为"5s"。

操作步骤如下：

①单击"切换"选项卡，在"切换到此幻灯片"组中单击"其他"下拉按钮，在下拉列表中选择"华丽"组下的"百叶窗"，在"效果选项"下拉列表中选择"水平"，如图 4-62 所示。

PowerPoint 2016 演示文稿制作　第 4 单元

图 4-62　设置幻灯片切换效果

②在"计时"组中单击"声音"下拉按钮，在下拉列表中选择"风铃"。勾选"单击鼠标时""设置自动换片时间"复选框，设置时间为"00:05.00"。单击"应用到全部"按钮，如图 4-63 所示。

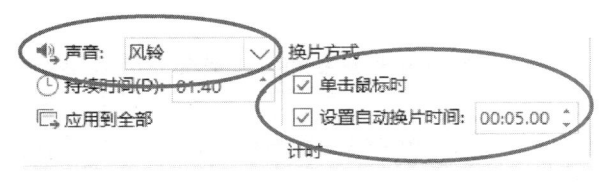

图 4-63　设置幻灯片切换方式

（6）设置幻灯片的放映方式为"观众自行浏览（窗口）"。

操作步骤如下：

单击"幻灯片放映"选项卡→"设置"组→"设置幻灯片放映"按钮，弹出"设置放映方式"对话框，选中"观众自行浏览（窗口）"单选按钮，单击"确定"按钮，如图 4-64 所示。

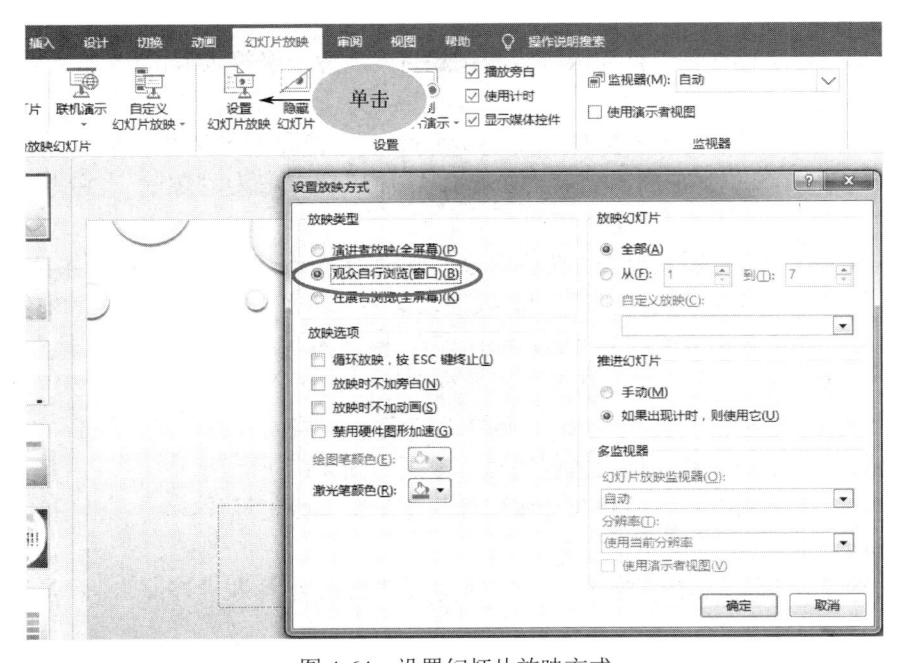

图 4-64　设置幻灯片放映方式

179

4.4 演示文稿一级考试综合实训

【任务导入】

张老师：小李，演示文稿的基本知识已经讲授完了，经过这几次课程的学习，相信你已经掌握了演示文稿的常用操作方法。接下来，老师收集了两套等级考试题目，请完成下面的实训任务。

学生小李：好的，张老师，绝对保质保量完成。

4.4.1 综合实训一

本次实训任务为全国一级等级考试题库试卷1，最终完成效果如图4-65所示。

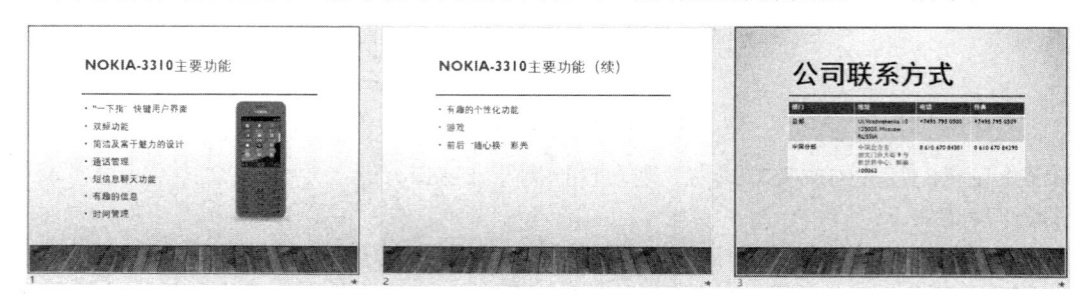

图4-65 考试题库试卷1终稿效果

1．实训目的

综合运用演示文稿知识点，完成等级考试题目，适应一级等级考试。

2．实训内容

打开"考试题库试卷1"文件夹中的"yswg.pptx"，按照下面要求完成实训任务。

（1）使用"画廊"主题修饰全文，全部幻灯片切换方案为"擦除"，效果选项为"自左侧"。

（2）将第2张幻灯片版式改为"两栏内容"，将第3张幻灯片的图片移到第2张幻灯片右侧内容区，效果如图4-66所示。图片动画效果设置为"轮子"，效果选项为"3轮辐图案"。

（3）将第3张幻灯片版式改为"标题和内容"，标题为"公司联系方式"，标题设置为"黑体""加粗""59磅字"。内容部分插入3行4列表格，表格的第1行的1~4列单元格依次输入"部门""地址""电话""传真"，第1列的2、3行单元格内容分别是"总部""中国分部"。其他单元格按第1张幻灯片的相应内容填写，效果如图4-67所示。

（4）删除第1张幻灯片，并将第2张幻灯片移为第3张幻灯片。

3．实训步骤

（1）使用"画廊"主题修饰全文，全部幻灯片切换方案为"擦除"，效果选项为"自左侧"。

操作步骤如下：

①按题目要求设置演示文稿主题。打开yswg.pptx文件，选中第1张幻灯片，在"设计"

选项卡的"主题"组中单击"其他"下拉按钮,在下拉列表中选择"画廊"主题。

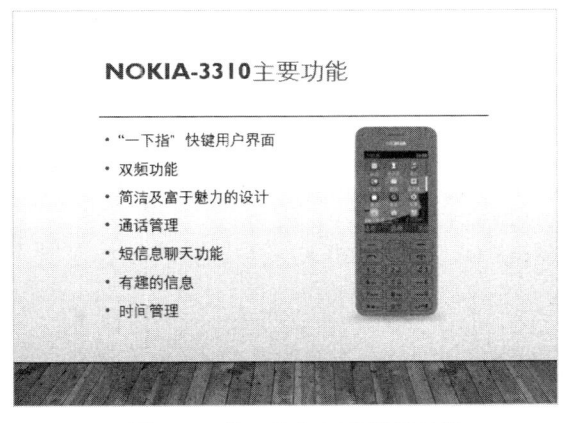

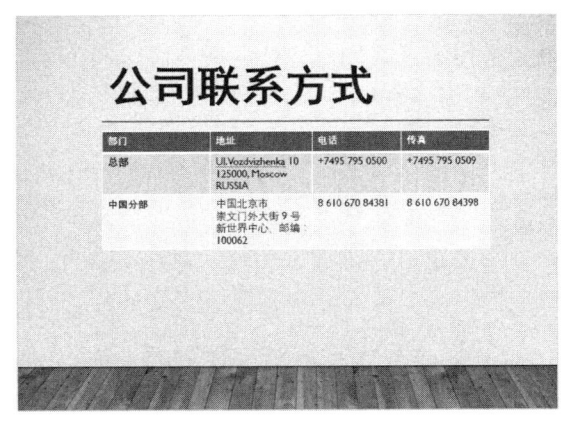

图 4-66　第 2 张幻灯片设置效果　　　　图 4-67　第 3 张幻灯片设置效果

②按题目要求设置幻灯片切换方式。在"切换"选项卡中,单击"切换到此幻灯片"组中的"擦除"按钮;单击"效果选项"下拉按钮,在弹出的下拉列表框中选择"自左侧"。最后单击"计时"组中的"应用到全部"按钮。

(2)将第 2 张幻灯片版式改为"两栏内容",将第 3 张幻灯片的图片移到第 2 张幻灯片右侧内容区,效果如图 4-66 所示。图片动画效果设置为"轮子",效果选项为"3 轮辐图案"。

操作步骤如下:

①按题目要求修改第 2 张幻灯片的版式。选中第 2 张幻灯片,在"开始"选项卡中单击"幻灯片"组中的"版式"下拉按钮,在弹出的下拉列表中选择"两栏内容"。

②按题目要求移动图片。选中第 3 张幻灯片中的图片,单击鼠标右键,在弹出的快捷菜单中选择"剪切"命令;在第 2 张幻灯片的右侧内容区中,单击鼠标右键,在弹出的快捷菜单中选择"粘贴"选项下的"使用目标主题"命令。

③按题目要求设置图片动画效果。选中第 2 张幻灯片中的图片,在"动画"选项卡中单击"动画"组的"其他"下拉按钮,在展开的下拉列表中选择"轮子";再单击"效果选项"按钮,在弹出的下拉列表中选择"3 轮辐图案"。

(3)将第 3 张幻灯片版式改为"标题和内容",标题为"公司联系方式",标题设置为"黑体""加粗""59 磅字"。内容部分插入 3 行 4 列表格,在表格的第 1 行的 1~4 列单元格依次输入"部门""地址""电话""传真",第 1 列的 2、3 行单元格内容分别是"总部""中国分部"。其他单元格按第 1 张幻灯片的相应内容填写,效果如图 4-67 所示。

操作步骤如下:

①按题目要求修改第 3 张幻灯片版式。选中第 3 张幻灯片,在"开始"选项卡中单击"幻灯片"组的"版式"下拉按钮,在弹出的下拉列表中选择"标题和内容"。

②按题目要求设置幻灯片标题。在第 3 张幻灯片标题占位符中输入"公司联系方式"。

③按题目要求设置标题字体。选中第 3 张幻灯片主标题,在"开始"选项卡中单击"字体"组右下角的"字体"对话框启动器按钮,弹出"字体"对话框,设置"中文字体"为"黑体",设置"字体样式"为"加粗",设置"大小"为"59"磅,单击"确定"按钮。

④按题目要求插入表格。在第 3 张幻灯片的"内容占位符"中单击"插入表格"按钮,弹出"插入表格"对话框,设置"列数"为"4",设置"行数"为"3",单击"确定"按钮。

⑤按题目要求在表格内输入内容。按照要求，在第 1 行的 1~4 列单元格依次输入"部门""地址""电话""传真"，第 1 列的 2、3 行单元格内容分别是"总部""中国分部"，其他单元格按第 1 张幻灯片的相应内容填写。

（4）删除第 1 张幻灯片，并将第 2 张幻灯片移为第 3 张幻灯片。

操作步骤如下：

①按题目要求删除幻灯片。在幻灯片窗格中选中第 2 张幻灯片并单击鼠标右键，在弹出的快捷菜单中选择"删除幻灯片"命令。

②按题目要求调整幻灯片顺序。在幻灯片窗格中选中第 2 张幻灯片，按住鼠标左键不放，拖曳第 2 张幻灯片到第 3 张幻灯片之后即可。

③保存并关闭 yswg.pptx 文件。

4.4.2　综合实训二

本次实训任务为全国一级等级考试真题试卷 1，最终完成效果如图 4-68 所示。

图 4-68　真题试卷 1 终稿效果

1．实训目的

综合运用演示文稿知识点，完成等级考试题目，适应一级等级考试。

2．实训内容

打开"真题试卷 1"文件夹中的"yswg.pptx"，按照下面的要求完成实训任务。

（1）为整个演示文稿应用"离子会议室"主题；设置全体幻灯片切换方式为"覆盖"，效果选项为"从左上部"，每张幻灯片的自动切换时间是 5s；设置幻灯片的大小为"宽屏（16∶9）"；放映方式设置为"观众自行浏览（窗口）"。

（2）将第 2 张幻灯片文本框中的文字，字体设置为"微软雅黑"，字体样式为"加粗"、字体大小为 24 磅字，文字颜色设置成深蓝色（标准色），行距设置为"1.5 倍行距"。

（3）在第 1 张幻灯片后面插入一张新幻灯片，版式为"标题和内容"，在标题处输入文字"目录"，在文本框中按顺序输入第 3 到第 8 张幻灯片的标题，并且添加相应幻灯片的超链接。

（4）将第 7 张幻灯片的版式改为"两栏内容"，在右侧栏中插入一个组织结构图，结构如图 4-69 所示，设置该结构图的颜色为"彩色填充-个性色 2"。

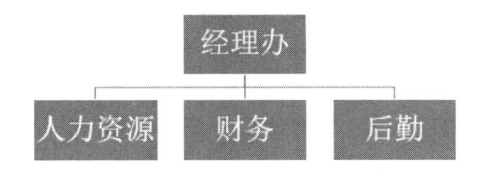

图 4-69　第 7 张幻灯片组织结构图

（5）为第 7 张幻灯片的结构图设置"进入"动画为"浮入"，效果选项为"下浮"，序列为"逐个级别"；左侧文字设置"进入"动画为"出现"；动画顺序是先文字后结构图。

（6）在第 8 张幻灯片中插入考生文件夹中的"考核.JPG"图片，设置图片尺寸"高度 7 厘米""锁定纵横比"，位置设置为"水平 20 厘米""垂直 8 厘米"，均为"自左上角"；并为图片设置"强调"动画的"跷跷板"。

（7）在最后一张幻灯片后面加入一张新幻灯片，版式为"空白"，设置这第 9 张幻灯片的背景为"羊皮纸"纹理；插入样式为"渐变填充：淡紫，主题色 5，映像"的艺术字，文字为"谢谢观看"，文字大小为 80 磅，文本效果为"半映像，4 磅偏移量"，并设置为"水平居中"和"垂直居中"。

3．实训步骤

（1）为整个演示文稿应用"离子会议室"主题；设置全体幻灯片切换方式为"覆盖"，效果选项为"从左上部"，每张幻灯片的自动切换时间是 5s；设置幻灯片的大小为"宽屏（16∶9）"；放映方式设置为"观众自行浏览（窗口）"。

操作步骤如下：

①打开考生文件夹中的 yswg.pptx 文件，在"设计"选项卡中单击"主题"组中的"其他"按钮，在弹出的下拉列表中选择"离子会议室"，如图 4-70 所示。

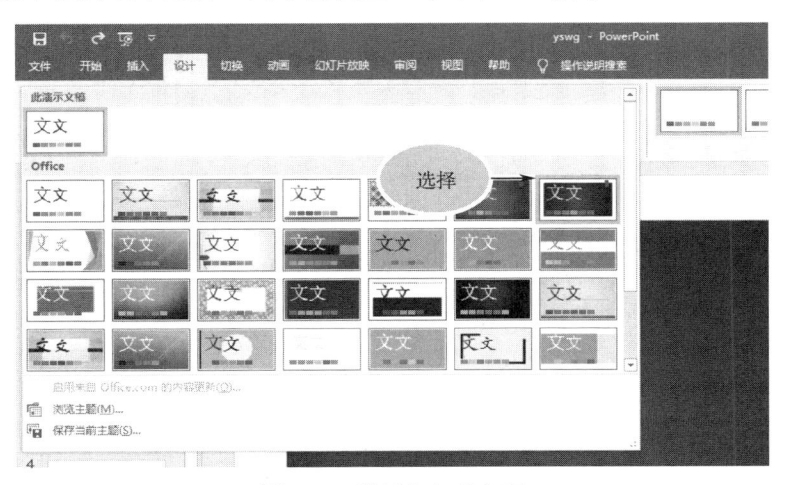

图 4-70　设置幻灯片主题

②选中第 1 张幻灯片，切换到"切换"选项卡，单击"切换到此幻灯片"组中的"其他"按钮，在下拉列表中选择"细微"下的"覆盖"；单击"效果选项"下拉按钮，在下拉列表中选择"从左上部"。在"计时"组中勾选"设置自动换片时间"复选框，设置时间为"00:05.00"，最后单击"应用到全部"按钮，如图 4-71 所示。

图 4-71 设置幻灯片切换效果

③切换到"设计"功能区，单击"自定义"组中的"幻灯片大小"下拉按钮，在下拉列表中选择"宽屏（16:9）"，在弹出的提示框中单击"确保适合"，如图 4-72 所示。

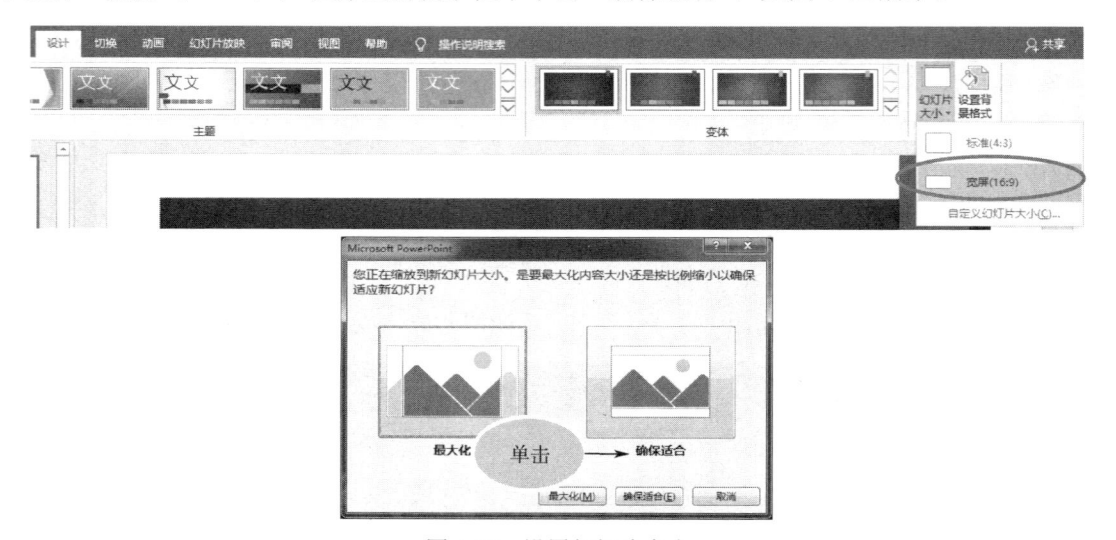

图 4-72 设置幻灯片大小

④切换到"幻灯片放映"选项卡，单击"设置"组中的"设置幻灯片放映"按钮，弹出"设置放映方式"对话框。在"放映类型"选项组选中"观众自行浏览（窗口）"单选按钮，单击"确定"按钮。

（2）将第 2 张幻灯片文本框中文字的，字体设置为"微软雅黑"，字体样式为"加粗"、字体大小为 24 磅，文字颜色设置成深蓝色（标准色），行距设置为"1.5 倍行距"。

操作步骤如下：

①选中第 2 张幻灯片中内容文本框内的文字，切换到"开始"选项卡，在"字体"组中

设置"字体"为"微软雅黑",设置"字号"为"24",单击"加粗"按钮,在"字体颜色"下拉列表中选择"深蓝色(标准色)"。

②单击"段落"组右下角的对话框启动器按钮,弹出"段落"对话框;在"间距"选项组中设置"行距"为"1.5倍行距",单击"确定"按钮。

(3)在第1张幻灯片后面插入一张新幻灯片,版式为"标题和内容",在标题处输入文字"目录",在文本框中按顺序输入第3到第8张幻灯片的标题,并且添加相应幻灯片的超链接。

操作步骤如下:

①将光标置于第1张幻灯片和第2张幻灯片之间,在"开始"选项卡中单击"幻灯片"组中的"新建幻灯片"下拉按钮,在下拉列表中选择"标题和内容"。在幻灯片的标题占位符中输入"目录",在文本占位符中按顺序输入第3到第8张幻灯片的标题。

②选中第2张幻灯片中的文字"培训目的",在"插入"选项卡的"链接"组中单击"链接"按钮,弹出"插入超链接"对话框;选中"链接到"选项组中的"本文档中的位置",在"请选择文档中的位置"列表框中选中"3.培训目的",单击"确定"按钮。按同样的操作,对其他5行内容添加相应的超链接。

(4)将第7张幻灯片的版式改为"两栏内容",在右侧栏中插入一个组织结构图,结构如图4-73所示,设置该结构图的颜色为"彩色填充-个性色2"。

操作步骤如下:

①选中第7张幻灯片,在"开始"选项卡中单击"幻灯片"组中的"版式"下拉按钮,在下拉列表中选择"两栏内容"。在该幻灯片的右侧占位符中单击"插入 SmartArt 图形"按钮,弹出"选择 SmartArt 图形"对话框,先选中"层次结构",再选中"组织结构图",单击"确定"按钮,如图4-73所示。

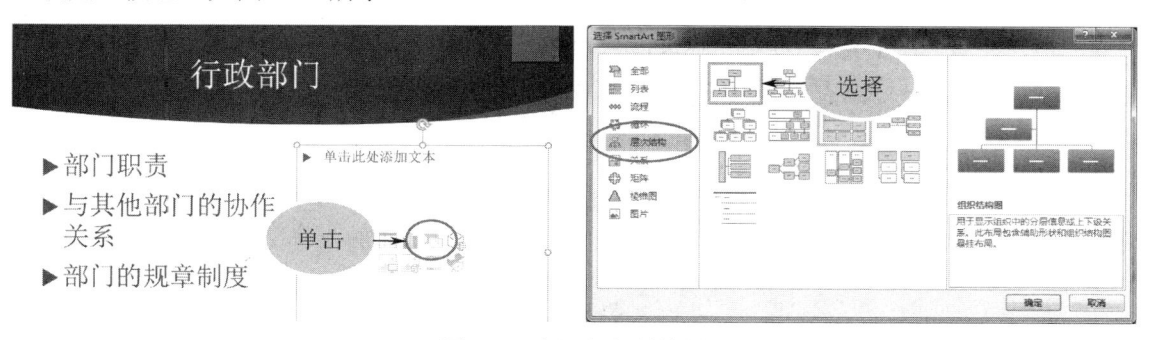

图4-73 插入组织结构图

②选中组织结构图中的第2个形状,按"Delete"键将其删除,然后按题目要求分别在4个形状中输入"经理办""人力资源""财务""后勤"。

③选中组织结构图,在"SmartArt 工具→设计"选项卡的"SmartArt 样式"组中单击"更改颜色"下拉按钮,在下拉列表中选择"个性色2"下的"彩色填充-个性色2"。

(5)为第7张幻灯片的组织结构图设置"进入"动画为"浮入",效果选项为"下浮",序列为"逐个级别";左侧文字设置"进入"动画为"出现";动画顺序是先文字后组织结构图。

操作步骤如下:

选中第7张幻灯片中的组织结构图,切换到"动画"选项卡,单击"动画"组中的"其他"按钮,在下拉列表中选择"进入"下的"浮入";单击"效果选项"按钮,在下拉列表中选择"下浮"和"逐个级别",如图 4-74 所示。同理,设置左侧文字的动画为"进入"下的"出现",然后单击"计时"组中的"向前移动"按钮。

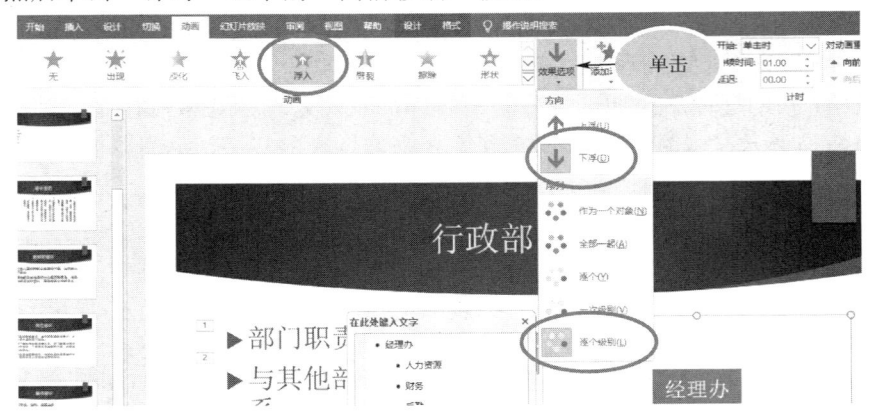

图 4-74　设置组织结构图动画效果

(6) 在第 8 张幻灯片中插入考生文件夹中的"考核.JPG"图片,设置图片尺寸"高度 7 厘米""锁定纵横比",位置设置为"水平 20 厘米""垂直 8 厘米",均为"自左上角";并为图片设置"强调"动画的"跷跷板"。

操作步骤如下:

①选中第 8 张幻灯片,在"插入"选项卡的"图像"组中单击"图片"按钮,弹出"插入图片"对话框,找到并选中文件夹中的"考核.JPG"文件,单击"插入"按钮。

②选中第 8 张幻灯片插入的图片,在"图片工具→格式"选项卡中单击"大小"组右下角的对话框启动器按钮,在窗口右侧出现的"设置图片格式"窗格中,设置"高度"为"7 厘米",默认勾选"锁定纵横比"复选框;再单击"位置"将其展开,设置"水平位置"为"20 厘米",从"左上角",设置"垂直位置"为"8 厘米",从"左上角",如图 4-75 所示。

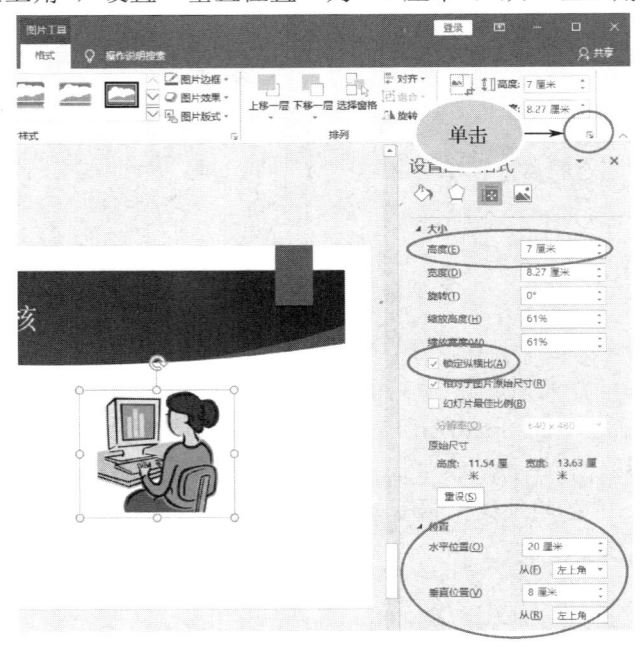

图 4-75　设置图片格式

③选中图片，切换到"动画"选项卡，单击"动画"组中的"其他"按钮，在下拉列表中选择"强调"下的"跷跷板"。

（7）在最后一张幻灯片后面加入一张新幻灯片，版式为"空白"，设置第9张幻灯片的背景为"羊皮纸"纹理；插入样式为"渐变填充：淡紫，主题色5，映像"的艺术字，文字为"谢谢观看"，文字大小为80磅，文本效果为"半映像，4磅偏移量"，并设置为"水平居中"和"垂直居中"。

操作步骤如下：

①将光标置于幻灯片窗格中第8张幻灯片之后，切换到"开始"选项卡，单击"幻灯片"组中的"新建幻灯片"下拉按钮，在下拉列表中选择"空白"。

②选中第9张幻灯片，切换到"设计"选项卡，单击"自定义"组中的"设置背景格式"按钮，在窗口右侧出现的"设置背景格式"窗格中选中"图片或纹理填充"单选按钮，在"纹理"在下拉列表中选择"羊皮纸"，如图4-76所示。

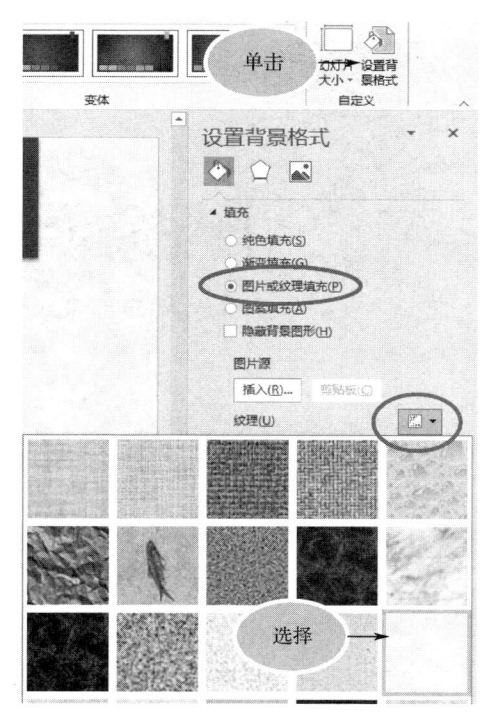

图4-76　设置幻灯片背景格式

③切换到"插入"选项卡，单击"文本"组的"艺术字"下拉按钮，在弹出的下拉列表中选择"渐变填充：淡紫，主题色5；映像"，如图4-77所示；在艺术字占位符中输入"谢谢观看"，在"开始"选项卡的"字体"组中将艺术字的"字号"设置为"80"。

④选中艺术字，在"绘图工具→格式"选项卡的"艺术字样式"组中，单击"文本效果"下拉按钮，在下拉列表中选择"映像"，再选择"映像变体"下的"半映像，4磅偏移量"，如图4-78所示。

图 4-77　设置艺术字样式

⑤选中艺术字，在"绘图工具→格式"选项卡中单击"排列"组中的"对齐"下拉按钮，在下拉列表中选择"水平居中"和"垂直居中"，如图 4-79 所示。

⑥保存并关闭 yswg.pptx 文件。

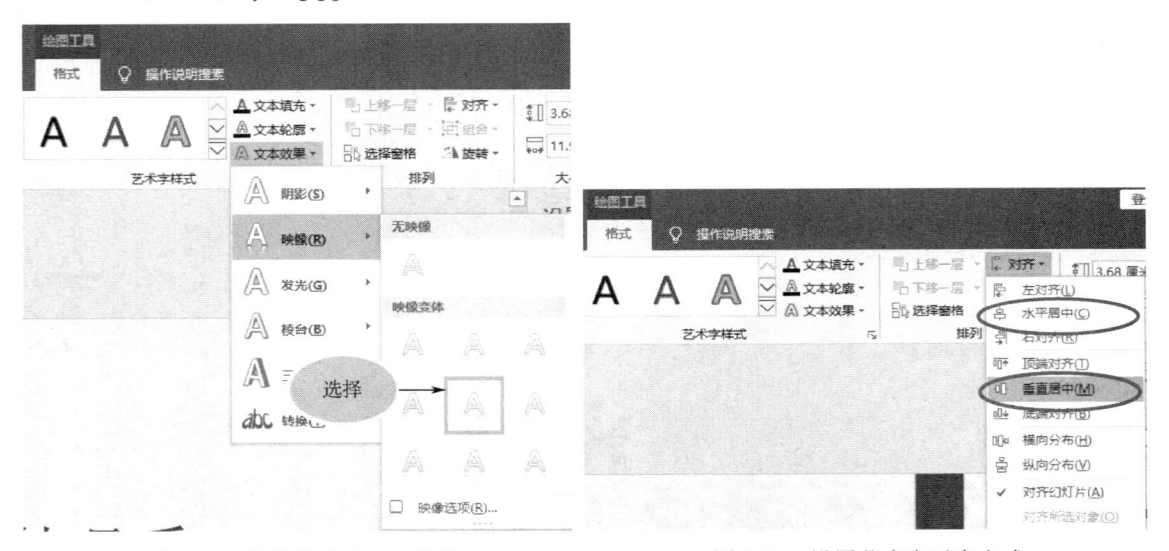

图 4-78　设置艺术字文本效果　　　　图 4-79　设置艺术字对齐方式

4.5　演示文稿应用实战训练

【任务导入】

张老师：小李，通过这段时间的学习，相信你已经掌握了演示文稿的设计方法了，今天将利用案例"企业培训计划"来进行综合训练，测试一下你对知识点的把握程度，并且有些内容，需要你自行设计，训练题目的终稿只是一个模板，可以借鉴，但是老师希望看到有你自己想法的作品，是否愿意接受挑战呢？

学生小李：张老师，我愿意接受挑战。

本次任务为实战训练，企业培训计划演示文稿完成效果如图 4-80 所示。

图 4-80　企业培训计划终稿

1. 实训目的

结合实际案例综合训练，提高实际综合运用能力。

2. 实训内容

（1）母版的应用：在幻灯片母版下，为标题幻灯片版式设置背景，背景选用素材文件中的"图片 1"，为标题幻灯片版式插入"图片 2"，最终效果如图 4-81 所示。

图 4-81　在母版下设置标题幻灯片的背景

除标题幻灯片外，请在每张幻灯片的右上角显示"图片 3"，效果如图 4-82 所示。

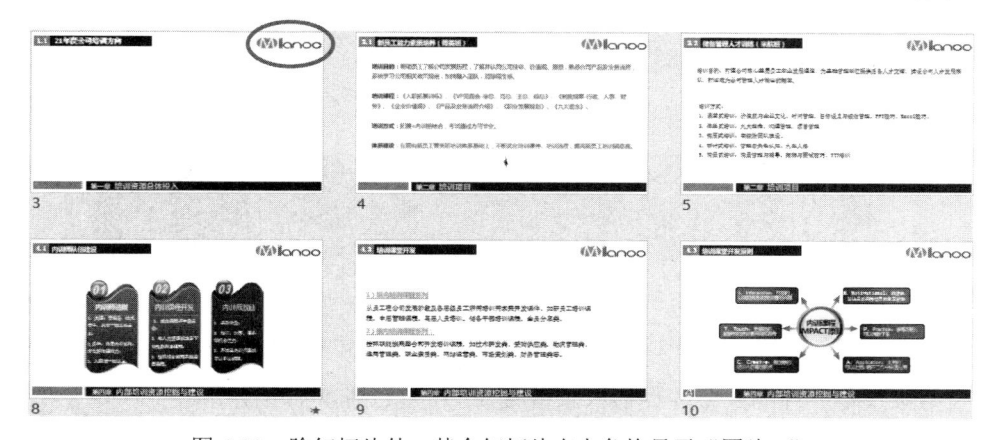

图 4-82　除幻灯片外，其余幻灯片右上角均显示"图片 3"

提高　请同学们自行根据需求将原有的幻灯片母版的版式进行修改，可适当运用形状，设计属于自己的母版，方案不限，要求简洁大方，色彩搭配合理，如图 4-83 所示。

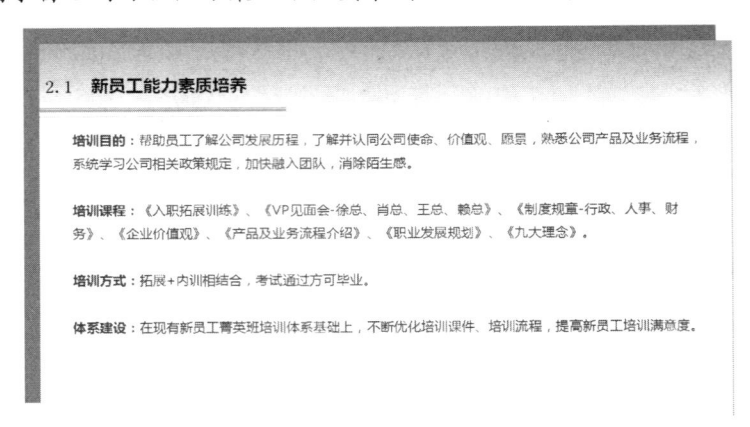

图 4-83　设计属于自己的母版

（2）插入文字及版式：将第一张幻灯片的"版式"设置为标题幻灯片，在副标题占位符中输入文字"某网站 2021 年培训计划"，字体设置为"微软雅黑，32 号，加粗"；按回车键后输入下一行文字"人力资源部"，字体设置为"微软雅黑，28 号"，效果如图 4-84 所示。

图 4-84　文字版式最终效果

（3）幻灯片中对象的插入及设置：

① 为第 2 张幻灯片添加形状，并添加颜色及更改形状（此部分形状可自行设计选择，不要求与原版一致），效果如图 4-85 所示，仅供参考。

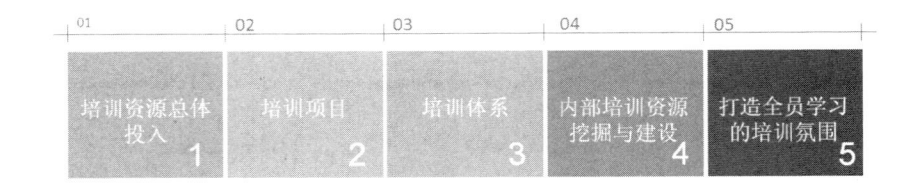

图 4-85　第 2 张幻灯片"目录"的最终效果（仅供参考）

② 为第 2 张幻灯片插入备注"插入超链接"，效果如图 4-86 所示。

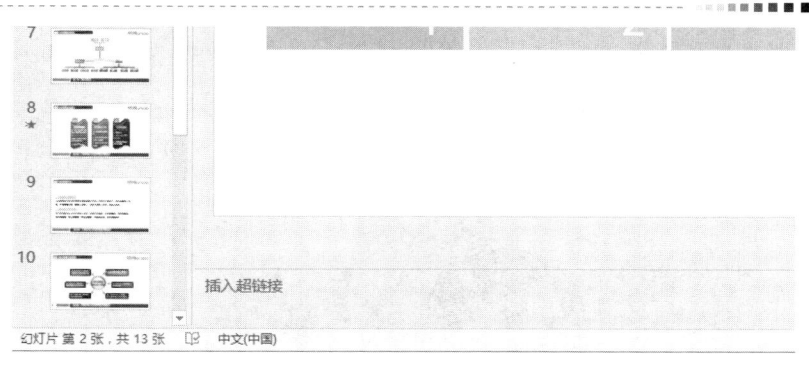

图 4-86　第 2 张幻灯片插入备注的最终效果

③为第 3 张幻灯片插入图表，利用素材中的电子表格制作三维饼图，图表标签显示"类别名称"、"值"和"显示引导线"，设置图表样式为"样式 6"，不显示图例，设置图表高度 10 厘米、宽度 15 厘米，效果如图 4-87 所示。

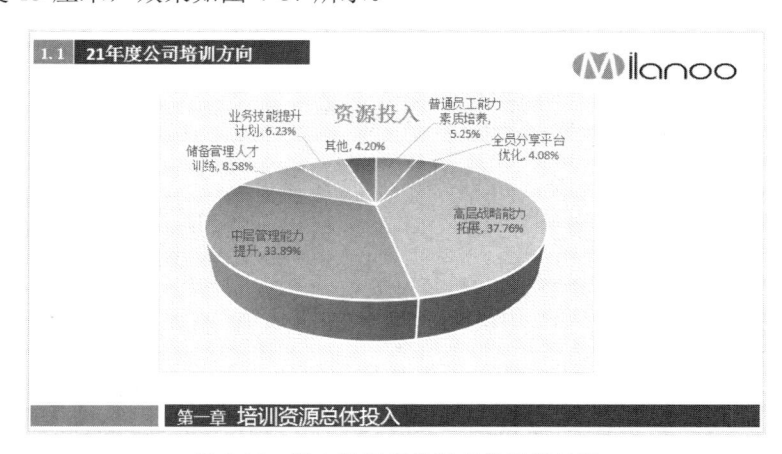

图 4-87　第 3 张幻灯片图表的最终效果

④由于第 5 张幻灯内容文字过多，因此需将"培训方式"文字内容转换为 SmartArt 图形。SmartArt 图形自选，效果如图 4-88 所示，仅供参考。

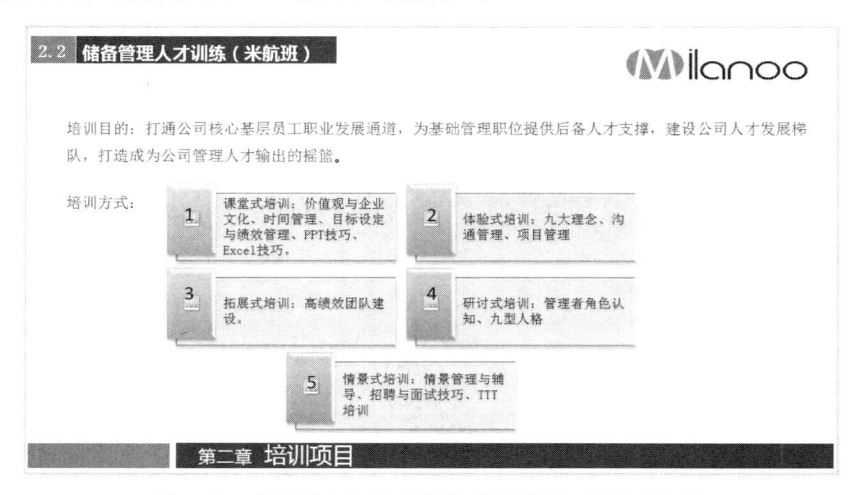

图 4-88　第 5 张幻灯片内容的最终效果（仅供参考）

⑤为第 9 张幻灯片插入"图片 4"及"图片 5",并重新设计第 9 张幻灯片的版面(可自行设计)。效果如图 4-89 所示,仅供参考。

图 4-89　第 9 张幻灯片最终效果(仅供参考)

⑥为第 12 张幻灯片添加艺术字"2021 年度培训大纲及预算请详见 excel 表格",并设置图片 1 作为幻灯片背景,自行选择艺术字,不做要求。效果如图 4-90 所示,仅供参考。

图 4-90　第 12 张幻灯片最终效果(仅供参考)

⑦插入表格:为第 13 张幻灯片添加表格,内容参照素材中的"表格文字.docx",表格样式可自行设计,效果如图 4-91 所示,仅供参考。

图 4-91　第 13 张幻灯片最终效果(仅供参考)

（4）动画设置：

①为第 5 张幻灯片中的 SmartArt 图形及图形中所有的文本框设置动画，均设置为"进入→浮入"，方向为"下浮"，序列为"作为一个对象"，动画开始为"单击时"。

②为第 6 张幻灯片中左下侧带有颜色的 3 个圆形及文本框设置动画，依次设置为"进入→缩放"，动画开始为"上一动画之后"。将右侧 SmartArt 图形动画设置为"进入→形状"，形状为"圆形"，方向为"放大"，序列为"作为一个对象"。

③将第 9 张幻灯片的两张图片动画设置为"进入→回旋"，持续时间为"4s"。其中左侧图片 4 设置为"上一动画之后"，右侧图片设置为"与上一动画同时"。中间形状"两者结合"设置为"进入→淡出"，"上一动画之后"（此处的动画设计可以自行选择，根据自己设计的版面设计动画效果，题目只作为参考）。

④为第 10 张幻灯片中的图形设置动画，6 个箭头中，先选择其中一个箭头设置动画为"进入→缩放"，"上一动画之后"。然后设计其余 5 个箭头，动画效果与第一个箭头一样，但是，动画的播放更改为"与上一动画同时"，这样才能保证 6 个箭头同时出现。按同样的方法设置箭头指向的 6 个矩形。

（5）超链接设置：为第 2 张幻灯片中的每项目录内容设置链接，分别为目录 1 链接到第 3 张幻灯片，目录 2 链接到第 4 张幻灯片，目录 3 链接到第 7 张幻灯片，目录 4 链接到第 8 张幻灯片，目录 5 链接到第 11 张幻灯片。

依据演讲者习惯，需设置动作按钮：分别在第 3 张、第 6 张、第 7 张、第 10 张幻灯片设置动作按钮，均链接到第 2 张幻灯片。

（6）可自行选择幻灯片切换效果，设置幻灯片放映方式为观众自行浏览。

3. 实训步骤

（1）母版的应用：在幻灯片母版下，为标题幻灯片版式设置背景，背景选用素材文件中的"图片 1"。为标题幻灯片版式插入"图片 2"，最终效果如图 4-81 所示。

除标题幻灯片外，请在每张幻灯片的右上角显示"图片 3"，效果如图 4-82 所示。

提高 请同学们自行根据需求将原有的幻灯片母版的版式进行修改，可适当运用形状，设计属于自己的母版，方案不限，要求简洁大方，色彩搭配合理，如效果图 4-83 所示。

操作步骤如下：

①进入幻灯片母版视图：单击"视图"选项卡→"母版视图"组→"幻灯片母版"。

②选择第 2 张"标题幻灯片版式"的母版，单击鼠标右键，在打开的快捷菜单中选择"设置背景格式"，在窗口右侧出现"设置背景格式"窗格，选中"图片或纹理填充"单选按钮，勾选"隐藏背景图形"，单击"插入"按钮，弹出"插入图片"窗口，单击"从文件→浏览"，依据路径找到"图片 1"，单击"插入"按钮，如图 4-92 所示。

③选择第 2 张"标题幻灯片版式"的母版，单击"插入"选项卡→"图像"组→"图片"，在弹出的"插入图片"窗口中依据路径找到"图片 2"，单击"插入"按钮，将图片移至副标题占位符上方位置，如图 4-93 所示。

④选择第 1 张幻灯片母版，单击"插入"选项卡→"图像"组→"图片"，在弹出的"插入图片"窗口中依据路径找到"图片 3"，单击"插入"按钮，将图片移至幻灯片右上角区域位置。

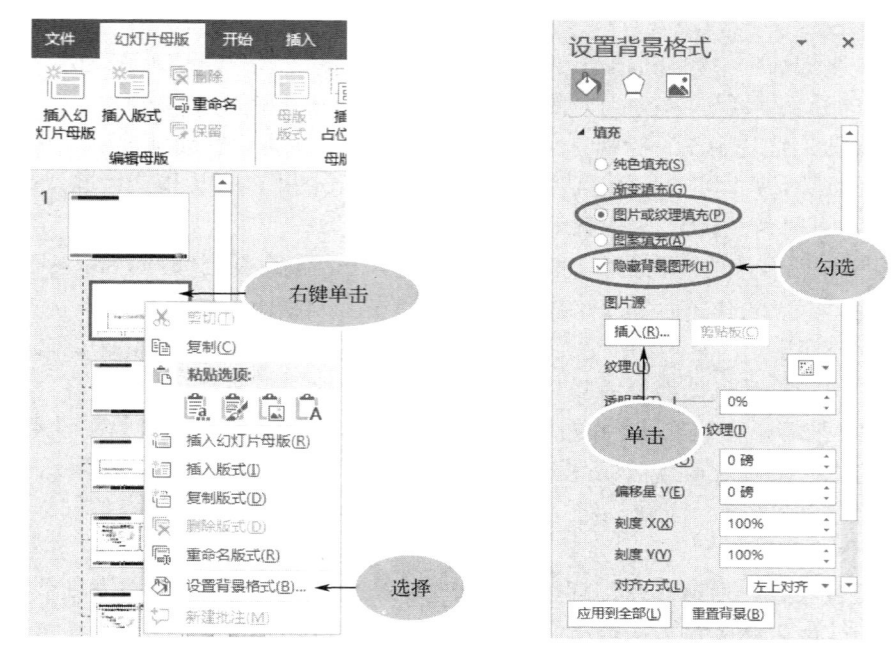

图 4-92　设置标题幻灯片母版

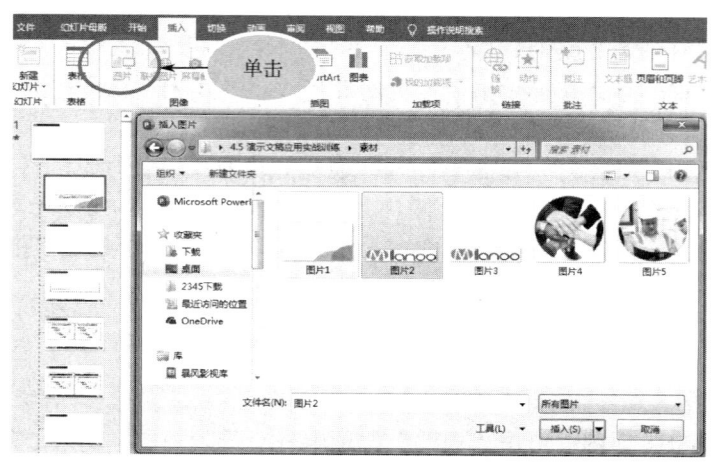

图 4-93　为标题幻灯片母版插入图片

【提高】部分解题步骤如下：

在幻灯片母版下，可为每个不同的版式设置界面，可通过形状、图片等设计属于自己的模板，也可以上网借鉴别人的幻灯片作品，为自己的幻灯片增加一些设计灵感。在图 4-83 中，采用的是矩形及复合型直线，并且矩形使用了渐变的颜色进行填充。

（2）插入文字及版式：将第 1 张幻灯片的"版式"设置为标题幻灯片，在副标题占位符中输入文字"某网站 2021 年培训计划"，字体设置为"微软雅黑，32 号，加粗"；按回车键后输入下一行文字"人力资源部"，字体设置为"微软雅黑，28 号"，效果如图 4-84 所示。

操作步骤如下：

①关闭母版视图，选中第 1 张幻灯片，单击"开始"选项卡下"幻灯片"组的"版式"，在下拉列表中选择"标题幻灯片"。

②单击副标题位置输入文字,并在"开始"选项卡的"字体"组中设置字体及字号。

(3) 幻灯片中对象的插入及设置:

①为第 2 张幻灯片添加形状,并添加颜色及更改形状(此部分形状可自行设计选择,不要求与原版一致),效果如图 4-85 所示,仅供参考。

操作步骤如下:

单击"插入"选项卡→"插图"组→"形状",在下拉列表中选择自己中意的形状插入其中。效果图中的形状为"矩形",从左至右颜色依次为"橙""橙色,个性色 6,淡色 40%""红色,个性色 2,淡色 60%""白色,背景 1,深色 35%""水绿色,个性色 5,深色 25%"。然后在形状中插入文本框输入文字。

②为第 2 张幻灯片插入备注"插入超链接",效果如图 4-86 所示。

操作步骤如下:

在第 2 张幻灯片中单击备注区,输入文字"插入超链接"。

③为第 3 张幻灯片插入图表,利用素材中的电子表格制作三维饼图,图表标签显示"类别名称""值""显示引导线",设置图表样式为"样式 6",不显示图例,设置图表高度为 10 厘米,宽度为 15 厘米,效果如图 4-87 所示。

操作步骤如下:

◆ 单击"插入"选项卡→"插图"组→"图表",弹出"插入图表"对话框,单击对话框左侧的"饼图",在右侧选择"三维饼图",单击"确定"按钮,如图 4-94 所示。

◆ 弹出 Excel 工作簿"Microsoft PowerPoint 中的图表",打开素材中的电子表格,复制其中的内容,并粘贴到工作簿中,关闭 Excel,如图 4-95 所示。

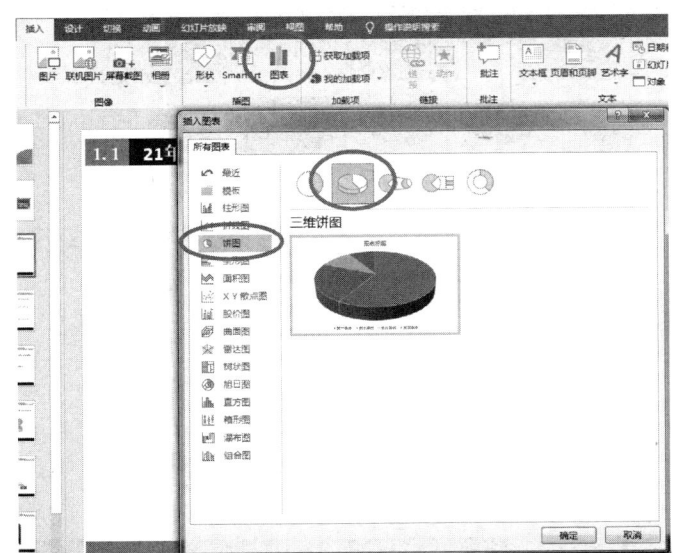

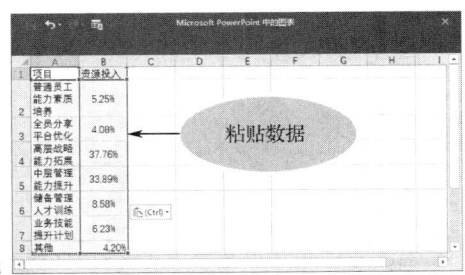

图 4-94 创建图表　　　　图 4-95 编辑图表数据

◆ 选中图表,在"图表工具→设计"选项卡的"图表布局"组中,单击"添加图表元素"下拉按钮,在下拉列表中选择"数据标签"→"其他数据标签选项",在窗口右侧出现的"设置数据标签格式"窗格中,勾选"类别名称""值""显示引导线"复选框,关闭窗格,如图 4-96 所示。

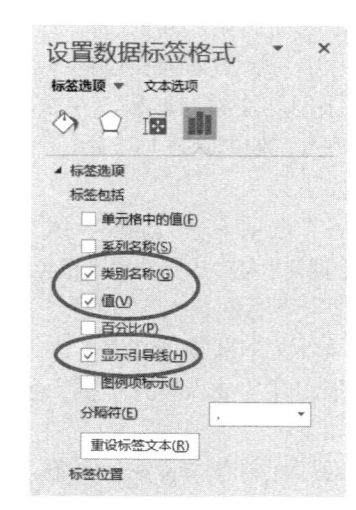

图 4-96　设置图表数据标签

◆ 选中图表，在"图表工具→设计"选项卡的"图表样式"组中选择"样式 6"，如图 4-97 所示。

◆ 在"图表布局"组中，单击"添加图表元素"下拉按钮，在下拉列表中选择"图例"→"无"，如图 4-98 所示。

◆ 选中图表，在"图表工具→格式"选项卡的"大小"组中，设置"形状高度"为"10 厘米"，设置"形状宽度"为"15 厘米"，如图 4-99 所示。

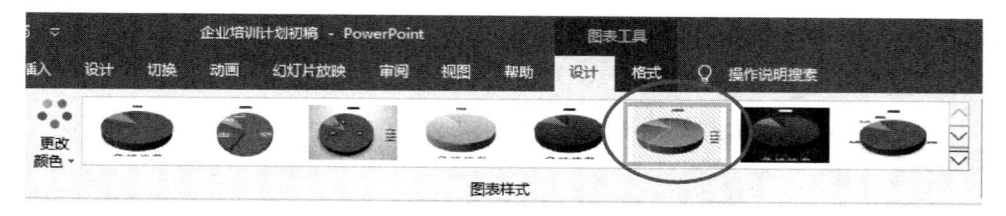

图 4-97　设置图标样式

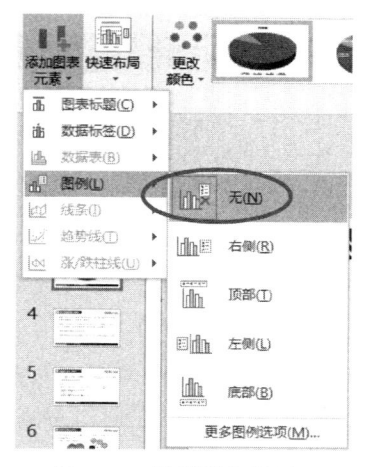

图 4-98　设置图表图例　　　　　　　　图 4-99　设置图表大小

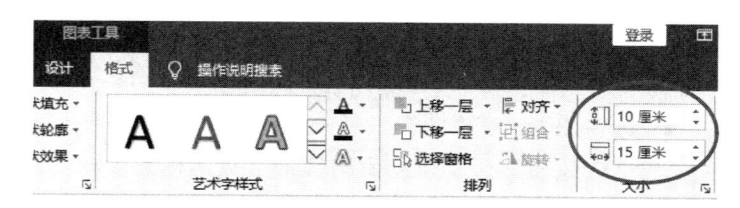

④由于第 5 张幻灯片的内容文字过多，需将"培训方式"文字内容转换为 SmartArt 图形。SmartArt 图形自选，如图 4-88 所示，仅供参考。

操作步骤如下：

建议先将第 5 张幻灯片复制、粘贴（方便在设计 SmartArt 图形时输入文字），删掉第 5 张幻灯片的"培训方式"文字，单击"插入"选项卡→"插图"组→"SmartArt"，在列表中选择任一列表模板进行设置，输入相应的文字。

⑤为第 9 张幻灯片插入"图片 4"及"图片 5"，并重新设计第 9 张幻灯片的版面（可自行设计），效果如图 4-89 所示，仅供参考。

操作步骤如下：

此环节可自行设置，单击"插入"选项卡→"图像"组→"图片"，弹出"插入图片"对话框，在地址栏中选择图片所在的位置，选中"图片 4"，单击"插入"按钮。以同样的步骤插入"图片 5"。将两端文字及图片移至如图 4-89 所示位置。插入椭圆，并在椭圆上插入文本框编辑文字。

⑥为第 12 张幻灯片添加艺术字"2021 年度培训大纲及预算请详见 excel 表格"，并设置"图片 1"作为幻灯片背景，自行选择艺术字，不做要求。效果如图 4-90 所示，仅供参考。

操作步骤如下：

◆ 单击"插入"选项卡下"文本"组中的"艺术字"，在下拉列表中选择任一种艺术字后输入文字即可。

◆ 右击幻灯片编辑区，在展开的列表中单击"设置背景格式"，在窗口右侧出现"设置背景格式"窗格，选中"图片或纹理填充"单选按钮，单击"插入"按钮，依据路径找到"图片 1"，单击"插入"按钮。

⑦插入表格：为第 13 张幻灯片添加表格，内容参照素材中的"表格文字.docx"，表格样式可自行设计，效果如图 4-91 所示，仅供参考。

操作步骤如下：

◆ 单击"插入"选项卡下的"表格"按钮，在下拉列表中选择"插入表格"，打开"插入表格"对话框。设置"列数"为"9"，设置"行数"为"7"，单击"确定"按钮。

◆ 打开素材中的"表格文字.docx"，将文字粘贴至相应区域。

◆ 在"表格工具"中的"布局"菜单下可设置表格文字对齐方式及行列宽。

◆ 要设置表格样式，可在"表格工具"中的"设计"菜单下自动套用系统中已有的表格样式。

（4）动画设置：此部分具体操作步骤见实训 4.3 节。

（5）超链接及动作按钮：此部分具体操作步骤见实训 4.3 节。

（6）可自行选择幻灯片切换效果，设置幻灯片放映方式为观众自行浏览：此部分具体操作步骤见实训 4.3 节。

4.6 PowerPoint 2016 相关知识

4.6.1 PowerPoint 2016 简介

PowerPoint 是一款由微软公司推出的文档演示软件，简称为 PPT。用户可以在投影仪或者计算机上进行演示，也可以将演示文稿打印出来，制作成胶片，以便应用到更广泛的领域中。利用 PowerPoint 不仅可以创建演示文稿，还可以在互联网上召开面对面会议、远程会议或在网上给观众展示演示文稿。演示文稿中的每一页叫作幻灯片，每张幻灯片都是演示文稿中既相互独立又相互联系的内容。

一套完整的 PPT 文件一般包含片头动画、PPT 封面、前言、目录、过渡页、图表页、图片页、文字页、封底、片尾动画等；所采用的素材有文字、图片、图表、动画、声音、影片等。PPT 已成为人们工作生活的重要组成部分，在工作汇报、企业宣传、产品推介、婚礼庆典、项目竞标、管理咨询等领域都有应用。

4.6.2 PowerPoint 2016 窗口

1. 了解 PowerPoint 2016 主界面

PowerPoint 2016 主界面由快速访问工具栏、标题栏、功能选项区、幻灯片编辑区、视图窗格、备注窗格和状态栏等几个部分组成，如图 4-100 所示。

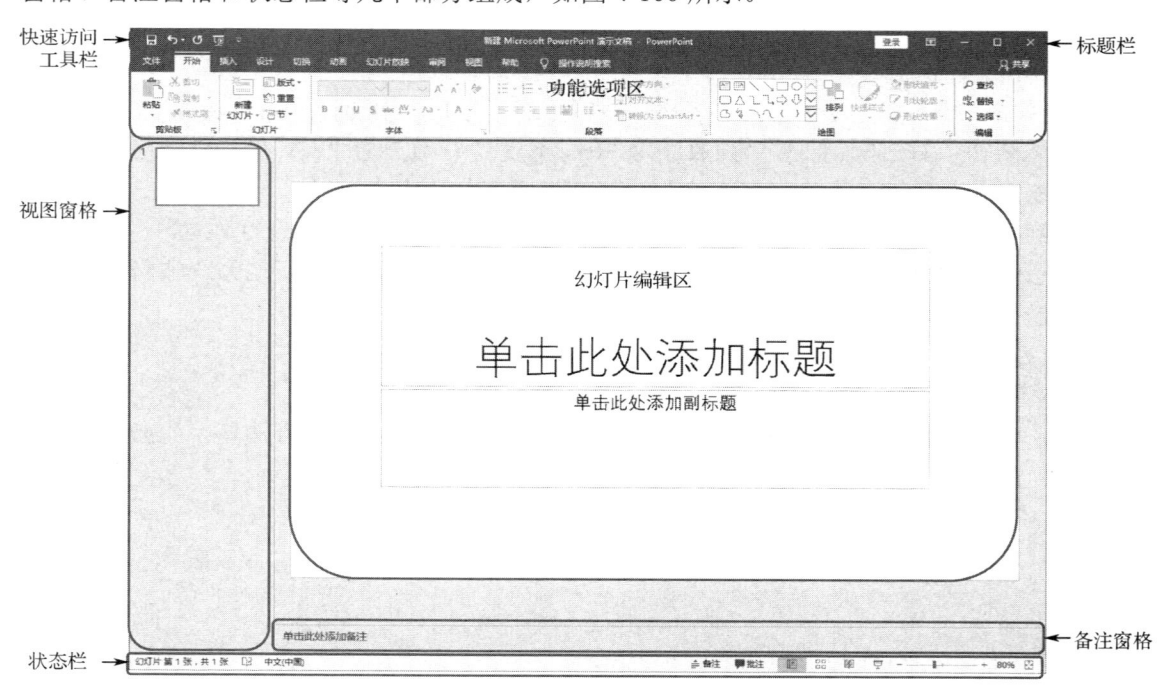

图 4-100　PowerPoint 2016 主界面介绍

➢ 主界面各功能区域介绍：

（1）快速访问工具栏：位于主界面左上角，用于显示常用工具。默认情况下，快速访问工具栏中 ⊞ ⌒ ⌒ ⌒ ⌒ 从左至右依次是"保存""撤销""恢复""从头开始"4个快捷按钮，最后一个箭头向下的图标为"自定义快速访问工具栏"，用户还可以根据自己的操作习惯自行添加其他内容至快速访问工具栏中。

（2）标题栏：该区域主要由标题和窗口控制按钮（ ─ ▢ ✕ ）组成，标题用来显示当前编辑的演示文稿名称。窗口控制按钮从左至右依次为"最小化""最大化/还原""关闭"按钮，用来执行窗口的相关操作。

（3）功能选项区：PowerPoint 2016 的功能区由多个选项卡组成，每个选项卡包含了不同的工具按钮。选项卡位于标题栏下方，由"开始""插入""设计"等选项卡组成。单击各个选项卡名，即可切换到相应的选项卡。

（4）幻灯片编辑区：PowerPoint 窗口中间的白色区域为幻灯片编辑区，该部分是演示文稿的核心部分，主要用于显示和编辑当前显示的幻灯片。

（5）视图窗格：该区域位于幻灯片编辑区的左侧，包含"大纲""幻灯片"两个选项卡，用于显示演示文稿的幻灯片数量及位置。视图窗格打开时一般默认显示"幻灯片"选项卡，它会在该窗格以缩略图的形式显示当前所有幻灯片，用户可以在此处阅览自己的设计效果。在"大纲"选项卡中，将以大纲的形式列出当前演示文稿中的所有幻灯片。

（6）备注窗格：位于幻灯片编辑区的下方，通常用于为幻灯片添加注释说明，比如幻灯片的内容摘要等。将鼠标指针停放在视图窗格或备注窗格与幻灯片编辑区之间的窗格边界线上，拖动鼠标可调整窗格的大小。

（7）状态栏：该区域位于幻灯片窗口底端，用于显示幻灯片当前页面的信息。状态栏右端为视图按钮（ ▣ ▦ ▭ ）和缩放比例按钮（ ─ ──┼── + 81% ▣ ），用鼠标拖动缩放比例滑决，可以调节幻灯片显示的比例。单击状态栏右侧的按钮，可以使幻灯片显示比例自动适应当前窗口的大小。

2．PowerPoint 2016 视图模式

PowerPoint 2016 视图模式指的是显示演示文稿的方式，分别为"普通视图""幻灯片浏览""阅读视图""幻灯片放映"，各种视图功能不同，可应用于创建、编辑放映或者预览演示文稿。

➢ 普通视图

该视图是 PowerPoint 2016 打开时默认的视图模式，该视图主要用于编辑、撰写演示文稿，如图 4-101 所示。

➢ 幻灯片浏览

在该视图下，可以演示文稿中所有的幻灯片，以及可在此视图模式下调整幻灯片的前后顺序，但无法编辑幻灯片，如图 4-102 所示。

➢阅读视图

以窗口的形式来播放演示文稿的放映效果，在播放过程中，同时可以查看演示文稿的动画、切换等效果，如图 4-103 所示。

➢ 幻灯片放映

以全屏的模式播放演示文稿，可在此视图模式下查看所有的动画和切换等幻灯片的效果，如图 4-104 所示。

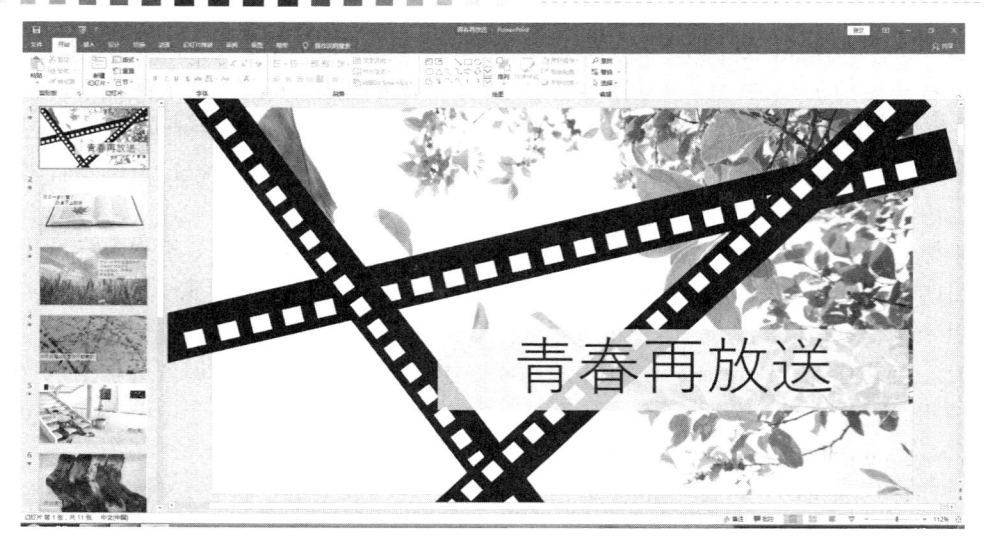

图 4-101　演示文稿"普通视图"界面

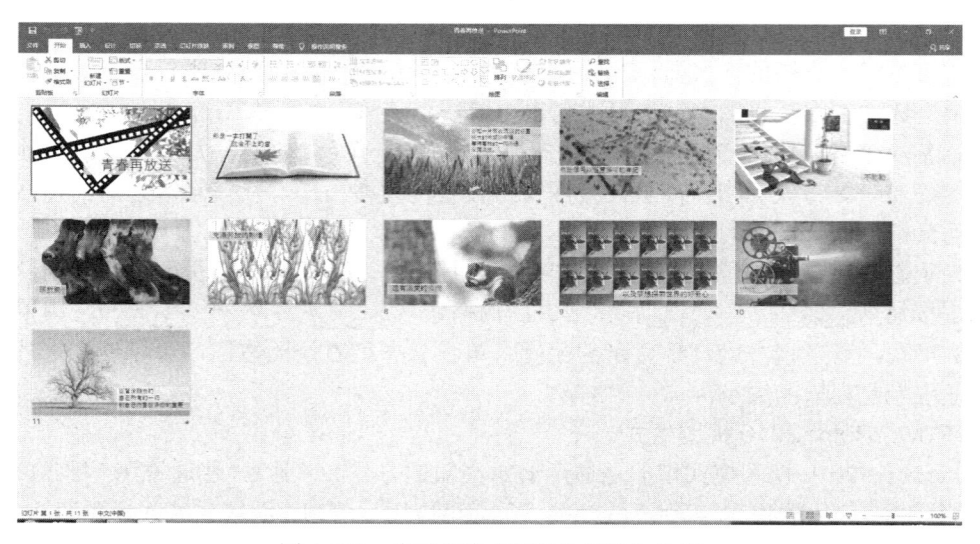

图 4-102　演示文稿"幻灯片浏览"界面

图 4-103　演示文稿"阅读视图"界面 　　　　图 4-104　演示文稿"幻灯片放映"界面

3．幻灯片母版

当用户新建一个 PPT 演示文稿,通过(视图选项卡/母版视图/幻灯片母版)打开幻灯片母版设计视图,如图 4-106 所示。

(1)主题:是一组统一的设计元素,使用颜色、字体和图形效果统一设置文档的外观。

新建的演示文档默认使用 Office 主题，它包含了特有的幻灯片母版和幻灯片版式信息。

（2）幻灯片版式包含要在幻灯片上显示的全部内容的格式设置、位置和占位符。用户可以将幻灯片版式应用到演示文档中的幻灯片上，将来可以对每张幻灯片进行统一的样式更改。

（3）占位符是版式中的容器，可容纳文本（包括正文文本、项目符号列表和标题）、表格、图表、SmartArt 图形、影片、声音、图片及剪贴画等内容，如图 4-105 所示。

在母版视图状态下，从左侧的预览中可以看出，PowerPoint 2016 提供了多张默认幻灯片母版页面。其中第 1 张为基础页，对它进行的设置，会自动在其余的页面上显示。

在母版中，第 2 张一般用于封面，所以我们想要使封面不同于其他页面，只需在第 2 张母版页单独插入一张图片覆盖原来的。我们可以看到，只有第 2 张发生了变化，其余的还是保持原来的状态。

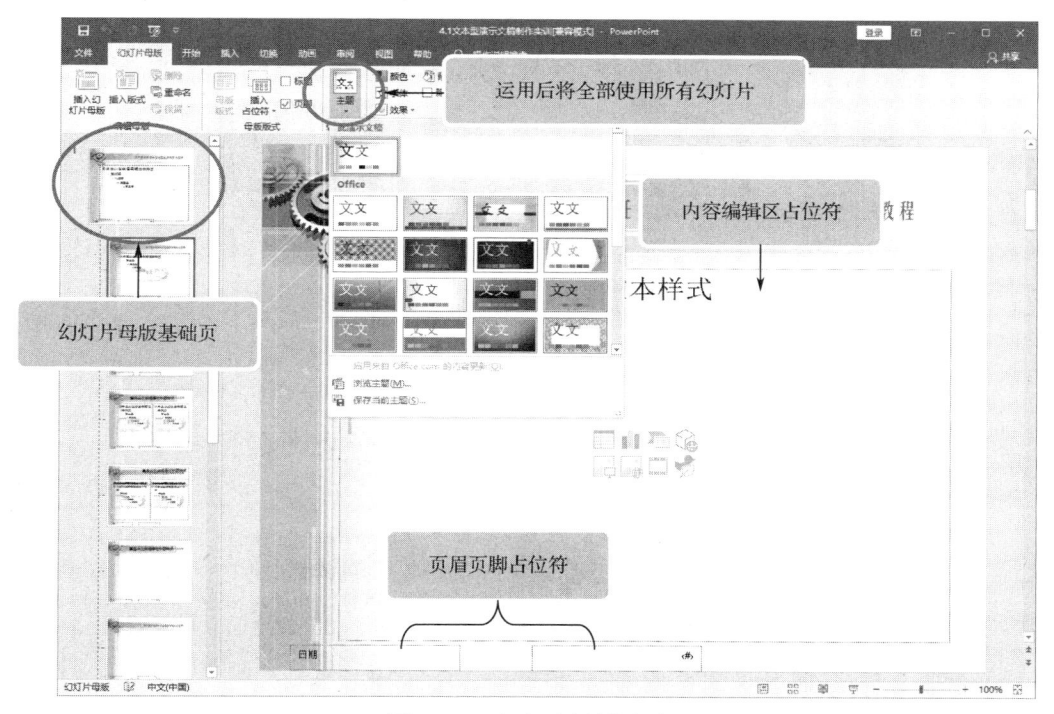

图 4-105　幻灯片母版界面

4.6.3　PowerPoint 2016 常用操作概览

1. 创建空白演示文稿

（1）启动 PowerPoint 2016 后，会默认新建一个空白的演示文稿，在其中只包含一张没有任何内容的幻灯片，以方便用户自行设计。

（2）用户也可手动自行创建空白演示文稿，具体操作步骤为：单击"文件"→"新建"菜单，在右侧"新建"区域选择"空白演示文稿"选项，如图 4-106 所示。

2. 根据联机模板和主题新建演示文稿

模板是指幻灯片外观及内容上已经提前设计好的文件，PowerPoint 2016 中内置了大量联机模板，可在设计不同类别的演示文稿的时候选择使用，既美观漂亮，又节省了大量时间。

201

下面介绍由联机模板创建演示文稿的具体操作步骤:

单击"文件"→"新建"菜单,在右侧"新建"区域显示了多种 PowerPoint 2016 的联机模板样式,选择相应的联机模板,即可弹出模板预览界面,选择模板类型,在右侧预览框中可查看预览效果,单击"创建"按钮,即可使用联机模板创建演示文稿,如图 4-107 所示。

图 4-106　手动创建演示文稿

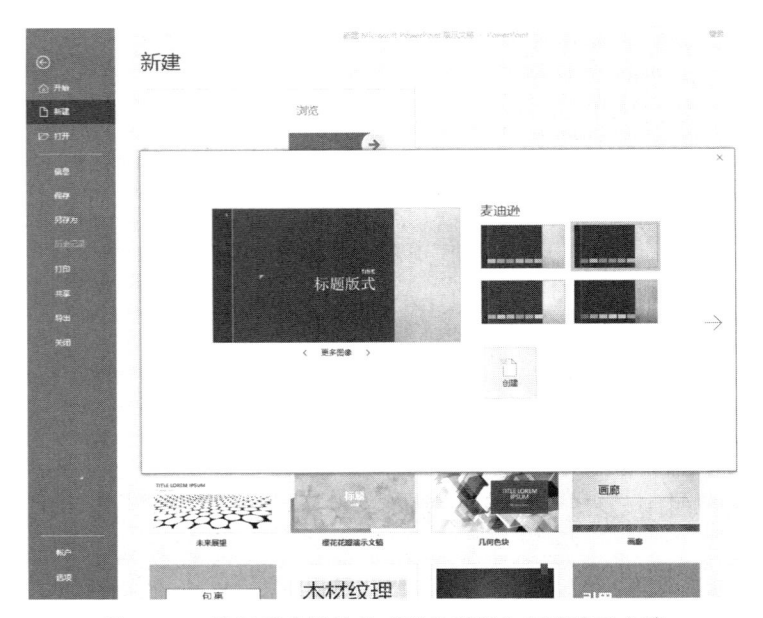

图 4-107　根据系统提供的"联机模板"创建演示文稿

提示　　在"新建"选项卡下的文本框中输入联机模板或主题名称,然后单击"搜索"按钮即可快速找到需要的模板或主题。

3. 新建幻灯片

当用户创建空白演示文稿后，打开幻灯片的第一步便是新建幻灯片，幻灯片的数量由用户所设计的内容决定，可以随意根据内容自行添加。主要有以下三种方式。

（1）在空白演示文稿中新建幻灯片。

打开创建好的空白演示文稿后，按键盘上的回车键，即可新建一张幻灯片，或者使用鼠标单击"幻灯片编辑区"最中间的那一行字"单击此处添加第一张幻灯片"，也可新建一张幻灯片，如图4-108所示。

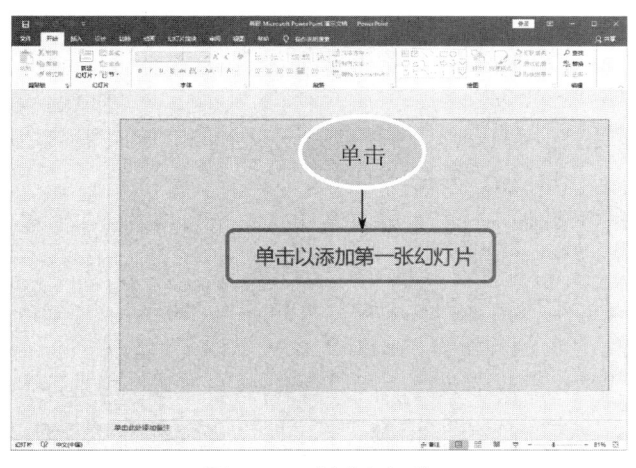

图4-108 新建幻灯片

（2）利用"开始"选项卡下的"新建幻灯片"命令新建。

若需要新建不同版式的幻灯片，可在"开始"选项卡下单击"新建幻灯片"按钮，在其下拉菜单中，选择合适的版式，版式有很多种，例如"标题和内容""两栏内容"等，用户可在设定好的版式下设计自己的演示文稿内容，如图4-109所示。

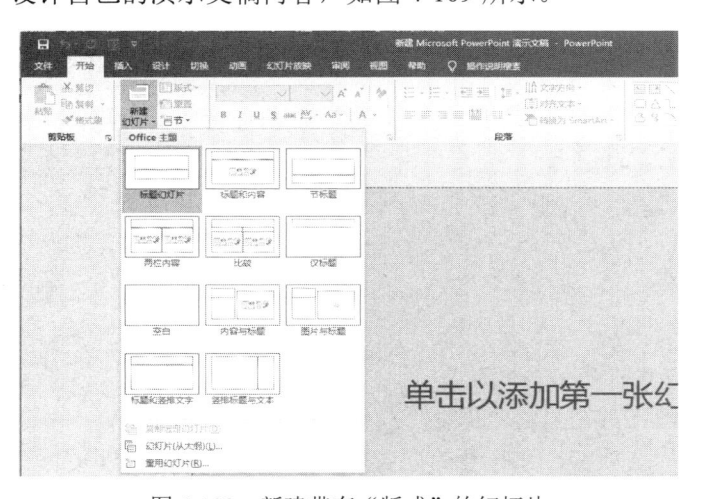

图4-109 新建带有"版式"的幻灯片

（3）在现有演示文稿的任意位置新建幻灯片。

用户时常在设计演示文稿途中会新建幻灯片，也就是在已有内容的基础上新建幻灯片，操作步骤也很简单，此时先选择某张幻灯片，随后在该幻灯片上按键盘上的"Enter"键即可，或者将鼠标指针置于某张幻灯片上右击，在打开的快捷菜单中选择"新建幻灯片"命令，即可插入一张新的幻灯片，如图 4-110 所示。

4．移动幻灯片

用户在设计演示文稿的过程中，有时候为了内容，会适当地对演示文稿的前后顺序进行调整，即移动幻灯片，具体操作步骤如下：

（1）在"幻灯片浏览"视图下移动幻灯片，只需将鼠标指针放置在所需移动的幻灯片处，按下鼠标左键不放，移动到相应位置松开鼠标即可。

（2）在"视图窗格"下的幻灯片选项卡处，将鼠标指针放置在所需移动的幻灯片处，按下鼠标左键不放，移动到相应位置松开鼠标即可。

5．复制、粘贴、删除幻灯片

复制、粘贴及删除幻灯片的操作，只需选择需要更改的幻灯片，右击鼠标，便可看到复制和删除幻灯片的命令，具体操作如图 4-111 所示。

粘贴幻灯片是在完成复制命令后进行的，右击鼠标，可看见粘贴选项有三种：

：使用目标主题，之前已复制好的幻灯片将会按照现有幻灯片格式粘贴。

：保留源格式，之前所复制好的幻灯片还会以原来幻灯片所带有的格式粘贴。

：以图片的形式粘贴在现有幻灯片中，不能对该幻灯片再进行内容上的修改。

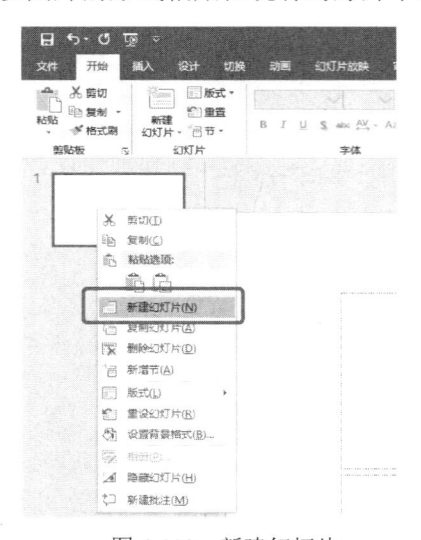

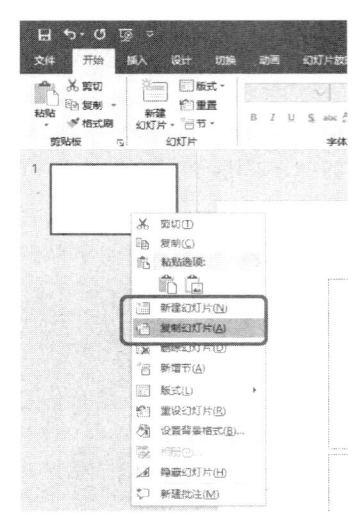

图 4-110　新建幻灯片　　　　　图 4-111　复制、删除幻灯片

6．保存幻灯片

（1）基本保存方式。

- 单击快速访问工具栏上的"保存" 按钮。
- 单击"文件"选项卡，在打开的列表中选择"保存"选项即可保存幻灯片。
- 利用快捷键"Ctrl+S"进行保存。
- 利用"另存为"命令更改演示文稿的保存路径。

（2）自动保存。

在 PowerPoint 2016 中，用户可以设置自动保存时间，设置后，演示文稿便会每隔一定时间自行保存，这个十分重要，可以有效避免因意外情况（比如电脑突然断电等）的发生而导致设计好的文稿内容丢失。

操作步骤依次为单击"文件"→"选项",在弹出的"PowerPoint 选项"对话框中,单击左侧的"保存"选项,在"保存自动恢复信息时间间隔"文本框中进行设置,最后单击"确定"按钮即可。具体操作步骤如图 4-112 所示。

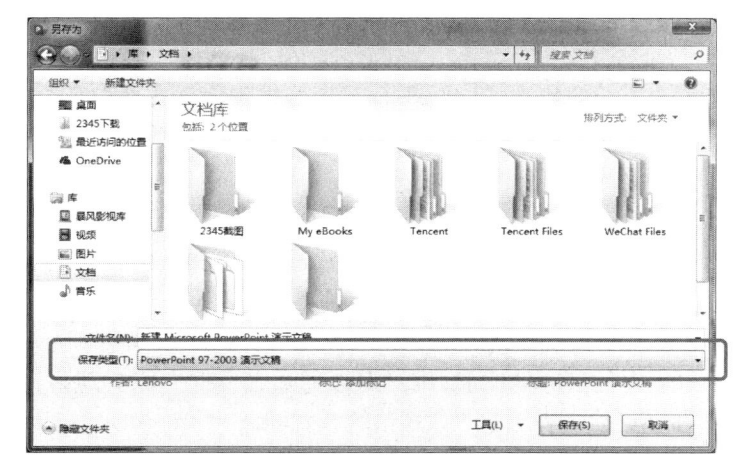

(3) 保存为与 PowerPoint 97-2003 完全兼容的文档。

若其他计算机未安装 PowerPoint 2016,只安装了 2003 版本甚至可能是 2000 版本的幻灯片,则幻灯片无法打开。为了解决这一问题,用户在保存过程中,选择"另存为"命令,然后选择"PowerPoint 97-2003 演示文稿"的保存类型,如图 4-113 所示。

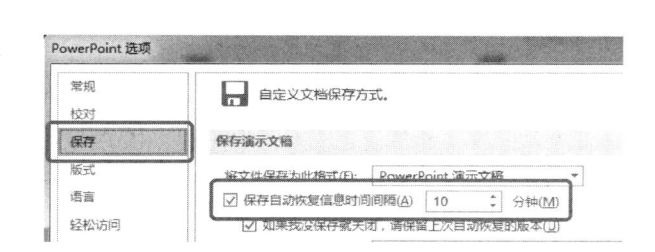

图 4-112 设置幻灯片自动保存时间

图 4-113 保存为与 PowerPoint 97-2003 完全兼容的文档

7. 幻灯片中常用工具查询表

表 4-1 列出了 PowerPoint 2016 中的常用工具。

表 4-1　PowerPoint 2016 常用工具查询表

分　类	操作内容	位　置
4.1 演示文稿幻灯片基本操作实训	设置字体、版式、段落	"开始"选项卡
	插入图片、形状、SmartArt 图形、表格、图表、艺术字	"插入"选项卡
4.2 演示文稿统一美化设计实训	主题、背景、母版版面设置、页眉页脚、幻灯片编号	主题、背景在"设计"选项卡； 母版在"视图"选项卡； 页眉页脚、幻灯片编号在"插入"选项卡
4.3 演示文稿动画播放制作实训	切换、动画、超链接、幻灯片放映	"切换"选项卡； "动画"选项卡； "插入"选项卡； "幻灯片放映"选项卡

附录 4　WPS 演示文稿介绍

WPS 演示文稿是中国金山软件公司出品的办公软件 WPS Office 的功能模块之一。具有内存占用低、运行速度快、体积小巧、强大插件平台支持、免费提供海量在线存储空间及文档模板等优点，覆盖 Windows、Linux、Android、iOS 等平台，支持阅读和输出 PDF 文件。

1. 软件特点

①大小

WPS 体积小巧，它在不断优化的同时，体积依然保持小于同类软件，不必耗时等待下载，几分钟即可下载安装，启动速度较快，让你的办公速度"飞起来"！

②兼容免费

WPS 个人版对个人用户永久免费。全面兼容微软 Office97-2010 格式。即使你使用 Microsoft Office 制作的演示文稿等都可以在 WPS 中正常打开运行。

③在线版式

WPS 演示配备有 Docer 的稻壳儿销售平台，免费提供海量在线储蓄空间以及文档模板，而且和客户端结合，能够为新手们带来一定的便利，众多版式，让你的幻灯片"颜值"更高，更显专业，如图 4-114 所示。

④AI 美化幻灯片

WPS 演示独有的 AI 美化功能，能够对幻灯片进行自动的设计和排版，使得演示文稿的制作更简单快捷。

⑤"云"办公

WPS 提供给用户一定的云存储空间，用户可以通过云存储空间实现多设备间共享云文档、文档备份等功能，随时随地进行阅读、编辑和保存文档。

⑥无线投影

若所到之处 Wi-Fi 信号良好，那么在同一网络中，手机、智能电视、投影仪便可实现无线投影了。最新的 WPS 无线投影，不仅支持 AirPlay，还支持 DLNA 连接，就连荧光笔圈点也可同步呈现。

图 4-114　Docer 稻壳儿销售平台

⑦演讲实录

演讲实录不仅能记录 PPT 本身的播放过程，连同翻页的手势，演讲者的声音，甚至是屏幕上的墨迹，都能被记录下来，生成 MP4 文件永久保存。若是对录好的视频局部不够满意，还可用倒带重录定位到有瑕疵的地方，再次录制，确保万无一失。

⑧跨平台支持

WPS 依靠云存储开启了跨平台的移动办公时代，我们可以使用 WPS 的 Windows 端、iPhone 端、iPad 端、Mac 端、Android 端、Linux 端，甚至是微信小程序端来创建幻灯片、把幻灯片分享给其他用户以及和其他用户一起协作编辑你的幻灯片。

2. 与微软 PowerPoint 演示文稿比较

WPS 演示与 Microsoft Office 办公软件的 PowerPoint 功能是对应的,软件大体结构与功能比较相似，PowerPoint 操作起来显得更为流畅，功能也更加完善。

WPS 演示可以兼容 PowerPoint 制作的课件，但兼容性不是特别完美，例如用 PowerPoint 打开 WPS 演示制作的课件，有些内容不可编辑，需将 WPS 中的 PPT 另存为 PowerPoint 97-03 版本（后缀名为 ppt 或 pptx）。

PowerPoint 有更丰富的动画效果和切换效果,但 WPS 和 PowerPoint 在某些切换转场和动画不兼容。所以当我们需要展示幻灯片时，需要注意设备上的展示软件和制作演示文稿的软件是否一致。

第 5 单元　Internet 应用

【单元概述】

Internet 中文名称为因特网，又叫国际互联网。Internet 是以信息交换和资源共享为目的，基于一些共同的协议，将分布在世界各地的数以万计的各种计算机网络互连起来的全球网络。目前 Internet 用户已经遍及全球，有超过几十亿人在使用。所以，Internet 是全球最大和最具影响力的计算机互连网络，也是世界范围的信息资源宝库。Internet 应用相当广泛，我们可以在 Internet 上浏览和检索信息，收发电子邮件，即时通信聊天，开展电子商务、网上娱乐和远程教育等。可以说我们现在离开互联网，简直寸步难行。

本单元主要通过 Internet 检索资料、收发邮件 2 个实训任务，使学生掌握使用 IE 浏览器浏览与搜索网页信息的方法与技巧，掌握 Outlook 和 QQ 收发和管理电子邮件。最后通过专项训练使学生熟练掌握一级等级考试相关题型的操作。

5.1　使用 IE 浏览器及搜索引擎实训

【任务导入】

学生小李：张老师，我要完成与 ASP 编程相关的实训报告，但是我无从下手。

张老师：你可以先在网上查找相关资料。若看到有用信息，你可以将资料保存在计算机中，为实训报告的撰写储备资料。

1．实训目的

熟悉 IE 浏览器的基本操作；使用百度搜索引擎查找资料；下载或者通过"另存为"命令保存各种类型的文件资料。

2．实训内容

运用 IE 浏览器及百度搜索引擎搜索、阅读相关参考资料，对有保存价值的网页，将其保存到自己的计算机中，或用打印机直接打印出来。

3．实训步骤

①熟悉 IE 浏览器界面，如图 5-1 所示。

②使用地址栏。在地址栏输入 http://www.baidu.com，按回车键，如图 5-2 所示。

③搜索关键字"ASP 编程"。在百度中搜索"ASP 编程"（不区分大小写）的主页，并打开搜索结果中的一个网页链接，操作步骤如下：在百度搜索栏输入"ASP 编程"，单击"搜索"按钮，将打开搜索结果页面，如图 5-3 所示。鼠标单击搜索结果中的"ASP 编程网"链接，就打开了相应的页面。

④使用浏览器收藏夹。将"ASP 编程网"网页添加到收藏夹中，并在新的 IE 浏览器窗口中重新打开此网页。

图 5-1　IE 浏览器界面

图 5-2　在 IE 地址栏输入网址打开网页

图 5-3　搜索关键字"ASP 编程"

在已打开的网页中,在 IE 窗口右上角的工具栏中单击"收藏夹"按钮,弹出"收藏夹"面板,在面板中单击"添加到收藏夹"按钮,打开"添加收藏"对话框。用户可更改其名称,单击"添加"按钮,"ASP 编程网"快捷方式便出现在"收藏夹"的列表中。

打开一个新的 IE 浏览器窗口，或在原来 IE 浏览器窗口已有选项卡的右边单击"新选项卡"按钮，打开一个新的选项卡，再单击"收藏夹"按钮，打开"收藏夹"面板，在收藏列表中，可以看到已经添加的"ASP 编程网"链接，单击该链接，可在 IE 浏览器中重新打开该网页，如图 5-4 所示。

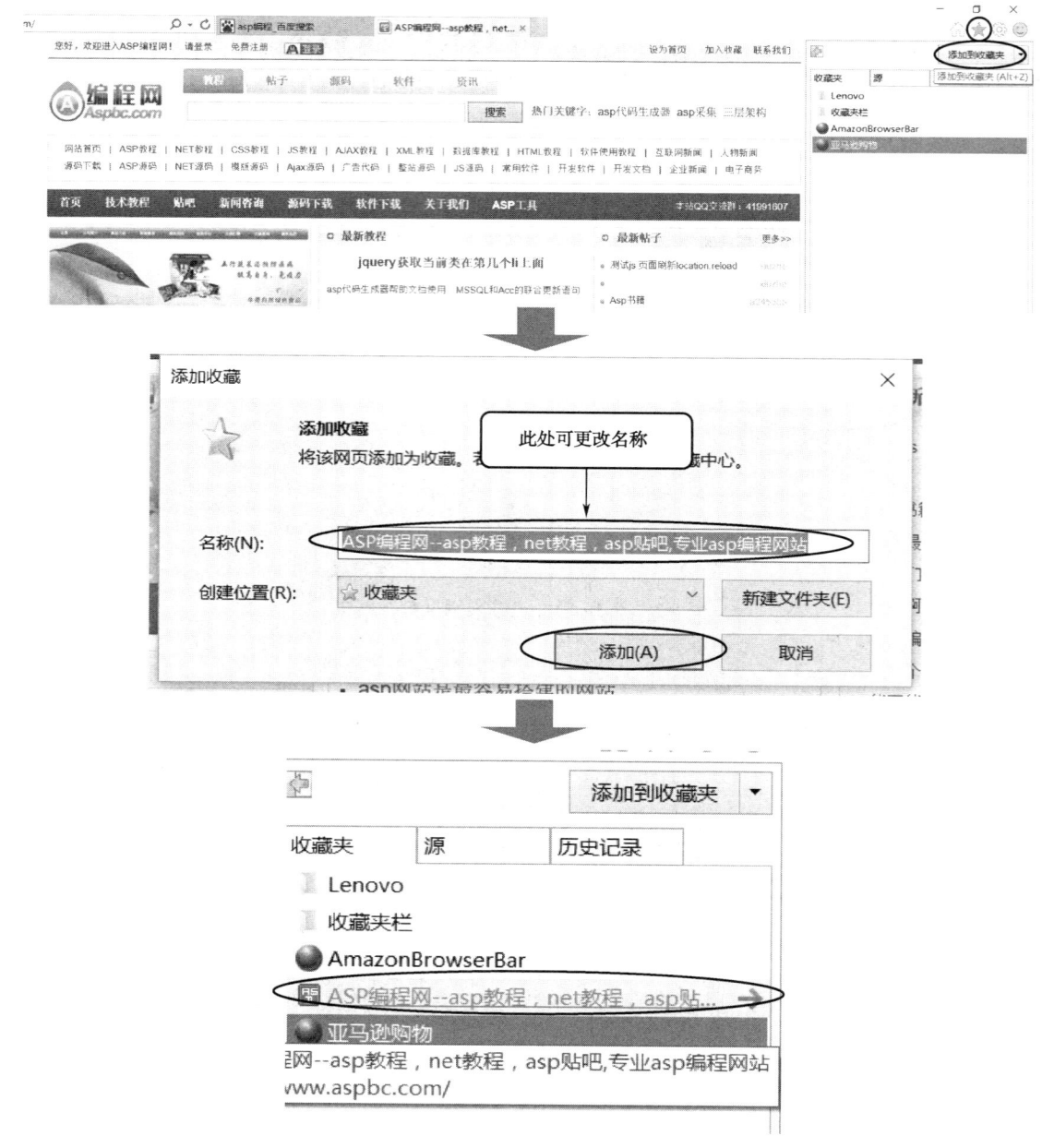

图 5-4　收藏夹的使用步骤

随着用户浏览的内容越多，可能收藏夹里的内容会越来越多，此时需要对收藏夹进行管理。打开整理收藏夹的界面，可对所收藏的网页链接进行删除、移动等操作，如图 5-5 所示。

图 5-5 整理收藏夹

⑤保存网页内容。保存网页内容是指将网页的信息保存到磁盘上,以便以后再打开浏览,操作步骤如下。

打开"ASP 编程网",如图 5-6 所示。

图 5-6 打开"ASP 编程网"

依次单击"工具→文件→另存为"命令,在弹出的对话框中,选择文件所保存的路径,单击"保存"按钮即可,如图 5-7 所示。

图 5-7 执行"另存为"命令

网页内容的保存类型有 4 种，根据需求自行选择，如图 5-8 所示。

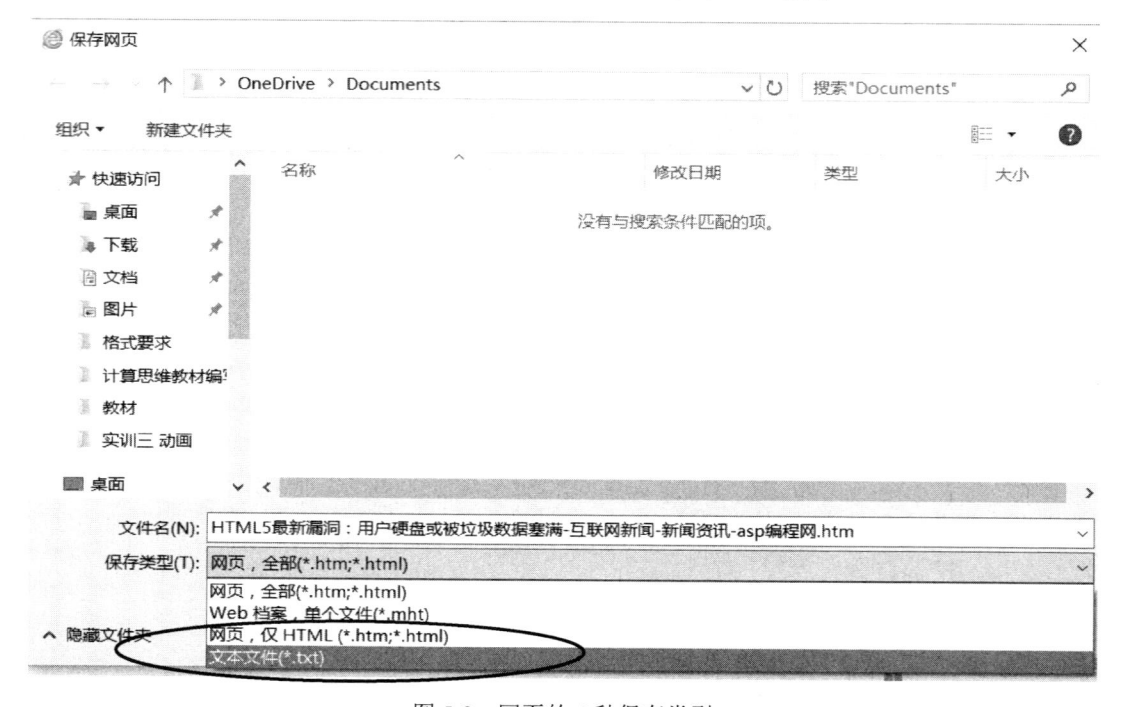

图 5-8 网页的 4 种保存类型

⑥ 下载文件。学生小李在搜索资料时，注意到该网页中有部分资料无法通过网页保存的方式保存到计算机中，需要下载到指定位置。

例如，学生小李需要 ASP 加密工具，通过网页查找资料时，发现该工具的所在位置，此时只需要单击该链接，在弹出的页面中，单击"下载"按钮，将文件保存至指定路径。案例中保存的指定路径在计算机桌面，具体操作如图 5-9 所示。

Internet 应用 第 5 单元

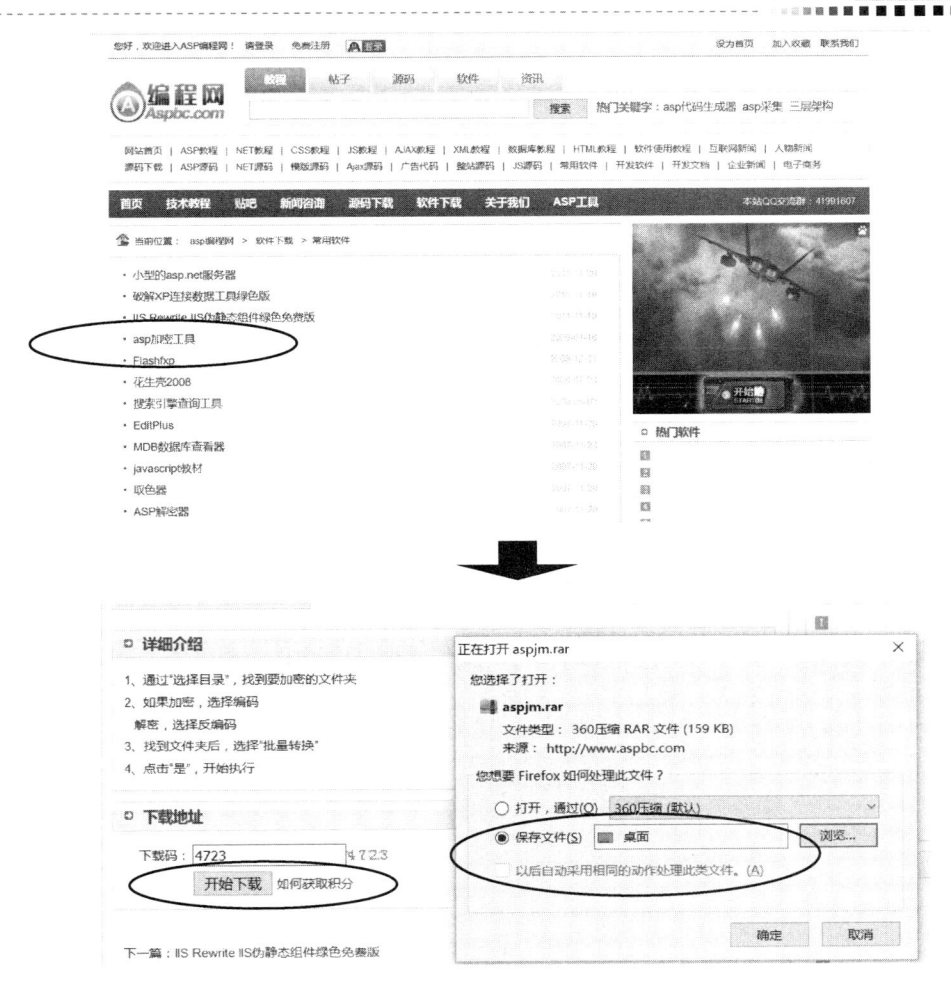

图 5-9 通过网页下载文件软件的方式

5.2 使用 Outlook、QQ 收发邮件实训

5.2.1 使用 Outlook 收发邮件实训

【任务导入】

学生小李：张老师，我的实训报告已经写完，需要给您修改。我应该通过什么样的途径发给您比较好呢？

张老师：可以通过电子邮件，使用系统自带的电子邮件管理软件给我发邮件。

1. 实训目的

运用电子邮件管理软件，如 Outlook，收发电子邮件。学会使用 Outlook 收发邮件；学会接收保存附件，利用附件发送文件。

213

2. 实训内容

学生小李将自己的实习报告以附件的形式发送给张老师（xiaoyang2459@163.com），正文内容编辑如下。

老师，您好！

现将实习报告发给您，望您能给予指导！

3. 实训步骤

①启动Outlook。在任务栏的"开始"菜单中，选择"所有程序"→"Microsoft Office"→"Microsoft Outlook 2016"命令，启动Outlook应用程序。

在第一次使用Outlook时，Outlook将会引导用户进入"欢迎使用Microsoft Outlook 2016"启动向导。在向导对话框中单击"下一步"按钮，显示"账户设置"向导对话框。

在向导的"是否将Outlook设置为连接到某个电子邮件账户？"单选按钮组中选择"否"，单击"下一步"按钮，显示"取消配置"向导对话框。

在"取消配置"向导对话框中勾选"在没有电子邮件账户的情况下使用Outlook（U）"复选框，单击"完成"按钮，打开Outlook界面，如图5-10所示。

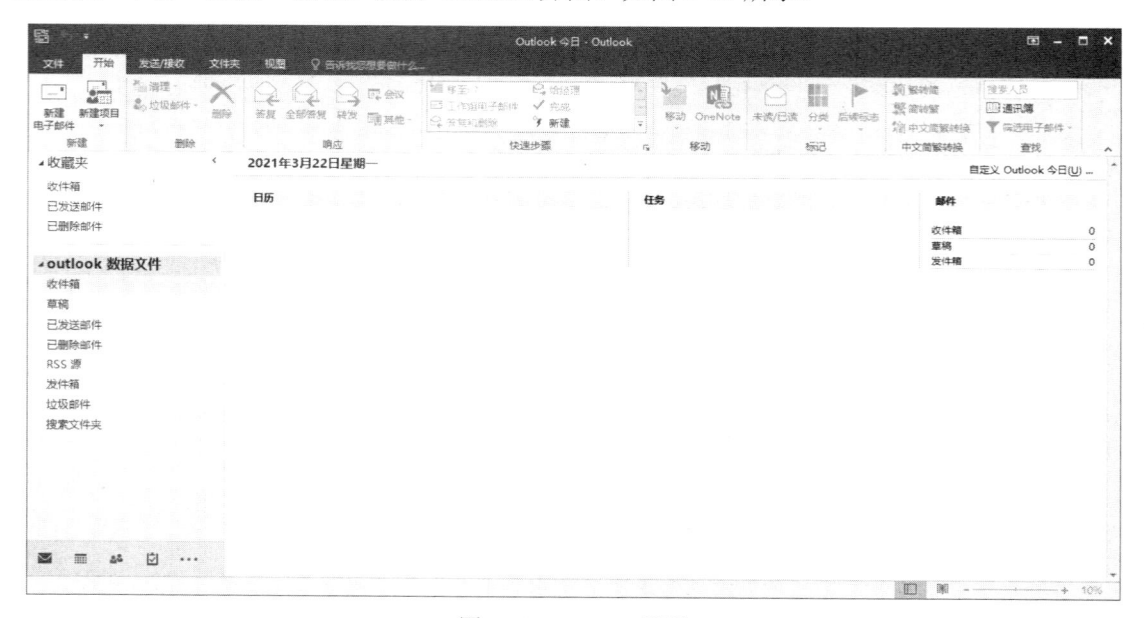

图 5-10 Outlook 界面

②写邮件及发邮件。学生小李将自己的实习报告以附件的形式发送给张老师（xiaoyang2459@163.com），主题为"实习报告"正文内容编辑如下。

老师

您好！

现将实习报告发给您，望您能给予指导！

操作步骤如下：

A．在Outlook窗口"开始"选项卡的"新建"组中单击"新建电子邮件"按钮，打开撰写新邮件窗口。

B．填写收件人、"主题"。

C．撰写邮件正文。

D．添加附件。

E．邮件撰写完毕，就可单击"发送"按钮发送邮件了。

③接收邮件及保存附件。学生小李接收和阅读李老师发送回来的电子邮件，将随信发来的文件保存到计算机桌面。

操作步骤如下：

A．在 Outlook 窗口"发送/接收"选项卡的"发送和接收"组中单击"发送/接收所有文件夹"按钮，查看窗口内出现的邮件信息。

B．双击出现的邮件，弹出"读取邮件"窗口。

C．阅读正文完毕后，在附件名称上单击鼠标右键，在弹出的快捷菜单中选择"另存为"命令，弹出"另存为"对话框，找到计算机桌面位置单击"保存"按钮，在弹出的提示对话框中单击"确定"按钮。

5.2.2 使用 QQ 邮箱发送邮件实训

【任务导入】

学生小李：张老师，昨天利用 Outlook 软件给您发邮件，但是感觉使用起来比较烦琐，申请账号时浪费了好长时间。

张老师：建议你使用 QQ 邮箱与我联系。你们每人都有一个 QQ 账号，那个账号就是你们的邮箱账号，所以无须重新申请，并且网页版的邮件在使用上较为方便。

1．实训目的

学会使用 QQ 邮箱发送邮件。

2．实训内容

学生小李将自己的实训报告以附件的形式发送给张老师（xiaoyang2459@163.com），正文内容编辑如下。

老师，您好！

现将实习报告发给您，望您能给予指导！

3．实训步骤

①启动 QQ，单击 QQ 界面上的邮箱按钮" "，或登录 http://www.qq.com/，在腾讯 QQ 网页上单击 QQ 邮箱即可。

②在弹出的页面上，单击"写信"，此时网页会转至如图 5-11 所示的界面。单击"添加附件"按钮，添加附件。

③待"附件"上传完毕后，填写正文。

老师，您好！

现将实习报告发给您，望您能给予指导！

④单击"发送"按钮即可发送邮件。

图 5-11　QQ 邮箱界面

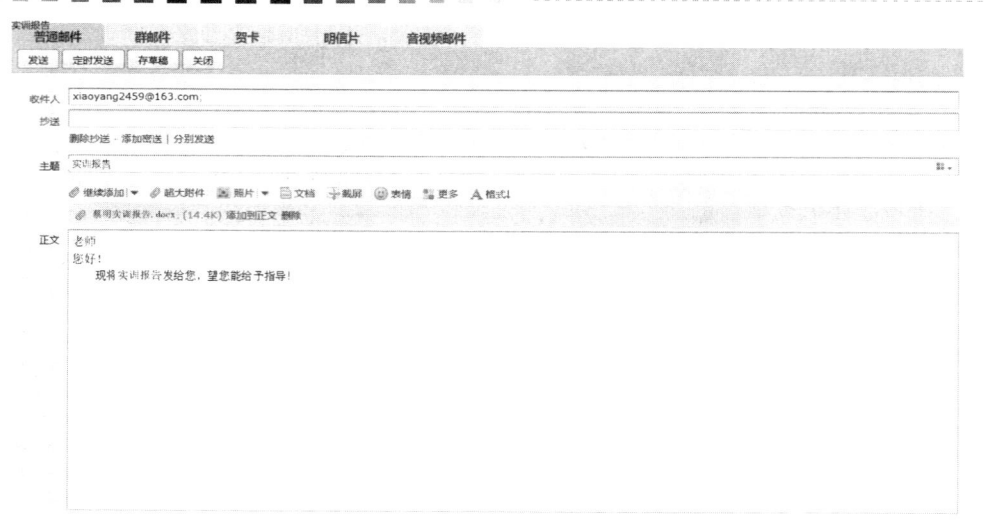

5.2.3　使用 QQ 邮箱收邮件并保存附件实训

【任务导入】

张老师：小李，我已经将修改意见作为附件发到你邮箱，注意查收，并根据意见修改。收到邮件信息后请给予回复。

学生小李：老师，好的。我现在去看看。

1. 实训目的

学会使用 QQ 回复邮件及保存邮件中的文件（附件）。

2. 实训内容

请查收老师发送的邮件，并下载邮件中的附件保存至计算机桌面上，以邮件的形式回复老师以下内容：

张老师：

　　已收到邮件，我会将实训报告尽快修改好后发送给您。

3. 实训步骤

①启动 QQ，单击 QQ 界面上的邮箱按钮" "。

②单击"收件箱"后，查看张老师发送的邮件内容，如图 5-12 所示。

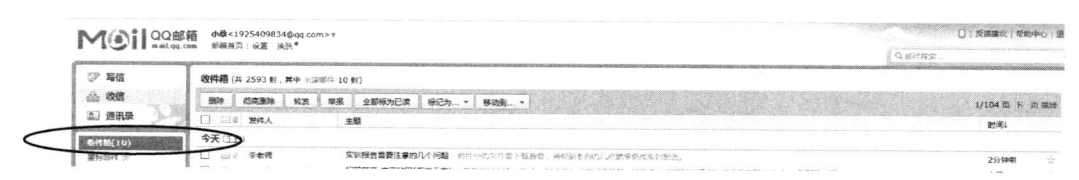

图 5-12　收邮件

③打开邮件内容，下载附件至计算机桌面，具体操作如图 5-13 所示。

Internet 应用　第 5 单元

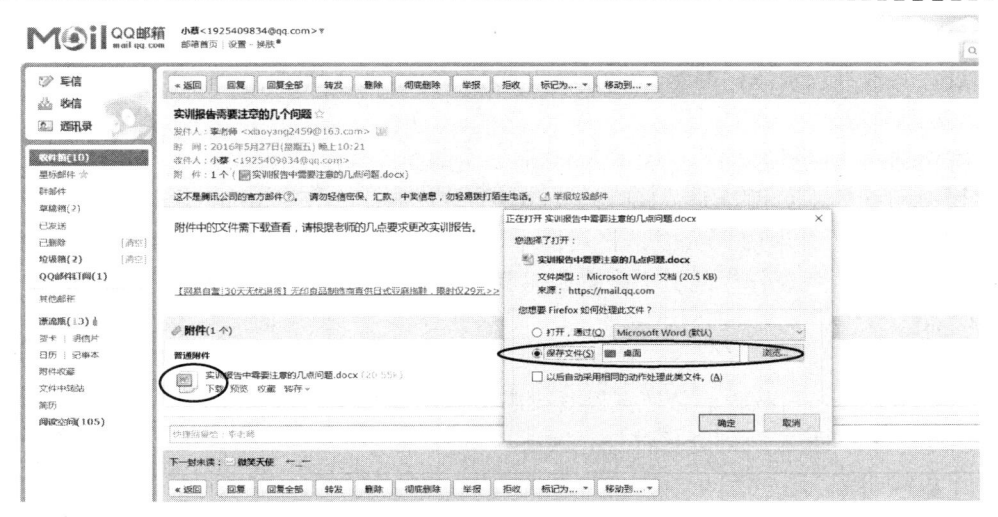

图 5-13　下载附件保存至桌面上

④单击邮件网页上的"回复"按钮，编辑回复内容，如图 5-14 所示。

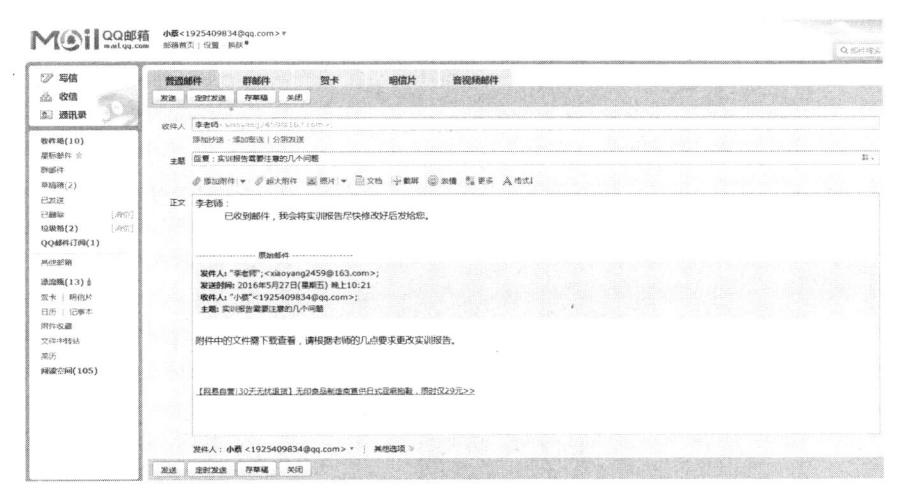

图 5-14　回复邮件

5.3　一级考试 Internet 应用综合实训

5.3.1　IE 专项训练

【任务导入】

学生小李：老师，我准备报名参加全国计算机等级考试一级考试，但对于一级考试中的上网题型还是不大掌握。每次做完后，评分系统打出来的分数都为 0 分。

张老师：那我找一些常考题型指导你如何做。我们先从 IE 题型开始，这部分题型大多数考查的都是使用网页链接和保存网页信息的操作。

1. 实训目的

通过针对性专项训练，熟悉一级等级考试上网题型的操作。

2. 实训内容

本案例选用一级模拟软件（版本 4.0.0.64）中的第 5 套上网题目。

某模拟网站的主页地址是：HTTP://LOCALHOST:65531/ExamWeb/new2017/index.html。打开此主页，浏览"李白"页面，将页面中"李白"的图片保存到考生文件夹下，命名为 LIBAI.jpg，查找"代表作"的页面内容并将其以文本文件格式保存到考生文件夹下，命名为"LBDBZ.txt"。

3. 实训步骤

打开一级模拟考试软件。依照此路径"考试题库→Office 2016 版考试题库试卷 5（学习）→上网"，找到题目。

操作步骤如下：

①通过一级模拟考试软件，启动 IE 浏览器，如图 5-15 所示。

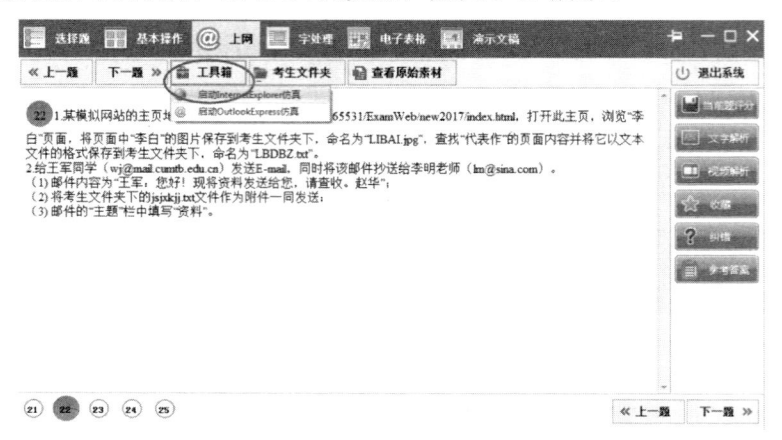

图 5-15　打开 IE 浏览器界面

②在打开的 IE 浏览器中，在地址栏中输入题目中所提供的网址，然后按"Enter"键，跳转页面。依据题目，单击"盛唐诗韵"，如图 5-16 所示。

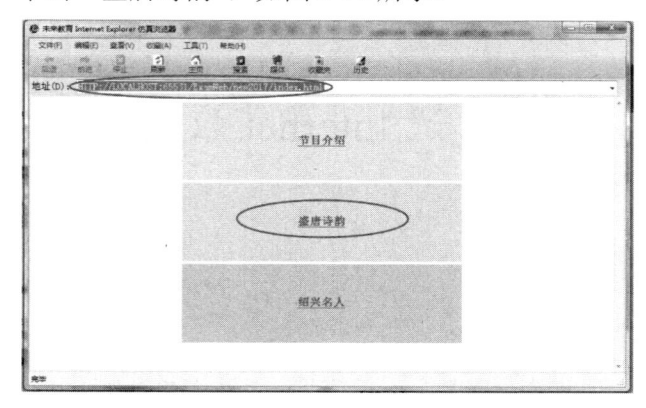

图 5-16　输入网址转至页面

③在打开的页面中，继续单击"李白"，随后浏览器会打开李白的网页内容，使用鼠标右键单击页面中的照片，在弹出的快捷菜单中选择"图片另存为"命令，弹出"另存为"对话

框。将"文件名"修改为"LIBAI",将文件保存至考生文件夹的目录下,单击"保存"按钮即可。具体操作如图 5-17 和图 5-18 所示。

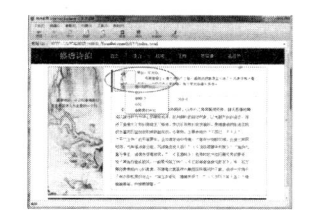

图 5-17　以图片另存为的方式保存文件 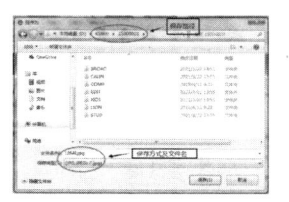　　图 5-18　以 jpg 文件的形式保存文件

④在打开的"李白"页面中,继续单击"代表作",随后页面会打开李白的代表作"将进酒"的内容,依次单击"文件→另存为"命令,将文件保存至考生文件夹的目录即可。具体操作如图 5-19 和图 5-20 所示。

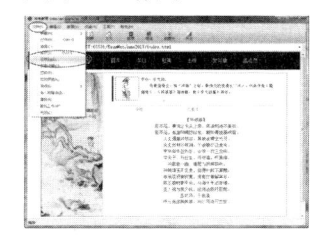

图 5-19　以另存为的方式保存文件 　　图 5-20　以文本文件的形式保存文件

5.3.2　发邮件专项训练

【任务导入】

学生小李:张老师,上次课我已经学会了 IE 题型,在试题库中,好像还有邮件题吧?

张老师:对的。所以接下来将会找一些典型的邮件题目给你做。我们先做发邮件,将文件以附件的形式发送。

学生小李:就是用 Outlook 软件做题吗?我还记得当初我利用它申请账号时,浪费了很多时间。

张老师:在一级考试中虽然用的是该软件,但是无须申请账号,只需要会操作即可。

1．实训目的

通过针对性邮件题专项训练,熟悉一级考试发邮件题型的操作。

2．实训内容

本案例选用的是一级模拟软件(版本 4.0.0.64)中的第 2 套上网题的邮件题目。

向 wanglie@mail.neea.edu.cn 发送邮件,并抄送 jxms@mail.neea.edu.cn,邮件内容为:"王老师:根据学校要求,请按照附件表格要求统计学院教师任课信息,并于 3 日内返回,谢谢!",同时将文件"统计.xlsx"作为附件一并发送。将收件人 wanglie@mail.neea.edu.cn 保存至通讯簿,联系人"姓名"栏填写"王列"。

3．实训步骤

①打开一级模拟考试软件。依照此路径"考试题库→Office 2016 版考试题库试卷 2(学习)→上网",找到题目。

②打开工具箱,启动 Outlook 邮件管理软件。

③在弹出的邮件管理界面中,单击"创建邮件",如图 5-21 所示。

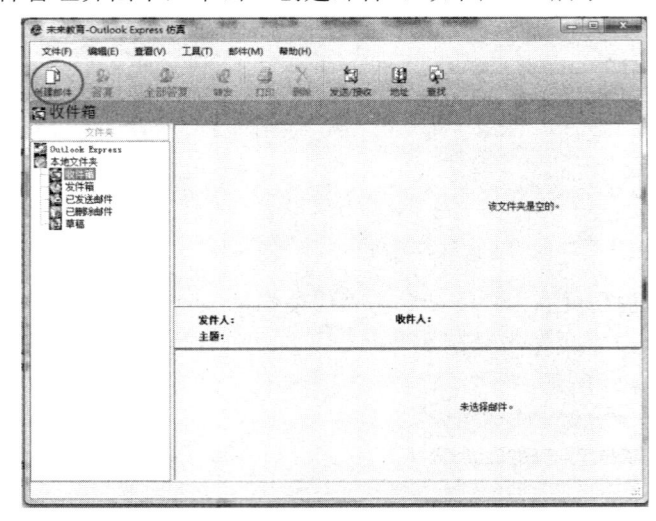

图 5-21 新建电子邮件

③依据题目,分别在收件人、抄送、内容相关区域填写内容,如图 5-22 所示。

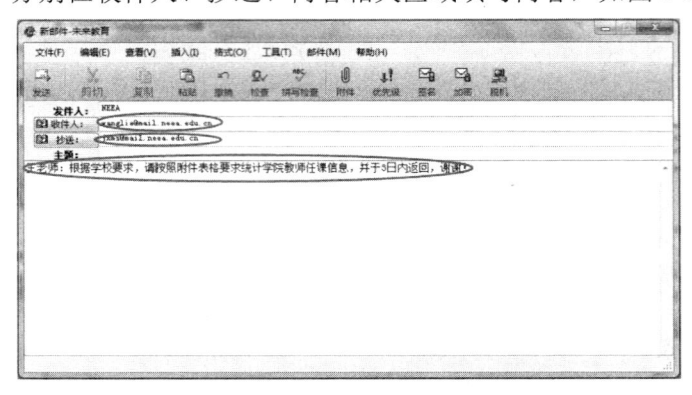

图 5-22 填写邮件信息

④单击邮件管理界面上方的附件,在弹出的窗口中,依据题目要求找到附件,并将附件一起发送,如图 5-23 和图 5-24 所示。

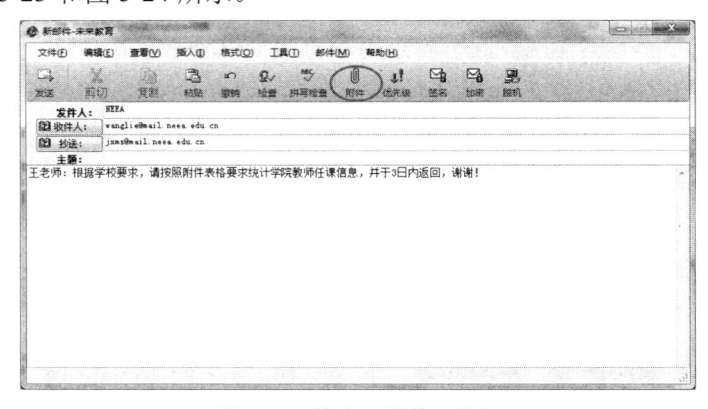

图 5-23 单击"附件"按钮

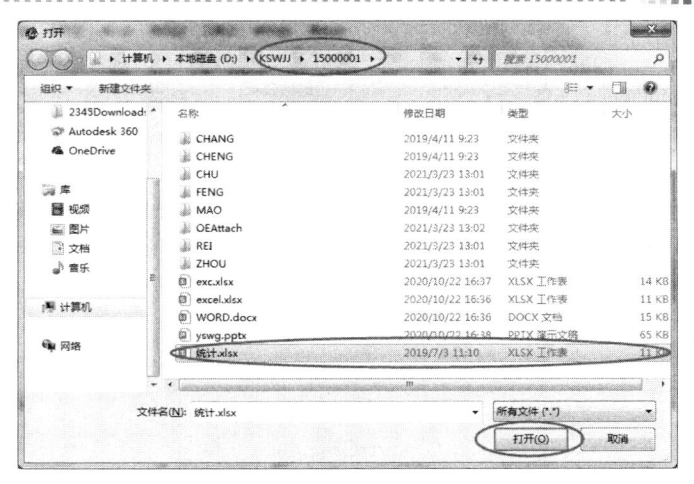

图 5-24　将所选文件作为附件一同发送

⑤单击"工具"菜单,在弹出的下拉列表中选择"通讯簿"命令,弹出"通讯簿"窗口。单击"新建"下拉按钮,在弹出的下拉列表中选择"新建联系人",弹出"属性"对话框。在"姓名"中输入"王列",在"电子邮箱"中输入"wanglie@mail.neea.edu.cn",单击"确定"按钮,如图 5-25～图 5-27 所示。

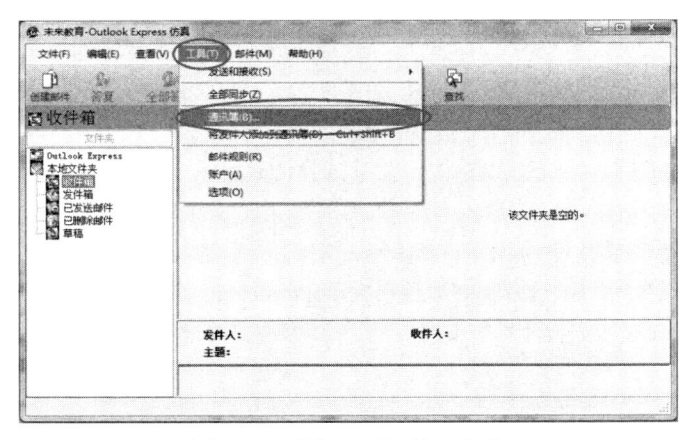

图 5-25　选择"通讯簿"命令

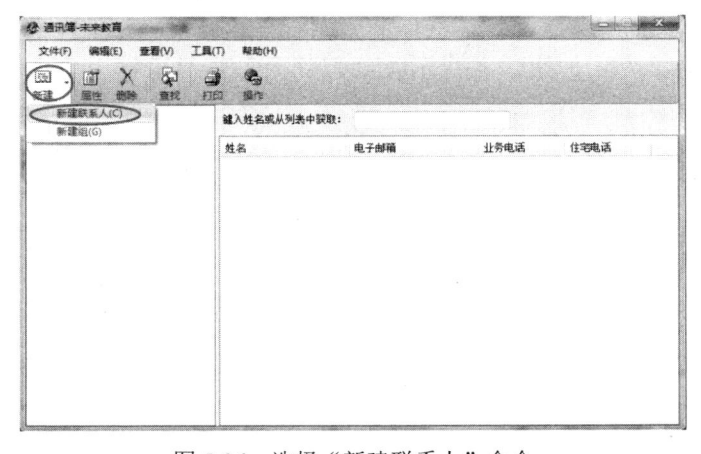

图 5-26　选择"新建联系人"命令

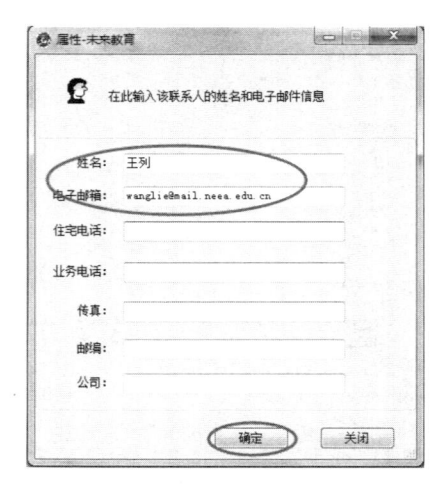

图 5-27　输入姓名和邮箱后单击"确定"按钮

5.3.3　收邮件专项训练

【任务导入】

张老师：刚才训练了发邮件，那么接下来我们学习收邮件并且学会保存邮件中的附件。

学生小李：好的。老师，开始训练吧！

1．实训目的

通过针对性邮件题专项训练，熟悉一级考试收邮件题型的操作。

2．实训内容

本案例选用一级模拟软件（版本 4.0.0.64）中的第 7 套上网题的邮件题目。

接收并阅读来自同事小张的邮件（zhangqiang@ncre.com），主题为："值班表"。将邮件中的附件"值班表.docx"保存到考生文件夹下，并回复该邮件，回复内容为："值班表已收到，会按时值班，谢谢！"。

3．实训步骤

①打开一级模拟考试软件，按照题目路径打开此题目，单击工具箱启动 Outlook 邮件管理软件。

②单击"发送/接收"按钮，在提示收到邮件信息的对话框中单击"确定"按钮，如图 5-28 和图 5-29 所示。

③接收完邮件后，邮件管理界面中会显示相应的内容，单击"附件"，在打开的"保存附件"对话框中选中"值班表"文件，单击"浏览"按钮，选择考生文件夹的位置，最后单击"保存"按钮即可，如图 5-30 和图 5-31 所示。

④回复邮件。在邮件管理界面中选择要回复的邮件，单击"答复"按钮，回复内容为"值班表已收到，会按时值班，谢谢！"。单击"发送"按钮，在弹出的提示对话框中单击"确定"按钮，如图 5-32 和图 5-33 所示。

Internet 应用　第 5 单元

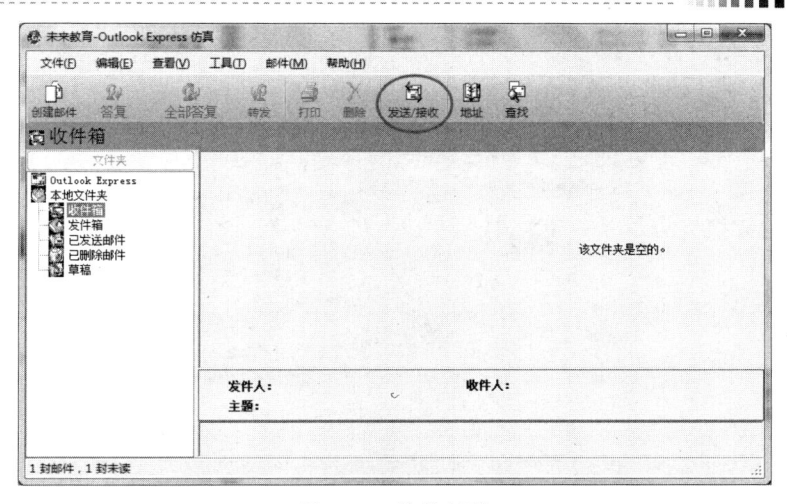

图 5-28　接收邮件

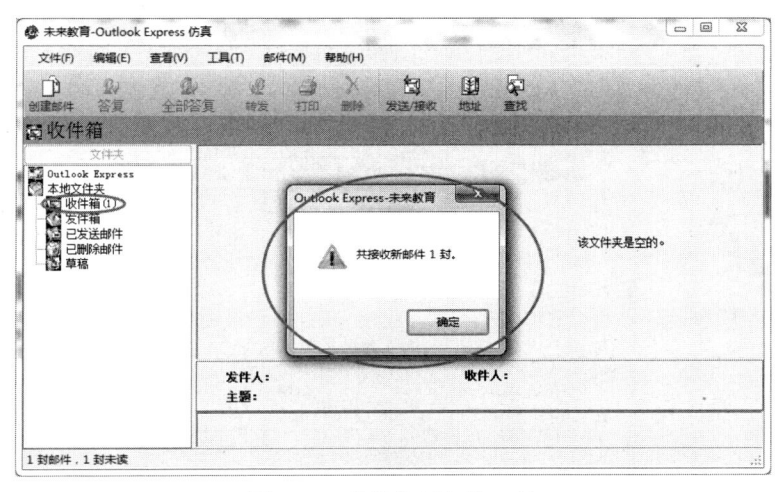

图 5-29　共接收新邮件 1 封

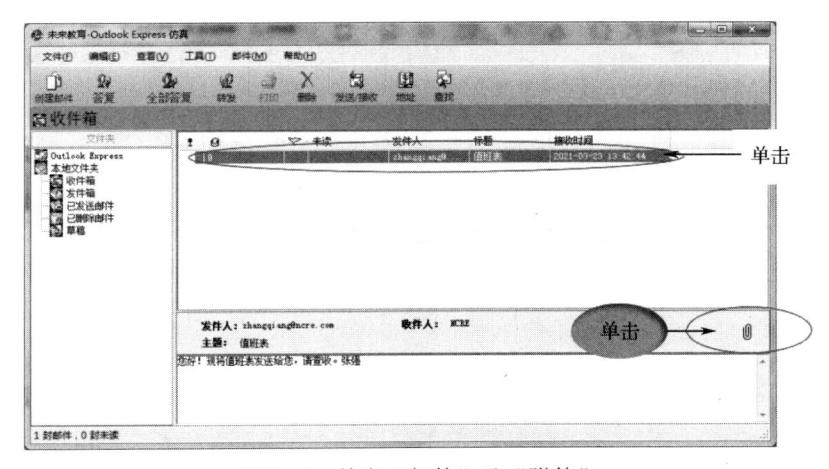

图 5-30　单击"邮件"及"附件"

223

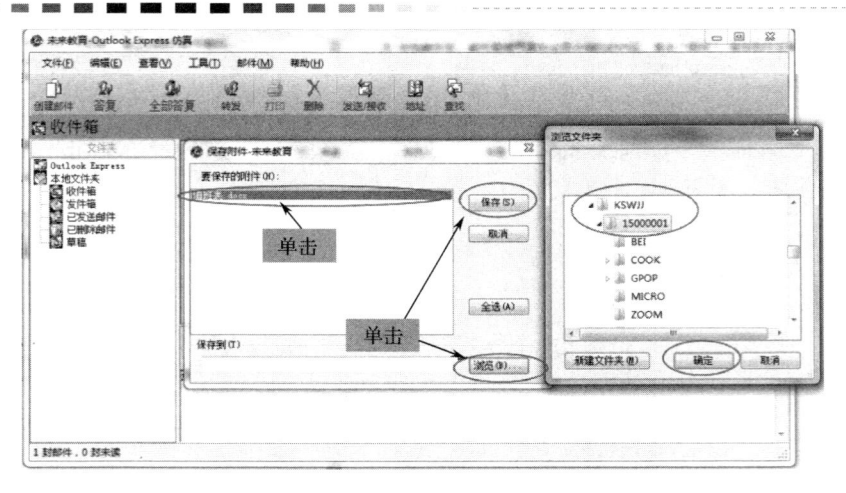

图 5-31　保存邮件

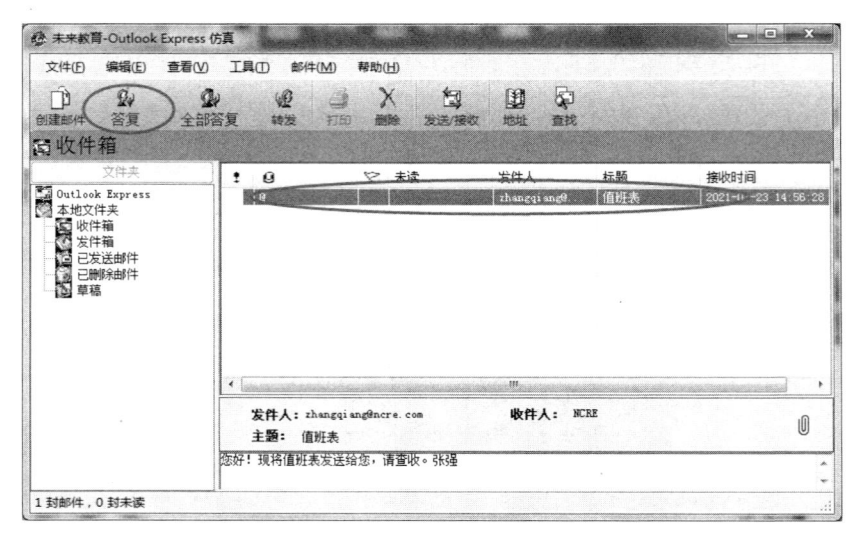

图 5-32　答复邮件

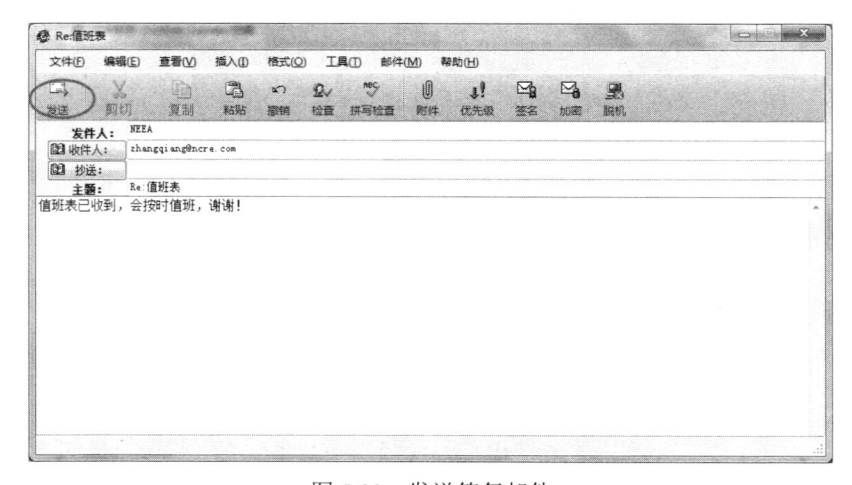

图 5-33　发送答复邮件

5.4 Internet 应用相关知识

5.4.1 常用浏览器及搜索引擎简介

浏览器是指可以显示网页服务器或者文件系统的 HTML 文件（标准通用标记语言的一个应用）内容，并让用户与这些文件交互的一种软件。它用来显示在万维网或局域网等内的文字、图像及其他信息。这些文字或图像，可以是连接其他网址的超链接，用户可迅速地浏览各种信息。大部分网页为 HTML 格式。

1. 常用浏览器简介

信息浏览与搜索离不开浏览器，提及浏览器，大家一定会想到 IE（Internet Explorer）。由于该浏览器是 Windows 系统自带的，因此，该浏览器是使用最多的浏览器之一。除了 IE 浏览器还有其他种类的浏览器。

（1）IE 内核浏览器

所谓内核，指的是具有 IE 浏览器核心的一种技术，是在 IE 基础上开发的，所以不能卸载 IE。这类浏览器主要是对一些功能和外观进行修改。它的产生主要是由于一部分人不满足 IE 功能及外观，但又不能脱离 IE 的兼容性。如世界之窗、傲游、腾讯等都是基于 IE 内核的浏览器。

（2）非 IE 内核的浏览器

这类型浏览器是独立开发的，不需要 IE 的支持，可以卸载 IE。例如火狐、谷歌等浏览器。

（3）用户使用最多的浏览器介绍

①IE。大多数网民都在使用 IE，这要感谢它对 Web 站点强大的兼容性。其中 Internet Explorer 10 包括 Metro 界面、HTML5、CSS3 以及大量的安全更新。

②Mozilla Firefox（火狐浏览器）。火狐浏览器内置了分页浏览、拼字检查、即时书签等功能。Firefox 9 新增了类型推断（Type Inference），再次大幅提高了 JavaScript 引擎的渲染速度，使得很多富含图片、视频、游戏，以及 3D 图片的富网站和网络应用能够更快地加载和运行。

③谷歌 Chrome。是由 Google 公司开发的网页浏览器，其浏览速度较快，属于高端浏览器；采用 BSD 许可证授权并开放源代码，开源计划名为 Chromium。

2. 常用搜索引擎简介

信息浏览除了有浏览器作为载体，还得依靠搜索引擎去进行信息搜索。搜索引擎也是互联网上的一个 WWW 服务器，它的主要任务是在互联网中主动搜索其他网站的信息并对其自动索引，搜索的内容存储在大型数据库中。当浏览者通过某个关键字查询时，搜索引擎告诉浏览者包含这些关键字的所有网站的地址。

搜索引擎的分类（按其工作方式的分类）：

（1）全文搜索引擎。如谷歌、百度，它们通过从互联网上提取各个网站信息（以网页文字为主）建立数据库，检索与浏览者查询条件匹配的相关记录，然后按照一定顺序排列返回给浏览者。

（2）目录搜索引擎。按目录分配的网站进行链接列表。例如国内网站搜狐、新浪、网易等。严格意义上目录索引虽有搜索功能，但不算真正的搜索引擎，浏览者完全可以不用进行关键字查询，仅靠分类目录就能找到所需要的信息。

3．浏览器中常用快捷按钮

浏览器中常用的快捷按钮见表 5-1。

表 5-1　浏览器中常用的快捷按钮

按 钮 分 类	功 能 说 明
后退按钮	返回到当前显示页面的前一个页面
前进按钮	前进到最后一个页面，只有在"后退"操作后才能使用
刷新按钮	重新载入当前网页的内容
主页按钮	回到用户设置的起始页
收藏夹按钮	保存经常访问的网页的页面地址

5.4.2　电子邮件概述

1．电子邮件概述

电子邮件（又称之为 E-mail）是一种用电子手段提供信息交换的通信方式，是互联网应用最广的服务。用户可以以非常低廉的价格（不管发送到哪里，都只需负担网费）、非常快速的方式（几秒钟之内可以发送到世界上任何指定的目的地），与世界上任何一个角落的网络用户联系。

电子邮件可以是文字、图像、声音等多种形式。同时，用户可以得到大量免费的新闻、专题邮件，并实现轻松的信息搜索。电子邮件的存在极大地方便了人与人之间的沟通与交流。

如同普通传统书信邮件一样，接收 E-mail 也需要地址，我们称之为 E-mail 地址。发送接收电子邮件的方式有以下两种。

（1）使用邮件代理软件。

邮件代理软件是一种客户端软件，可帮助用户编辑、收发和管理软件，初次使用邮件代理软件需要设置参数，例如 Outlook、Foxmail 等。

（2）使用 Web 方式。

自从互联网出现后，国内许多网站都提供 Web 页面式的收发 E-mail 界面，用户无须安装软件，通过它们的 Web 网站就可以方便地收发邮件。如 QQ 邮箱、163 邮箱等。每位用户都有属于自己的电子邮箱地址。

2．电子邮件的地址格式

电子邮件地址的格式由三部分组成。第一部分是用户信箱的账号；第二部分"@"为分隔符；第三部分是用户信箱的邮件接收服务器域名，用以标志其所在的位置。例如，xiaoyang2459@163.com 表示用户账号 xiaoyang2459 在网易服务器上的电子邮件地址。

5.4.3　Internet 应用其他相关知识

1．WWW

WWW（World Wide Web）的含义是"环球网"，俗称万维网或 Web 网，是一个由许多互相链接的超文本组成的系统，通过互联网访问。在这个系统中，一种有用的事物，称为一种"资源"；并且由一个全域"统一资源标识符"（URL）标识。这些资源网站通过超文本传输协议（Hypertext Transfer Protocol）传送给使用者，而后者通过单击链接来获得资源。简单来说，万维网是通过互联网获取信息的一种应用，用户浏览的网站就是万维网的具体表现形式，但其本身并不是互联网，只是互联网的组成部分之一。

2．统一资源定位器（URL）

URL（Uniform Resource Locator），是专为标识 Internet 上资源而设的一种编址方式，平时所说的网页地址指的即是 URL。

3．URL 基本组成

URL 地址格式排列为 scheme://host.domain:port/path。

协议（scheme）。指出 WWW 客户程序用来操作的工具。最常见的是 HTTP（规定了浏览器从 WWW 上获取网页的方式）。

主机名（host）：定义域中的主机，如果被省略，缺省为 WWW。

域（domain）：定义 Internet 的域名。

端口号（port）：有时对某些资源的访问，需要给出相应的服务器端口号。

路径（path）：指明服务器上某资源的位置，并非总是必需的。

（1）超文本标记语言（HTML）。

HTML（HyperText Mark-up Language）即超文本标记语言，是目前网络上应用最为广泛的语言，也是构成网页文档的主要语言。设计 HTML 语言的目的是为了能把存放在一台计算机中的文本或图形与另一台计算机中的文本或图形方便地联系在一起，形成有机的整体，它们决定了网页在浏览器中显示的方式，而且定义了超链接，将整个 Web 信息连接起来。

（2）Web 网站与网页。

WWW 实际上就是一个宠大的文件集合体，这些文件称为网页或 Web 页，存储在互联网上的成千上万台计算机上，提供网页的计算机称为 Web 服务器，或称为网站。

（3）HTTP 协议。

超文本传输协议（HTTP）是一种通信协议，允许将超文本标记语言（HTML）文档从 Web 服务器传送到 Web 浏览器。HTML 是一种用于创建文档的标记语言，这些文档包含相关信息的链接。可以单击一个链接来访问其他文档、图像或多媒体对象，并获得关于链接项的附加信息。

4．App 简介

App 是英文 Application 的简称，指移动设备上运行的应用程序。它能在一定程度上将碎片化信息和时间高效整合，忽略空间地域的差异和阻隔，具有便携性、实时性、定制性、定向性的特征，使受众与媒体在接近零成本的互动中得到信息的传播。随着智能手机和网络的普及，特别是无线宽带连接的迅速普及和发展，带来了 App 的发展和繁荣。

智能手机作为当代不可缺少的生活工具，不管是商店、游戏、翻译、地图、拍照软件、办公等人们生活、工作方方面面的需求，都应用到了 App 软件。我们只需要在智能手机内的移动商店下载并安装，即可"随时、随地、随心"地享受 App 程序服务带来的便捷。

以下我们就来认识几款较热门的 App 应用程序：

（1）新浪微博

由新浪网推出，提供微型博客服务类的社交网站。用户可以通过网页、Wap 页面、手机客户端、手机短信、彩信发布消息或上传图片。因此，我们可以把微博理解为"微型博客"或者"一句话博客"，用户可以将看到的、听到的、想到的事情写成一句话，或发一张图片，通过电脑或者手机随时随地分享给朋友，一起分享、讨论；还可以关注朋友，即时看到朋友们发布的信息。

（2）微信

微信（WeChat）是腾讯公司于2011年1月21日推出的一个为智能手机提供的即时通信服务的免费应用程序。它能够在不同的通信运营商和操作系统平台上，通过网络快速发送（需消耗少量网络流量）语音短信、视频、图片和文字，并为用户提供聊天、朋友圈、微信支付、公众平台、微信小程序等功能，同时提供生活缴费、直播等服务。用户可以非常方便地通过"搜索号码"、扫二维码的方式添加好友和关注公众平台，同时可将内容分享给好友及将用户看到的精彩内容分享到微信朋友圈。

截至2020年第一季度，腾讯微信及WeChat的月活跃用户达12亿，其用户覆盖200多个国家、超过20种语言。2021年1月19日，微信创始人张小龙公布最新数据：每天有10.9亿用户打开微信，3.3亿用户进行了视频通话；每天有7.8亿用户进入朋友圈，1.2亿用户发表朋友圈；每天有3.6亿用户读公众号文章，4亿用户使用小程序。

（3）抖音

抖音（英文名：Tik Tok），是由今日头条孵化的一款音乐创意短视频社交软件，该软件于2016年9月20日上线，是一个面向全年龄的短视频社区平台。它以音乐为切入点，搭配舞蹈、表演等内容的创意表达形式，为用户创造丰富多样的玩法，让用户轻松快速地创作独特有张力的短视频，并在抖音社区与众多用户互动。抖音应用人工智能技术为用户创造了多样的玩法，用户可以通过这款软件选择歌曲，拍摄音乐短视频，形成自己的作品并分享给平台上的用户。

第6单元　计算机基础知识训练

【单元概述】

自世界上第一台电子计算机于1946年在美国诞生以来，经过半个多世纪的发展，计算机已经被社会的各个领域广泛应用，并彻底改变了人们的生活和工作方式。随着计算机网络技术的发展，现代社会已经变成信息化社会。作为一名当代大学生，学习和掌握计算机知识，熟练操作计算机，已成为适应当今社会工作和生活需要的必备技能。

本单元主要介绍计算机分类及特点、计算机发展与应用、计算机硬件系统、计算机软件系统、计算机数制与编码、计算机网络与安全等基础知识。重点增加了全国计算机等级考试（一级）中计算机基础知识真题测试与解析，供准备参加一级考试的学生练习与参考。

6.1　计算机基础知识测试与解析

【任务导入】

学生小李：张老师，这门课快学完了，感觉计算机好神奇啊！但有一个问题一直困扰着我，最初计算机是在什么历史背景下诞生的？

张老师：这个问题提得很好。当时的历史背景是，在第二次世界大战期间，在美国军方的大力支持下，为了给军械试验提供准确而及时的弹道火力表，迫切需要有一种高速的计算工具，因此，成立了以宾夕法尼亚大学莫尔电机工程学院的莫希利和埃克特（Eckert）为首的研制小组，于1943年开始研制工作，并于1946年初研制成功。它就是世界上第一台电子管数字计算机ENIAC。

学生小李：哦，我终于知道了。那第一台计算机与我们现代计算机差别好大呀！

张老师：是的。自从计算机诞生以后，它已经发展到今天超大规模集成电路时代了。最初只能在科研领域应用，目前已经普及到千家万户，在我们日常生活、学习、工作中已经离不开计算机了。

学生小李：老师说得太对了，每天我都是利用计算机进行学习、上网看新闻等。

张老师：小李，现在我来问你一个关于计算机硬件的小问题。

学生小李：好的。

张老师：目前，你见到的个人电脑都包括哪几部分？

学生小李：包括主机、显示器、键盘和鼠标，还有音箱。

张老师：对啦！主机里又有哪些硬件组件呢？

学生小李：CPU、内存、显卡、网卡和硬盘。

张老师：不错，知道挺多的。不过，小李你可不要骄傲自满！其实关于计算机方面的知识还有很多。不信，下面有几道一级考试中的计算机基础知识题，你自己测试一下！

学生小李：好的。

1．测试目的

了解计算机基础知识的掌握情况，找准自己在哪些方面存在不足，为下一步参加全国计算机等级考试做好计算机基础知识储备。

2．测试内容

以下是一级考试计算机基础知识真题，共 20 道选择题，主要涉及计算机发展历史、计算机分类和特点、计算机主要应用、计算机硬件系统、计算机软件系统、计算机工作原理、计算机数据编码、计算机网络和计算机病毒等方面的基础知识。你可以先自己测试一次，再认真对照后面的测试答案逐题解析一遍。

（1）下列不属于第二代计算机特点的一项是_____。

  A．采用电子管作为逻辑元件

  B．运算速度为每秒几万～几十万条指令

  C．内存主要采用磁芯

  D．外存储器主要采用磁盘和磁带

（2）下列有关计算机新技术的说法中，错误的是_____。

  A．嵌入式技术是将计算机作为一个信息处理部件，嵌入到应用系统中的一种技术，也就是说，它将软件固化集成到硬件系统中，将硬件系统与软件系统一体化

  B．网格计算利用互联网把分散在不同地理位置的电脑组织成一个"虚拟的超级计算机"

  C．网格计算技术能够提供资源共享，实现应用程序的互连互通，网格计算与计算机网络是一回事

  D．中间件是介于应用软件和操作系统之间的系统软件

（3）计算机辅助设计的简称是_____。

  A．CAT B．CAM C．CAI D．CAD

（4）下列有关信息和数据的说法中，错误的是_____。

  A．数据是信息的载体

  B．数值、文字、语言、图形、图像等都是不同形式的数据

  C．数据处理之后产生的结果为信息，信息有意义，数据没有

  D．数据具有针对性、时效性

（5）十进制数 100 转换成二进制数是_____。

  A．01100100 B．01100101 C．01100110 D．01101000

（6）在下列各种编码中，每个字节最高位均是"1"的是_____。

  A．外码 B．汉字机内码 C．汉字国标码 D．ASCII 码

（7）一般计算机硬件系统的主要组成部件有五大部分，下列选项中不属于这五部分的是_____。

  A．输入设备和输出设备 B．软件

  C．运算器 D．控制器

（8）下列选项中不属于计算机的主要技术指标的是_____。

  A．字长 B．存储容量 C．质量 D．时钟主频

（9）RAM 具有的特点是_____。

  A．海量存储

B．存储在其中的信息可以永久保存

C．一旦断电，存储在其上的信息将全部消失且无法恢复

D．存储在其中的数据不能改写

（10）下面四种存储器中，属于数据易失性的存储器是_____。

　　A．RAM　　　　B．ROM　　　　C．PROM　　　　D．CD-ROM

（11）下列有关计算机结构的叙述中，错误的是_____。

　　A．最早的计算机基本上采用直接连接的方式，冯·诺依曼研制的计算机 IAS，基本上就采用了直接连接的结构

　　B．直接连接方式的连接速度快，而且易于扩展

　　C．数据总线的位数，通常与 CPU 的位数相对应

　　D．现代计算机普遍采用总线结构

（12）下列有关总线和主板的叙述中，错误的是_____。

　　A．外设可以直接挂在总线上

　　B．总线体现在硬件上就是计算机主板

　　C．主板上配有插 CPU、内存条、显示卡等的各类扩展槽或接口，而光盘驱动器和硬盘驱动器则通过扁电缆与主板相连

　　D．在电脑维修中，把 CPU、主板、内存、显卡加上电源所组成的系统叫最小化系统

（13）有关计算机软件，下列说法中错误的是_____。

　　A．操作系统的种类繁多，按照其功能和特性可分为批处理操作系统、分时操作系统和实时操作系统等；按照同时管理用户数的多少分为单用户操作系统和多用户操作系统

　　B．操作系统提供了一个软件运行的环境，是最重要的系统软件

　　C．Microsoft Office 软件是 Windows 环境下的办公软件，但它并不能用于其他操作系统环境

　　D．操作系统的功能主要是管理，即管理计算机的所有软件资源，硬件资源不归操作系统管理

（14）_____是一种符号化的机器语言。

　　A．C语言　　　B．汇编语言　　　C．机器语言　　　D．计算机语言

（15）相对而言，下列类型的文件中，不易感染病毒的是_____。

　　A．*.txt　　　　B．*.doc　　　　C．*.com　　　　D．*.exe

（16）计算机网络按地理范围可分为_____。

　　A．广域网、城域网和局域网　　　　B．互联网、城域网和局域网

　　C．广域网、互联网和局域网　　　　D．互联网、广域网和对等网

（17）HTML 的正式名称是_____。

　　A．Internet 编程语言　　　　B．超文本标记语言

　　C．主页制作语言　　　　　　D．WWW 编程语言

（18）对于众多个人用户来说，接入互联网最经济、最简单、采用最多的方式是_____。

　　A．局域网连接　　B．专线连接　　C．电话拨号　　D．无线连接

（19）在 Internet 中完成从域名到 IP 地址或者从 IP 地址到域名转换的是_____服务。

　　A．DNS　　　　B．FTP　　　　C．WWW　　　　D．ADSL

（20）下列关于电子邮件的说法中错误的是_____。
　　A．发件人必须有自己的 E-mail 账户
　　B．必须知道收件人的 E-mail 地址
　　C．收件人必须有自己的邮政编码
　　D．可使用 Outlook Express 管理联系人信息

3．测试解析

（1）【答案】A

【解析】第二代计算机采用晶体管作为主要逻辑元件。

（2）【答案】C

【解析】网格计算技术能够提供资源共享，是基于计算机网络的，实现应用程序的互连互通。但是，网格计算与计算机网络不同，计算机网络实现的是一种硬件的连通，而网格计算能实现应用层面的连通。

（3）【答案】D

【解析】计算机辅助制造简称 CAM；计算机辅助教学简称 CAI；计算机辅助设计简称 CAD；计算机辅助检测简称 CAE。

（4）【答案】D

【解析】数据包括数值、文字、语言、图形、图像等不同形式。数据是信息的载体。数据经过处理之后便成为信息，信息具有针对性、时效性。所以，信息有意义，而数据没有。

（5）【答案】A

【解析】十进制数转换成二进制数，采用"除二取余"法，直到商为 0，每次得到的余数，从最后一位余数读起就是二进制数表示的数，十进制数 100 转换成二进制数为 01100100。

（6）【答案】B

【解析】汉字内码是计算机内部对汉字进行存储、处理和传输的汉字代码。在计算机中，汉字系统普遍采用 2 字节存储一个汉字内码，并且每个字节的最高位都固定为"1"。

（7）【答案】B

【解析】计算机硬件系统是由运算器、控制器、存储器、输入设备和输出设备五大部分组成的。

（8）【答案】C

【解析】计算机的主要技术指标有主频、字长、运算速度、存储容量和存取周期。

（9）【答案】C

【解析】随机存储器（RAM）的特点是：读写速度快，最大的不足是断电后内容立即永久消失，加电后也不会自动恢复，即具有易失性。

（10）【答案】A

【解析】只读存储器（ROM）的特点是：只能读出存储器中原有的内容，而不能修改，即只能读、不能写；掉电后内容不会丢失，加电后会自动恢复，即具有非易失性特点。随机存储器（RAM）的特点是：读写速度快，最大的不足是断电后，内容立即消失，即具有易失性。PROM 是可编写的只读存储器 PROM。CD-ROM 属于光盘存储器，其特点都是只能读不能写，即具有非易失性。

（11）【答案】B

【解析】最早的计算机使用直接连接的方式，运算器、存储器、控制器和外部设备等各个

部件之间都有单独的连接线路。这种结构可以获得最高的连接速度，但是不易扩展。

（12）【答案】A

【解析】所有外部设备都通过各自的接口电路连接到计算机的系统总线上，而不能像内存一样直接挂在总线上。这是因为 CPU 只能处理数字的且是并行的信息，而且处理速度比外设快，故需要接口来转换和缓存信息。

（13）【答案】D

【解析】操作系统是控制和管理计算机硬件和软件资源并为用户提供方便的操作环境的程序集合，它是计算机硬件和用户间的接口。

（14）【答案】B

【解析】汇编语言是用能反映指令功能的助记符描述的计算机语言，也称符号语言，实际上是一种符号化的机器语言。

（15）【答案】A

【解析】计算机易感染病毒的文件包括.com 文件、.exe 文件、.sys 文件、.doc 文件、.dot 文件等类型文件；不易感染病毒的是文本文件即.txt 类型的文件。

（16）【答案】A

【解析】计算机网络有两种常用的分类方法：①按传输技术进行分类可分为广播式网络和点到点式网络；②按地理范围进行分类可分为局域网（LAN）、城域网（MAN）和广域网（WAN）。

（17）【答案】B

【解析】HTML 是 HyperText Markup Language 的简称，即超文本标记语言，用于编写和格式化网页的代码。

（18）【答案】C

【解析】互联网的 4 种接入方式是：专线连接、局域网连接、无线连接和电话拨号连接。其中，ADSL 方式拨号连接对于个人用户和小单位是最经济、简单，也是应用最多的一种接入方式。

（19）【答案】D

【解析】在 Internet 上，域名与 IP 地址之间是一一对应的，域名虽然便于人们记忆，但机器之间只能互相认识 IP 地址，它们之间的转换工作称为域名解析，域名解析需要由专门的域名解析服务器来完成，DNS 就是进行域名解析的服务器。

（20）【答案】C

【解析】电子邮件是网络上使用较广泛的一种服务，它不受地理位置的限制，是一种既经济又快速的通信工具，收发电子邮件只需要知道对方的电子邮件地址，无需邮政编码。

6.2 计算机基础知识要点

6.2.1 计算机概述

1. 电子计算机的发展

世界上第一台名为 ENIAC 的数字电子计算机于 1946 年诞生在美国宾夕法尼亚大学，在半个多世纪的飞速发展过程中经历了 4 个时代，见表 6-1。

表 6-1　计算机的发展

计算机	第一代	第二代	第三代	第四代
特征	采用电子管作为计算机的逻辑元件，运算速度每秒仅几千次，内存容量仅几 KB	采用晶体管作为计算机的逻辑元件，运算速度每秒达几十万次，内存容量扩大到几十 KB	采用集成电路作为计算机的逻辑元件，运算速度每秒达几十万至几百万次	采用大规模和超大规模集成电路作为计算机的逻辑元件，运算速度每秒达几千万至亿亿次
时间	1946—1959	1959—1964	1964—1972	1972 年至今
应用	仅限于军事和科研中的科学计算；用机器语言或汇编语言编写程序	由科学计算扩展到数据处理和自动控制	开始广泛应用于各个领域，并出现了操作系统和会话式语言	应用范围已渗透到各行各业，并进入了以网络为特征的时代
代表产品	UNIVAC-Ⅰ	IBM-7000	IBM-360	IBM-4300 等

2．计算机的分类

计算机的种类很多，按处理数据的类型可以分为数字计算机、模拟计算机和混合计算机；按使用范围可以分为通用计算机和专用计算机；按计算机性能可以分为超级计算机、大型计算机、小型计算机、微型计算机、工作站和服务器等。

3．计算机的应用

（1）科学计算

如计算量大、数值变化范围大的天文学、量子化学、空气动力学、核物理学和天气预报等领域中的复杂运算。

（2）数据处理

是计算机应用的一个重要方面，如办公自动化、企业管理、事务管理、情报检索等非数值计算的领域。

（3）过程控制

如冶金、石油、化工、纺织、水电、机械、航天等现代工业生产过程中的自动化控制。

（4）计算机辅助

计算机辅助设计 CAD：如飞机、船舶、建筑、机械、大规模集成电路等的设计。

计算机辅助制造 CAM：用计算机进行生产设备的管理、控制和操作。

其他如计算机辅助教学 CAI、计算机辅助测试 CAT、计算机集成制造系统 CIMS 等。

（5）网络通信

通过电话交换网等方式将计算机连接起来，实现资源共享和信息交流，其应用主要有网络互连技术、路由技术、数据通信技术、信息浏览技术和网络技术等。

（6）人工智能 AI

用计算机模拟人类的学习过程和探索过程，其应用主要有自然语言理解、专家系统、机器人、定理自动证明等。

（7）多媒体

多种媒体的综合，一般包括文本、声音和图像等多种媒体形式。

（8）嵌入式系统

把处理器芯片嵌入到设备中完成特定的处理任务，其应用主要有消费电子产品和工业制造系统等。

4．计算机的发展趋势

随着计算机应用的广泛和深入，人们向计算机技术提出了更高的要求——提高计算机的工作速度和存储容量。但专家们认识到，尽管随着工艺的改进，集成电路的规模越来越大，但在单位面积上容纳的元件数是有限的，并且它的散热、防漏电等因素制约着集成电路的规模，现在半导体芯片的发展将达到理论的极限。为此，世界各国的研究人员正在加紧研制新一代计算机，从体系结构的变革到器件与技术革命都要产生一次飞跃。

（1）计算机的发展方向
- 巨型化：指高速运算、大存储容量和强功能的巨型计算机。
- 微型化：指体积更小、功能更强、可靠性更高、携带更方便、价格更便宜、适用范围更广的微型计算机。
- 网络化：利用现代通信技术和计算机技术，将分布在不同地点的计算机连接起来，按照网络协议互相通信，共享软件、硬件和数据资源。
- 智能化：让计算机来模拟人的感觉、行为、思维过程，使计算机具有视觉、听觉、语言、推理、思维、学习等能力，成为智能型计算机。

（2）未来新一代的计算机
- 模糊计算机
- 生物计算机
- 光子计算机
- 超导计算机
- 量子计算机

6.2.2 信息在计算机内的表示

1．基本概念

数据：是对事实、概念或指令的一种特殊表达形式，这种特殊的表达形式可以用人工的方式或用自动化的装置进行通信、翻译转换或者进行加工处理。它包括数字、文字、图画、声音、活动图像等。

数据处理：是对数据进行加工、转换、存储、合并、分类、排序与计算的过程。

信息：是对人有用的数据。

媒体：是承载信息的载体，包括感觉媒体、表示媒体、存储媒体、表现媒体、传输媒体等。

2．进位制

（1）计算机中常用的几种进位制见表 6-2。

表 6-2　几种常用的进位制

进位制	二进制	八进制	十进制	十六进制
规则	逢二进一	逢八进一	逢十进一	逢十六进一
基数	$r=2$	$r=8$	$r=10$	$r=16$
数符	0，1	0，1，…，7	0，1，…，9	0，1，…，9，A，B，C，D，E，F
权	2^i	8^i	10^i	16^i
形式表示	B	O	D	H

（2）不同进位制之间的转换见表6-3。

表6-3 不同进位制之间的转换

转换方式	示例
二进制→十进制	$(100110.101)_B=1\times2^5+1\times2^2+1\times2^1+1\times2^{-1}+1\times2^{-3}=(38.625)_D$
八进制→十进制	$(76.2)_O=7\times8^1+6\times8^0+2\times8^{-1}=(62.25)_D$
十六进制→十进制	$(A2F.C)_H=10\times16^2+2\times16^1+15\times16^0+12\times16^{-1}=(2607.75)_D$
十进制→二进制	$(117.625)_D=(1110101.101)_B$ 整数部分"除以2取余法"+小数部分"乘以2取整法"
十进制→八进制	$(193.12)_D\approx(301.075)_O$ 整数部分"除以8取余法"+小数部分"乘以8取整法"
十进制→十六进制	$(222.6875)_D=(DE.B)_H$ 整数部分"除以16取余法"+小数部分"乘以16取整法"
八进制→二进制	$(16.3)_O=(001\ 110\ .\ 011)_B=(1110.011)_B$
十六进制→二进制	$(4C.2)_H=(0100\ 1100\ .\ 0010)_B=(1001100.001)_B$
二进制→八进制	$(11101.01)_B=(011\ 101\ .\ 010)_B=(35.2)_O$
二进制→十六进制	$(11101.01)_B=(0001\ 1101\ .\ 0100)_B=(1D.4)_H$

（3）计算机中采用二进制编码的原因
- 二进制编码在物理上最容易实现
- 二进制数的编码、记数、加减运算规则简单
- 二进制编码的两个符号"1"和"0"正好与逻辑命题的两个值"是"和"否"相对应，便于计算机实现逻辑运算。

（4）二进制数的运算规则见表6-4。

表6-4 二进制数运算规则一览表

加法	减法	乘法	除法
0+0=0	0-0=0	0×0=0	
0+1=1	1-0=1	0×1=0	
1+1=10 有进位	1-1=0	1×0=0	与十进制数除法类似
1+1+1=11 有进位	0-1=1 有借位	1×1=1	

（5）计算机中数据的单位
- 位

位（bit）是度量数据的最小单位，在数字电路和计算机技术中采用二进制，代码只有0和1。无论0还是1，在CPU中都是1位。

- 字节

一个字节（Byte）由8位二进制数组成（1Byte=8bit）。字节是信息组织和存储的基本单元，也是计算机体系结构的基本单元。

早期的计算机并无字节的概念，20世纪50年代中期，随着计算机逐渐从单纯用于科学计算扩展到数据处理领域，为了在体系结构上兼顾表示"数"和"字符"，就出现了"字节"。

为了便于衡量存储器的大小，统一以字节（Byte，简写 B）为单位。常用的存储单元大小表示为：

KB　　1KB=1024B
MB　　1MB=1024KB
GB　　1GB=1024MB
TB　　1TB=1024GB

（6）西文字符的编码

计算机中常用的字符编码是 ASCII（American Standard Code for Information Interchange，美国信息交换标准代码）。每个字符用 7 位二进制编码表示，在计算机中用一个字节（8 位）来表示一个 ASCII 码，其中第 8 位除在传输中作奇偶校验用外，一般保持为 0。

ASCII 码是由 128 个字符组成的字符集，其中编码值 0～31（0000000～0011111）不对应任何可印刷字符，常称为控制符，用于计算机中的通信控制或对计算机设备的功能控制；编码值 32（0100000）是空格字符 SP；编码值 127（1111111）是删除控制 DEL；其余 94 个字符称为可印刷字符。

（7）汉字的编码

数字编码：用一串数字表示一个汉字的输入。常用的有 GB 2312—1980，称作 GB 码或国标码，全称为《信息交换用汉字编码字符集·基本集》，由原中国国家标准总局发布，1981 年 5 月 1 日开始实施。

汉字信息交换码简称交换码，也叫国标码。国标码的编码范围是 2121H～7E7EH。区位码和国标码之间的转换方法是将一个汉字的十进制区号和十进制位号分别转换成十六进制数，然后分别加上 20H，就成为此汉字的国标码，即：

汉字国标码=[区号（十六进制数）+20H][位号（十六进制数）+20H]

在得到汉字的国标码之后，就可以使用以下公式计算汉字的机内码：

汉字机内码=汉字国标码+8080H

汉字字形码也叫字模或汉字输出码。在计算机中，由于 8 个二进制位组成一个字节（字节是度量空间的基本单位），可见一个 16×16 点阵的字型码需要 16×16/8=32 字节存储空间。

从汉字编码的角度看，计算机对汉字信息的处理过程实际上就是各种汉字编码间的转换过程。这些编码主要包括汉字输入码、汉字内码、汉字地址码、汉字字形码等。汉字信息处理的流程如图 6-1 所示。

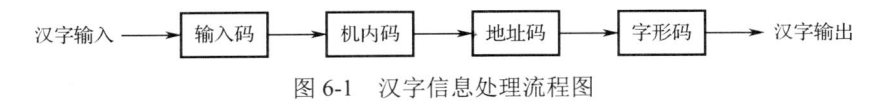

汉字输入 → 输入码 → 机内码 → 地址码 → 字形码 → 汉字输出

图 6-1　汉字信息处理流程图

6.2.3　计算机系统

1. 计算机的基本结构

冯·诺依曼（美籍匈牙利数学家）对计算机结构提出的设计思想概括如下：
（1）计算机应由五个基本部分组成，即运算器、控制器、存储器、输入设备和输出设备；
（2）采用存储程序的方式，程序和数据存放在同一个存储器中；
（3）指令在存储器中按执行顺序存放，由指令计数器指明要执行的指令所在的单元地址，一般按顺序递增，但可按运算结果或外界条件而改变；

（4）机器以运算器为中心，输入/输出设备与存储器间的数据传送都通过运算器。

计算机基本结构如图 6-2 所示。

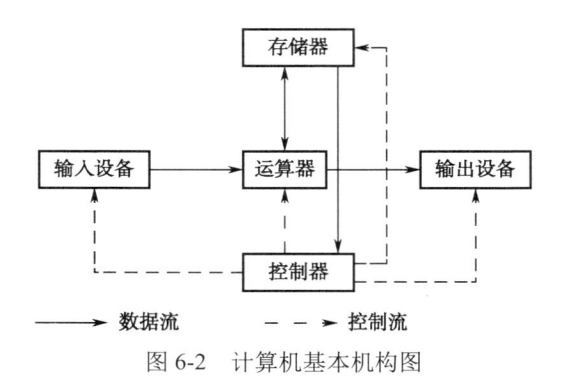

图 6-2 计算机基本机构图

2．计算机系统的组成

计算机系统由计算机硬件系统和计算机软件系统两大部分组成，其具体的组成如图 6-3 所示。

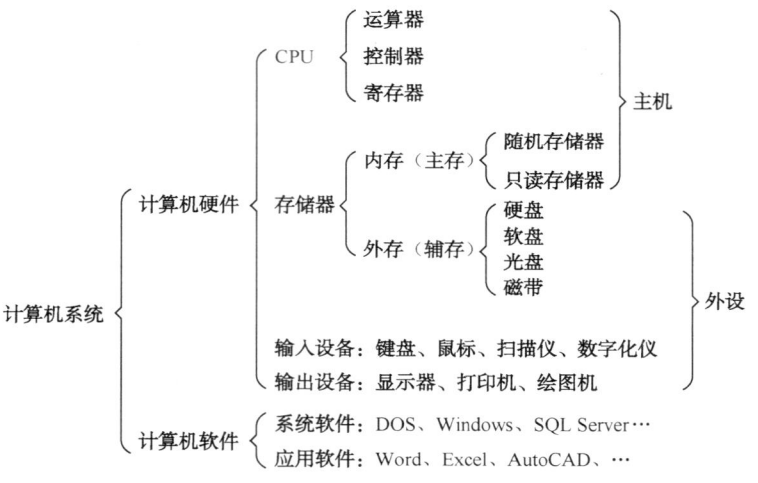

图 6-3 计算机系统的组成

3．计算机工作原理

计算机的工作过程其实就是一个执行指令和程序的过程。

指令的执行过程：第一阶段，计算机将要执行的指令从内存取到 CPU，此阶段称之为取指周期；第二阶段，CPU 对取入的指令进行分析译码，判断该指令要完成的操作，然后向各部件发出完成该操作的控制信号，完成该指令的功能，此阶段称之为执行周期。

程序的执行过程：逐条执行指令的过程，即取指令→执行指令→取指令→执行指令……

指令：让计算机完成某个操作所发出的命令，是计算机完成某个操作的依据。它包括操作码和操作数两部分。

操作码：指明该指令要完成的操作。

操作数：是指参加运算的数或者数所在的单元地址。

指令的分类：包括数据传送指令、算术运算指令、逻辑运算指令、移位运算指令、位与位串操作指令、控制转移指令、输入/输出指令、其他指令。

指令系统：指一台计算机的所有指令的集合。不同的计算机其指令系统不一定相同。

程序：由一系列指令构成的有序集合。

4．计算机硬件系统

计算机中我们能看得见、摸得着的部分称为硬件。计算机的硬件由运算器、控制器、存储器、输入设备和输出设备5大基本部件组成。运算器也称为算术逻辑部件（ALU），主要功能是对二进制编码进行算术运算或逻辑运算。控制器（CU）是计算机的神经中枢，指挥计算机各个部件自动、协调地工作。运算器和控制器都集成在中央处理器（CPU）中。

下面具体介绍各种硬件设备以及硬件衡量指标。

（1）中央处理器（CPU）

CPU和内存储器构成了计算机的主机。CPU又称微处理器（MPU），是计算机系统的核心。CPU品质的高低直接决定了计算机系统的档次。CPU主要由运算器（ALU）和控制器（CU）两大部件组成，还包括若干个寄存器和高速缓冲存储器（Cache），它们通过内部总线连接。

（2）存储器（Memory）

存储器是存放程序和数据的部件，可存储原始数据、中间计算结果及命令等信息。

主存储器（内存）是用来暂时存放处理程序、待处理的数据和运算结果的主要存储器，直接和中央处理器交换信息。内存储器的存取速度最快，其中Cache的存取速度高于DRAM。主存储器包含只读存储器（ROM）和随机存储器（RAM），只读存储器可以分为可编写的只读存储器PROM，可擦除、可编写的只读存储器EPROM，以及掩膜型只读存储器MROM；随机存储器可以分为静态RAM（SRAM）和动态RAM（DRAM）。

表6-5列出了几种存储器的特点。

表6-5　几种存储器的特点

内存类型	特　点	用　途	分　类	区　别
随机存储器 RAM	1.CPU可以随时直接对其读/写；当写入时，原来存储的数据被冲掉 2.加电时信息完好，但断电后数据会消失，且无法恢复	存储当前使用的程序、数据、中间结果以及与外存交换的数据	动态随机存取存储器DRAM	集成度高、价格低、存取速度较慢、需刷新
			静态随机存取存储器SRAM	集成度低、价格高、存取速度快、不需刷新
只读存储器 ROM	1.其中的信息只能读出不能写入，且只能被CPU随机读取； 2.内容永久性，断电后信息不会丢失，可靠性高。用途：主要用来存放固定不变的控制计算机的系统程序和数据	用来存放固定不变的控制计算机的系统程序和数据	可编写的只读存储器PROM	在出厂时未存入数据信息。用户可按设计要求将所需存入的数码"一次性地写入"，一旦写入后就不能再改变了
			可擦除、可编写的只读存储器EPROM	为了克服PROM只能写一次的缺点，出现了可多次擦除和编程的存储器
			掩膜型只读存储器MROM	内容在出厂时已按要求固定，用户无法修改

（3）辅助存储器

用于存储暂时不用的程序和数据。目前，常用的辅助存储器有硬盘、磁带和光盘存储器，硬盘也可称为磁盘。

操作系统是以扇区为单位对磁盘进行读取操作的。磁盘的磁道是一个个同心圆，最外边的磁道编号为 0，次序由外向内增大。

把内存中的数据传送到计算机硬盘中去，称为写盘；把硬盘上的数据传送到计算机内存中去，称为读盘。

当前流行的移动硬盘和优盘进行读/写时用的是计算机 USB 接口。优盘，又称 U 盘，在断电后还能保持存储的数据不丢失，其优点是质量轻、体积小、即插即用。优盘有基本型、增强型和加密型 3 种。用于度量计算机外部设备传输速率的单位是 MB/s。USB 1.0、USB 2.0 和 USB 3.0 的区别之一在于传输速率不同，USB 1.0 的传输速率最高为 12MB/s，USB 2.0 的传输速率最高为 60MB/s，而 USB 3.0 的传输速率最高可达到 500MB/s。

CD 光盘可以分为只读型光盘 CD-ROM、一次性写入光盘 CD-R 和可擦除型光盘 CD-RW。DVD-ROM 为大容量只读外部存储器。

（3）输出设备

显示器：常见的有单色 CRT（阴极射线管）显示器、彩色 CRT 显示器、平板显示器等。

主要技术指标：分辨率、彩色数目、屏幕尺寸。

打印机：常见的有点阵式打印机、喷墨打印机、激光打印机。

其他输出设备：绘图仪、音箱、耳机、投影仪等。

（4）输入设备

鼠标：常见的有机械式、光电式和光机式三类鼠标。笔记本电脑上用跟踪球代替鼠标。

键盘：常见的有 101 键盘、104 键盘。

扫描仪：常见的有手持式扫描仪、平板式扫描仪。

其他输入设备：条形码阅读器、光学字符阅读器、触摸屏、话筒、摄像机等。

要组装一台台式计算机，必不可少的硬件设备有哪些呢？

根据自己个人的预算和用途来配置，主要准备下列硬件：CPU、CPU 散热器、主板、内存、硬盘、显卡、声卡、机箱、光驱、电源、风扇、显示器、鼠标、键盘等。

（5）衡量电脑的性能指标

电脑组装好后，衡量一台计算机硬件好坏的主要性能指标有：

- 字长：计算机 CPU 能够直接处理的二进制数据的位数。
- 时钟频率：计算机 CPU 的时钟频率。主频的单位为兆赫兹（MHz）或吉赫兹（GHz）。
- 运算速度：通常所说的计算机的运算速度一般用百万次/秒（MIPS）来描述。
- 存储容量：存储容量分内存容量与外存容量，这里主要指内存容量。目前微型机的内存容量已达数 GB。
- 存取周期：存取周期是 CPU 从内存储器中存取数据所需的时间。存取周期越短，运算速度越快。

5．计算机软件系统

软件：是利用计算机本身提供的逻辑功能，合理地组织计算机的工作，简化或代替人们在使用计算机过程中的各个环节，提供给用户的一个便于掌握操作的工作环境。

（1）软件分类与简介

计算机软件按其功能可分为系统软件和应用软件两大类。

系统软件：指为整个计算机系统所配置的、不依赖于特定应用的通用软件。系统软件可供所有用户使用，常见的系统软件有操作系统、程序设计语言、数据库管理系统、语言处理系统、服务程序等。
- 操作系统：DOS、Windows、UNIX、Linux、OS/2、Mac OS、NetWare、Windows NT；
- 程序设计语言：机器语言、汇编语言、高级语言；
- 数据库管理系统：SQL Server、Access、Oracle、Sybase、DB2、Informix；
- 语言处理系统：FORTRAN、COBOL、PASCAL、C、BASIC、Python；
- 服务型程序：软件安装程序、磁盘扫描程序、故障诊断程序、纠错程序。

应用软件：指用于解决各种不同具体应用问题的专门软件，包括定制软件（特定用户使用）和通用应用软件。
- 办公软件：Microsoft Office、WPS；
- 绘图软件：AutoCAD；
- 图像处理软件：Photoshop。

裸机：没有安装任何软件的计算机。

（2）操作系统的概念

操作系统是人与计算机之间通信的桥梁，它直接运行在裸机上，是对计算机硬件系统的第一次扩充。只有在操作系统的支持下，计算机才能运行其他软件。用户可以通过操作系统提供的命令和交互功能实现各种访问计算机的操作。

操作系统的目的有两个：首先是方便用户使用电脑，用户通过操作系统提供的命令和服务去操作电脑，而不必去直接操作电脑的硬件；其次，操作系统尽可能地使电脑系统中的各项资源得到充分合理的利用。

操作系统提供了 5 个方面的功能：存储器管理、处理机管理、设备管理、文件管理和作业管理。

（3）程序设计语言

按其指令代码的类型分为机器语言、汇编语言和高级语言。
- 机器语言：计算机的指令系统也称为机器语言。机器语言是计算机唯一能识别并且直接执行的语言，直接依赖于机器。由于不同型号（或系列）计算机的指令系统不完全相同，故可移植性差。机器语言效率高，但不易掌握和使用。
- 汇编语言：汇编语言其实就是用代码表示的机器语言，同机器语言一样，都依赖于具体的机器。

计算机不能直接识别和执行汇编语言程序，汇编语言源程序必须经过汇编过程翻译成机器语言程序（称目标程序）才能被执行。汇编语言开发效率低，但运行效率高。
- 高级语言：常见的高级语言有 BASIC 语言、FORTRAN 语言、C 语言、PASCAL 语言等。和汇编语言程序一样，高级语言程序不能直接被计算机识别和执行，必须由编译程序把它翻译成机器语言后才能被执行。简单而言，一个高级语言源程序必须经过"编译"和"连接装配"两步后才能成为可执行的机器语言程序。

目前，常用的编译程序有 C、C++、Visual C++、Visual BASIC 等高级语言。

高级语言开发效率高，但运行效率低，可读性和可移植性好。

高级语言源程序转化为可执行的机器语言程序的执行过程如图 6-4 所示。

图 6-4　程序执行过程

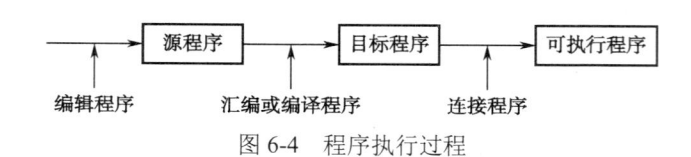

6.2.4　计算机安全

1. 计算机病毒

（1）计算机病毒的定义

蓄意编制的一种特殊的计算机程序，它能在计算机系统中生存，通过自我复制来传播，在一定条件下被激活，会给计算机系统造成一定损害，甚至严重破坏。

（2）计算机病毒的特点

计算机病毒一般具有这 5 个特点：传染性、破坏性、针对性、变种性、潜伏性。

（3）计算机病毒的结构

一般而言，计算机病毒（并非任何病毒）包括三大功能模块：引导模块、传染模块、表现或破坏模块。

（4）计算机病毒的类型

计算机病毒一般可分为以下 4 种主要类型。

引导型病毒：主要通过软盘在 DOS 操作系统里传播。病毒隐藏在软盘第一扇区，在系统文件装入内存之前先进入内存，从而获得对 DOS 的完全控制，先侵染软盘的引导区，再蔓延到硬盘，并能侵染硬盘中的主引导记录。

文件型病毒：它运作在计算机存储器里，通常感染扩展名为.com、.exe、.drv、.bin、.ovl、.sys 等的文件，被激活时，感染文件把自身复制到其他文件中。

混合型病毒：具有引导型和文件型病毒二者的特征。

宏病毒：一般是指用 Basic 书写的病毒程序，寄存在 Microsoft Office 文档上的宏代码。它影响对文档的各种操作。当文档打开时，宏病毒就处于活动状态，当触发条件满足时，宏病毒就开始传染、表现和破坏。它能通过电子邮件、软盘、Web 下载、文件传输和合作应用等途径传播。据统计，目前宏病毒是发展最快的病毒之一。

（5）计算机病毒的传染

目前，计算机病毒主要通过移动硬盘（U 盘）、硬盘、网络这三种途径来传染。

（6）计算机病毒的症状

计算机病毒常见的症状如下。

- 屏幕出现异常情况：出现异常图形、异常滚动、异常的信息提示。
- 系统运行异常：速度突然减慢、异常死机、系统不能启动。
- 磁盘存取异常：磁盘空间异常减少、读写异常、磁盘驱动器"丢失"。
- 文件异常：文件长度无故加长、文件无故变化或丢失。
- 打印机异常：系统丢失打印机、打印机状态发生变化、无故打不出汉字。
- 蜂鸣器无故发声。

（7）计算机病毒的预防与清除

计算机病毒的预防：不在带病毒的计算机上使用 U 盘，不在计算机上使用带病毒的 U 盘和光盘（不要轻易使用来历不明的 U 盘、光盘），经常对计算机和 U 盘进行病毒检测，在自己的计算机上安装病毒查杀软件。

计算机病毒的清除：当发现计算机有异常情况时，用正版杀毒软件对计算机进行一次全面的清查，注意不要用那些盗版的、解密的、从别处拷贝的杀毒软件。目前常用的杀毒软件有金山毒霸、腾讯电脑管家、360 安全卫士等。

2．数据的安全维护

由于计算机硬件故障、计算机病毒、用户误操作等多种意外情况都会导致计算机中的系统数据或其他重要数据丢失或被破坏，为安全起见，应将硬盘上的有用数据定期地复制到其他的存储设备上，如 U 盘、移动硬盘、光盘等设备上，并放在安全的地方保管。平时对这些数据备份介质，也要防止霉变和其他自然灾害。

3．软件的法律保护

可用于保护计算机软件的法律有三种：著作权法、专利法、商业秘密法。

1991 年 6 月由国务院正式颁布了《计算机软件保护条例》（2013 年 1 月 16 日修改，2013 年 3 月 1 日起施行修改后的条例），作为我国保护软件著作权的专门性行政法规。

6.2.5　计算机网络

1．网络定义

计算机网络是利用通信设备和线路将地理位置不同的、功能独立的多个计算机系统互连起来，以功能完善的网络软件（包括网络通信协议、信息交换方式及网络操作系统等）实现网络中资源共享和信息交换的系统。

2．网络组成

若干主机、一个通信子网、一系列通信协议。

3．网络功能

（1）信息交换，如传送电子邮件、发布新闻、电子购物、远程教育等。

（2）资源共享，如计算处理能力、磁盘、打印机、绘图仪、数据库、文件等。

（3）分布式处理，即由网络内多台计算机分别完成一项复杂任务的各部分。

（4）提高计算机系统的可靠性和可用性，网络中的计算机可互为备用。

4．网络分类

按规模和距离分为广域网 WAN（Wide Area Network）、城域网 MAN（Metropolitan Area Network）、局域网 LAN（Local Area Network）

5．网络设备

网络传输介质：双绞线、同轴电缆、光导纤维、激光、红外线、微波和卫星通信等。

网内连接设备：网络适配器（网卡）、中继器、集线器、交换机、无线 AP。

网络接入设备：调制解调器。

网络互联设备：路由器。

网间连接设备：网桥。

6. 网络的拓扑结构

网络的拓扑结构指各节点（网络上的计算机、大容量磁盘、高速打印机等）在网络上的连接方式。它影响网络传输介质的选择和控制方法的确定，会影响网上节点的运行速度和网络软、硬件接口的复杂度。

常见的网络拓扑结构有总线结构、星形结构、环形结构、树形结构、混合型结构，如图 6-5 所示。

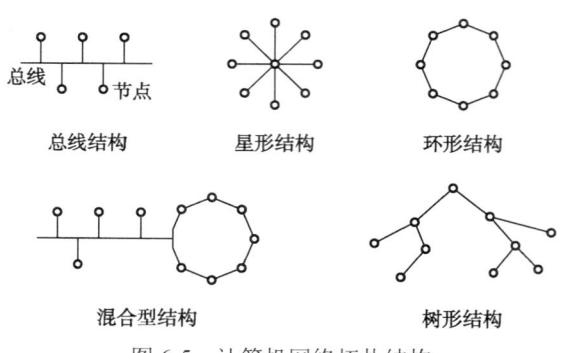

图 6-5　计算机网络拓扑结构

6.3　拓展知识：计算思维

在学习本节内容前，请先思考几个问题：
问题 1：如何绘制人类完整的 DNA 序列？
问题 2：流传至今的李白的诗作是否全部都是他亲笔所著？
问题 3：能否编写出可自主作曲的计算机程序？
以上三个问题有什么共性吗？要想回答这些问题，需要使用所谓的计算思维。

6.3.1　计算思维的概念

什么是计算思维（Computational Thinking）？最早由美国卡内基·梅隆大学计算机科学系主任周以真（Jeannette M. Wing）教授于 2006 年 3 月在美国计算机权威期刊 *Communications of the ACM* 杂志上给出定义。周教授认为：计算思维是运用计算机科学的基础概念进行问题求解、系统设计，以及人类行为理解等涵盖计算机科学之广度的一系列思维活动。

以上是关于计算思维的一个总定义。周教授为了让人们更易于理解，又将它更进一步地定义为：

（1）是通过约简、嵌入、转化和仿真等方法，把一个看起来困难的问题重新阐释成一个我们知道问题怎样解决的方法；

（2）是一种递归思维，是一种并行处理，是一种把代码译成数据又能把数据译成代码，是一种多维分析推广的类型检查方法；

（3）是一种采用抽象和分解来控制庞杂的任务或进行巨大复杂系统设计的方法，是基于关注分离的方法（SoC 方法）；

（4）是一种选择合适的方式去陈述一个问题，或对一个问题的相关方面建模使其易于处理的思维方法；

（5）是按照预防、保护及通过冗余、容错、纠错的方式，并从最坏情况进行系统恢复的一种思维方法。

（6）是利用启发式推理寻求解答，也即在不确定情况下的规划、学习和调度的思维方法；

（7）是利用海量数据来加快计算，在时间和空间之间，在处理能力和存储容量之间进行折中的思维方法。

计算思维的本质是抽象（Abstract）和自动化（Automation）。它反映了计算的根本问题，即什么能被有效地自动进行。计算是抽象的自动执行，自动化需要某种计算机去解释抽象。

计算思维和计算机科学既有密切的联系，又有本质区别。

有些人将计算思维和计算机科学混为一谈，但这两者其实截然不同。

计算机科学是一门学术性学科，包括了可计算性的研究及其借助计算机的应用。当我们必须求解一个特定的问题时，首先会问：解决这个问题有多么困难？怎样才是最佳的解决方法？计算机科学根据坚实的理论基础来准确地回答这些问题。表述问题的难度就是工具的基本能力，必须考虑的因素包括机器的指令系统、资源约束和操作环境。

而计算思维与计算机科学又是有着密切联系的。计算思维是运用计算机科学的基础概念去求解问题、设计系统和理解人类的行为，它包括涵盖计算机科学之广度的一系列思维活动。考虑下面日常生活中的事例：当你女儿早晨去学校时，她把当天需要的东西放进背包，这就是预置和缓存；当你儿子弄丢他的手套时，你建议他沿走过的路寻找，这就是回推；在什么时候停止租用滑雪板而为自己买一副呢，这就是在线算法；在超市付账时，你应当去排哪个队呢，这就是多服务器系统的性能模型；为什么停电时你的电话仍然可用，这就是失败的无关性和设计的冗余性。所以，在日常生活中我们可以发现很多包含计算机科学概念的计算思维活动。计算以及计算机科学的发展正如早期印刷出版促进了人们阅读、写作和算术 3R（Reading, Writing and Arithmetic——3R）的普及，也以类似的正反馈促进了计算思维的传播。

同时，计算思维吸取了问题解决所采用的一般数学思维方法，现实世界中巨大复杂系统的设计与评估的一般工程思维方法，以及复杂性、智能、心理、人类行为的理解等的一般科学思维方法。但计算思维中的抽象完全超越物理的时空观，可以完全用符号来表示，其中，数字抽象只是一类特例。与数学相比，计算思维中的抽象显得更为丰富，也更为复杂。数学抽象的特点是抛开现实事物的物理、化学和生物等特性，仅保留其量的关系和空间的形式，而计算思维中的抽象却不仅仅如此。堆栈是计算学科中常见的一种抽象数据类型，这种数据类型就不可能像数学中的整数那样进行简单的相"加"。算法也是一种抽象，也不能将两个算法简单地放在一起实现一种并行算法。

计算思维是我们攻克难题的一种方式，即是一种直观与抽象的思维方式。无论你是计算机专业还是其他专业的学生，这都是一种让人获益匪浅的普适性思维技能。计算思维还能增加人们面对模糊的、复杂的或是开放性的问题时的自信心。因此，任何专业、不同学段的学生都应该学习计算思维，将问题分解成大小不同的部分并逐一处理解决，最终进行总结归纳以解决整体问题，这是一种让人受益的技能。每天都有越来越多的人使用这种思维方式来解决各式各样的问题，无论是数学、科学、计算机或者人文学科，计算思维都能为之添砖加瓦。

既然计算思维这么重要这么强大，它是像机器人一样去思考？还是像程序员一样去编程？其实不然。简单来说，计算思维是解决问题的能力，也是解决问题的最佳方法。那么它应该怎么操作呢？

6.3.2 计算思维的组成部分

我们知道计算思维的本质是抽象和自动化。从操作层面上讲，计算就是如何寻找一台计算机去求解问题，隐含地说就是要确定合适的抽象，选择合适的计算机去解释执行该抽象，后者就是自动化。计算思维中的抽象最终要能够机械地一步一步自动执行。为了确保机械的自动化，就需要在抽象过程中进行精确和严格的符号标记和建模，同时也要求计算机系统或软件系统生产厂家能够向公众提供各种不同抽象层次之间的翻译工具。总之，计算思维操作模型建立在计算过程的能力和限制之上，由人和机器执行。计算方法和模型使我们敢于去处理那些原本无法由任何个人独自完成的问题求解和系统设计。计算思维直面机器智能的不解之谜：什么方面人类比计算机做得好？什么方面计算机比人类做得好？最基本的问题是：什么是可计算的？迄今为止我们对这些问题仍是一知半解，还在不断地探索中。尽管如此，但基于前面的计算思维定义，一般认为计算思维应包括以下几个组成部分。

1. 主要组成部分

计算思维可以划分为四个主要组成部分，如图 6-6 所示。

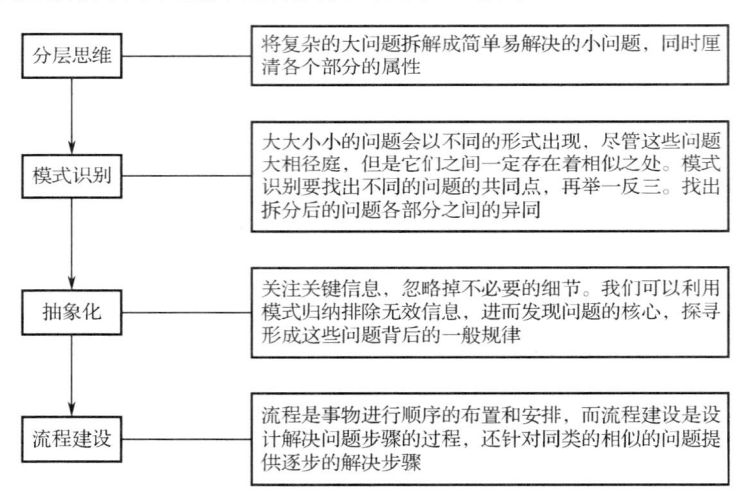

分层思维	将复杂的大问题拆解成简单易解决的小问题，同时厘清各个部分的属性
模式识别	大大小小的问题会以不同的形式出现，尽管这些问题大相径庭，但是它们之间一定存在着相似之处。模式识别要找出不同的问题的共同点，再举一反三。找出拆分后的问题各部分之间的异同
抽象化	关注关键信息，忽略掉不必要的细节。我们可以利用模式归纳排除无效信息，进而发现问题的核心，探寻形成这些问题背后的一般规律
流程建设	流程是事物进行顺序的布置和安排，而流程建设是设计解决问题步骤的过程，还针对同类的相似的问题提供逐步的解决步骤

图 6-6 计算思维组成

2. 计算思维实例

其实，我们每天都在用计算思维来解决我们生活中遇到的问题。比如今天有客人来到家里吃饭，那么要做哪些准备呢？首先将准备一顿饭分解成做什么菜、什么饭和煮什么汤这样具体的小问题（分层思维）。然后确定采购的原料，采购完成以后，开始分配原料，每道菜对应一种模式，明确不同菜式的做法和规律：炒菜就是将原料混合快炒；炖菜就是给原料加上水，然后上锅开火慢炖（模式识别）。为了避免菜凉，几道菜都要差不多时间出锅，所以需要将菜品的制作按时间排序，抽象为排序问题（抽象化）。之后就要考虑做菜的详细步骤，大概要怎么做？口味是什么样的？需要用多少量的调料？这些最后都会落实到我们做饭的每一步具体操作上（流程建设）。

就这样，做饭的日常问题，也可上升到计算思维层面分析处理。

6.3.3 计算思维的主要特性

1. 计算思维不是程序化的，应是概念化的

我们知道计算思维涵盖计算机科学之广度的一系列思维活动。其实计算机科学也不完全是计算机编程。像计算机科学家那样去思维意味着远不止能为计算机编程，还要求能够在抽象的多个层次上思维。

2. 计算思维是人的一种根本技能，不是刻板的技能

根本技能是每一个人为了在现代社会中发挥职能所必须掌握的。刻板技能意味着机械地重复。

3. 计算思维是人的思维，不是计算机的思维方式

计算思维是人类求解问题的一条途径，但绝非要使人类像计算机那样思考。计算机枯燥且沉闷，人类聪颖且富有想象力。配置了计算设备，我们就能用自己的智慧去解决那些在计算时代之前不敢尝试的问题，实现"只有想不到，没有做不到"的境界。

4. 计算思维是数学和工程思维的互补与融合

计算机科学在本质上源自数学思维，因为像所有的科学一样，其形式化基础建筑于数学之上。计算机科学又从本质上源自工程思维，因为我们建造的是能够与实际世界互动的系统，基本计算设备的限制迫使计算机学家必须计算性地思考，不能只是数学性地思考。构建虚拟世界的自由使我们能够设计超越物理世界的各种系统。

5. 计算思维是一种思想，不是人造物

不只是我们生产的软件、硬件等人造物将以物理形式到处呈现并时时刻刻触及我们的生活，更重要的是还将有我们用以接近和求解问题、管理日常生活、与他人交流和互动的计算概念；而且面向所有的人，所有地方。当计算思维真正融入人类活动的整体以致不再表现为一种显式之哲学的时候，它就将成为一种现实。

6.3.4 学习计算思维的意义

在这个科技飞速发展的年代，计算机早已融入我们的生活，为我们的工作、生活、学习带来诸多便捷，未来的人机结合更是拥有无限可能。随着计算机性能的不断提升，让超级计算机处理基本的、简单的指令和任务是资源的浪费。想要充分使用超级计算机就要具备发出高级指令的能力，这就是计算思维的意义所在，它能帮人们找到更高级的解决方案，并让高性能的计算机高效率地工作。

通过运用科技的力量，我们能够汇聚精力，增强洞察力，分析具体情况，最后得出结论。当然我们不应该只是简单地学习前人总结出来的模型，而应该能够创建出来自己的模型。为了做到这一点，大家必须借助计算思维，发现隐藏在事物背后的规律。

计算思维不是额外的负担或是需要单独传授的技能，而是对现有思维的优化。日常生活中有很多已有问题的解决方式都运用到了计算思维，它存在于我们生活的方方面面，计算思维与我们息息相关。如果我们掌握了计算思维技能，每个人都拥有了如此强大的力量，我们将以前所未有的速度和精确度解决问题。有了计算思维和超级计算机，治愈癌症等世界难题的梦想将成为现实，超越人类的极限。

6.3.5 计算思维的应用

计算思维早已来到我们身边，存在于我们生活之中。在许多学科领域，大家都在应用计算思维来解决问题，当人们提出的一些问题更适合用计算机解决或者通过大数据分析寻求其中的内部规律时，就表明了他们正在使用计算思维进行思考。

计算思维带动了计算生物学、计算化学等领域的发展，同时也带来了能够作用在文学、社会研究和艺术方面的全新技术，或者更进一步说是计算思维影响了各行各业的发展。

美国 IntelinAir 公司应用人工智能技术帮助农民提高粮食产量，充分利用了计算思维的优势，面对农场太大无法检测所有农作物的生长情况这样的问题，他们将问题分解后，综合利用可见光相机、近红外相机和热成像相机，从载人飞机上拍摄图像；同时利用计算机高效地收集用于长期规划的趋势数据，针对问题发出提示；最后通过模式识别，为农作物进行健康评分和异常检测，为农场增加了产量，同时还大大节约了成本。

过去人们如果想要处理大量数据，需要人工收集数据，而现在大家可以通过计算机算法直接快速地获得数据计算结果，将注意力更多地投放到对数据结果的研究上，而不是放在收集和计算数据上面。美国总统竞选期间，国外的媒体想要了解人们对大选的看法，一种方法是让记者在大街上采访人们的想法，另一种方法则是使用一种能够在几秒之内分析数以万计的社交媒体网站内容的计算机程序，利用计算思维的方式很快就能得到代表了大多数民众意见的结论。

学生入学时要选择专业，若是想要了解各个专业的就业前景，往往会去询问相关从业人员，或是自己上网搜索信息，这种方法得到的结论都是小范围的、片面的。另一种方法也是使用能够获取并分析海量网络信息的计算机程序，这个例子同样体现了基于计算思维解决问题的优势。

6.3.6 问题解答

那么回到开头我们提到的问题，如何绘制人类基因序列呢？答案是借助算法与计算机程序给 DNA 中数以万计的碱基对进行排序。

如何破解李白诗作之谜呢？答案是通过计算机分析流传下来的李白诗作的词汇、主题和风格，就能够确认这些千古流芳的诗作是否是李白本人所作了。

如何实现智能作曲的问题？则可以通过计算思维发现已有音乐作品中的存在方式与规律，编写程序，编写出全新的音乐作品。

今天的人类所面临的全球重大问题，都不是单一的，需要跨学科来解决，通过将计算思维的技能整合进入所有学科之中，所培养出来的人才能够对过去看似无解的问题提出全新的解决方案。当然，今天或许还无法解决很多关于大自然的谜题，诸如癌症能否被治愈，是否有外星生物，等等，可能会在不久的将来，大家能够借助计算思维的技巧回答这些问题，让我们拭目以待。

附录6.1 计算机基础知识选择题库与解答

第一套选择题

1．世界上第一台电子计算机诞生于_____年。
　　A．1952　　　　　　B．1946　　　　　　C．1939　　　　　　D．1958
【答案】B
【解析】世界上第一台名为 ENIAC 的电子计算机于 1946 年诞生于美国宾夕法尼亚大学。

2．计算机的发展趋势是_____、微型化、网络化和智能化。
　　A．大型化　　　　　B．小型化　　　　　C．精巧化　　　　　D．巨型化
【答案】D
【解析】计算机未来的发展趋势是巨型化、微型化、网络化和智能化。

3．核爆炸和地震灾害之类的仿真模拟，其应用领域是_____。
　　A．计算机辅助　　　B．科学计算　　　　C．数据处理　　　　D．实时控制
【答案】A
【解析】计算机辅助的两个重要方面就是计算机模拟和仿真。核爆炸和地震灾害的模拟都可以通过计算机来实现，从而帮助科学家进一步认识被模拟对象的特征。

4．下列关于计算机主要特性的叙述中，错误的有_____。
　　A．处理速度快，计算精度高　　　　　　B．存储容量大
　　C．逻辑判断能力一般　　　　　　　　　D．网络和通信功能强
【答案】C
【解析】计算机的主要特性：可靠性高、工作自动化、处理速度快、存储容量大、计算精度高、逻辑运算能力强、适用范围广和通用性强等。

5．二进制数 110000 转换成十六进制数是_____。
　　A．77　　　　　　　B．D7　　　　　　　C．70　　　　　　　D．30
【答案】D
【解析】二进制数转换成十六进制数的方法是：从二进制数最低位开始，每四位为一组向高位组合，如果高位不足四位则前面补 0，然后将每组的四位二进制数转换为一个十六进制数即可，将 110000 分组为 0011 和 0000，0011 转换成十六进制数为 3，0000 转换为十六进制数为 0，即二进制数 110000 转换成十六进制数为 30。

6．在计算机内部对汉字进行存储、处理和传输的汉字编码是_____。
　　A．汉字信息交换码　　B．汉字输入码　　　C．汉字内码　　　　D．汉字字形码
【答案】C
【解析】在计算机内部对汉字进行存储、处理和传输的汉字代码是汉字内码。

7．奔腾（Pentium）是_____公司生产的一种 CPU 的型号。
　　A．IBM　　　　　　B．Microsoft　　　　C．Intel　　　　　　D．AMD
【答案】C
【解析】英特尔（Intel）公司生产的一种 CPU 的型号是奔腾（Pentium）系列的。

8. 下列不属于微型计算机技术指标的一项是_____。
    A. 字节　　　　　B. 时钟主频　　　　　C. 运算速度　　　　　D. 存取周期
【答案】A
【解析】计算机的主要技术指标有主频、字长、运算速度、存储容量和存取周期。字节是衡量计算机存储器存储容量的基本单位。

9. 微机中访问速度最快的存储器是_____。
    A. CD-ROM　　　　B. 硬盘　　　　　C. U 盘　　　　　D. 内存
【答案】D
【解析】中央处理器（CPU）直接与内存打交道，即 CPU 可以直接访问内存。而外存储器只能先将数据指令调入内存后再由内存调入 CPU，CPU 不能直接访问外存储器。CD-ROM、硬盘和 U 盘都属于外存储器，因此，内存储器比外存储器的访问周期更短。

10. 在微型计算机技术中，通过系统_____把 CPU、存储器、输入设备和输出设备连接起来，实现信息交换。
    A. 总线　　　　　B. I/O 接口　　　　　C. 电缆　　　　　D. 通道
【答案】A
【解析】在计算机的硬件系统中，通过总线将 CPU、存储器、I/O 连接起来进行信息交换。

11. 计算机最主要的工作特点是_____。
    A. 有记忆能力　　　　　　　　　B. 高精度与高速度
    C. 可靠性与可用性　　　　　　　D. 存储程序与自动控制
【答案】D
【解析】计算机的主要工作特点是将需要进行的各种操作以程序方式存储，并在它的指挥、控制下自动执行其规定的各种操作。

12. Word 字处理软件属于_____。
    A. 管理软件　　　　B. 网络软件　　　　　C. 应用软件　　　　　D. 系统软件
【答案】C
【解析】应用软件是指人们为解决某一实际问题，达到某一应用目的而编制的程序。图形处理软件、字处理软件、表格处理软件等属于应用软件。Word 是字处理软件，属于应用软件。

13. 在下列叙述中，正确的选项是_____。
    A. 用高级语言编写的程序称为源程序
    B. 计算机直接识别并执行的是汇编语言编写的程序
    C. 机器语言编写的程序需编译和连接后才能执行
    D. 机器语言编写的程序具有良好的可移植性
【答案】A
【解析】汇编语言无法直接执行，用汇编语言编写的程序必须先翻译成机器语言才能执行，故 B 的说法错误。机器语言是计算机唯一能直接理解和执行的语言，无须"翻译"，所以 C 项的说法错误。机器语言只是针对特定的机器，可移植性差，故 D 项的说法错误。

14. 以下关于流媒体技术的说法中，错误的是_____。
    A. 实现流媒体需要合适的缓存　　　　B. 媒体文件全部下载完成才可以播放
    C. 流媒体可用于在线直播等方面　　　D. 流媒体格式包括 asf、rm、ra 等
【答案】B

【解析】流媒体指的是一种媒体格式，它采用流式传输方式在互联网播放。流式传输时，音/视频文件由流媒体服务器向用户计算机连续、实时地传送。用户无须等整个文件都下载完才观看，即可以"边下载边播放"。

15. 计算机病毒实质上是_____。
    A．一些微生物　　　B．一类化学物质　　　C．操作者的幻觉　　　D．一段程序
【答案】D
【解析】计算机病毒是指编制或者在计算机程序中插入的破坏计算机功能或者毁坏数据、影响计算机使用，并能自我复制的一组计算机指令或者程序代码。

16. 计算机网络最突出的优点是_____。
    A．运算速度快　　　　　　　　　　　　B．存储容量大
    C．运算容量大　　　　　　　　　　　　D．可以实现资源共享
【答案】D
【解析】计算机网络的主要功能是数据通信和共享资源。数据通信是指计算机网络中可以实现计算机与计算机之间的数据传送。共享资源包括共享硬件资源、软件资源和数据资源。

17. 互联网属于_____。
    A．万维网　　　B．广域网　　　C．城域网　　　D．局域网
【答案】B
【解析】互联网（Internet）是通过路由器将世界不同地区、不同规模的网络相互连接起来的大型网络，属于广域网。

18. 在一间办公室内要实现所有计算机联网，一般应选择_____网。
    A．GAN　　　B．MAN　　　C．LAN　　　D．WAN
【答案】C
【解析】局域网一般位于一个建筑物或一个单位内，局域网在计算机数量配置上没有太多的限制，少的可以只有2台，多的可达数百台。一般来说在企业局域网中，工作站的数量在几十台到两百台左右。

19. 所有与Internet相连接的计算机必须遵守的一个共同协议是_____。
    A．HTTP　　　B．IEEE 802.11　　　C．TCP/IP　　　D．IPX
【答案】C
【解析】TCP/IP协议即传输控制/网际协议，又叫网络通信协议，这个协议是Internet国际互联网的基础。TCP/IP是网络中使用的基本通信协议。

20. 下列URL的表示方法中，正确的是_____。
    A．http://www.microsoft.com/index.html　　　B．http:\www.microsoft.com/index.html
    C．http://www.microsoft.com\鋪 index.html　　　D．http:www.microsoft.com/index.htmp
【答案】A
【解析】典型的统一资源定位器（URL）的基本格式：协议类型://IP地址或域名/路径/文件名。

第二套选择题

1. 计算机采用的电子器件的发展顺序是_____。
    A．晶体管、电子管、中小规模集成电路、大规模和超大规模集成电路
    B．电子管、晶体管、中小规模集成电路、大规模和超大规模集成电路

C．晶体管、电子管、集成电路、芯片
D．电子管、晶体管、集成电路、芯片

【答案】B

【解析】计算机从诞生至今所采用的电子器件的发展顺序是电子管、晶体管、集成电路、大规模和超大规模集成电路。

2．专门为某种用途而设计的计算机，称为_____计算机。
A．专用　　　　　B．通用　　　　　C．特殊　　　　　D．模拟

【答案】A

【解析】专用计算机是专门为某种用途而设计的特殊计算机。

3．CAM 的含义是_____。
A．计算机辅助设计　　　　　B．计算机辅助教学
C．计算机辅助制造　　　　　D．计算机辅助测试

【答案】C

【解析】计算机辅助制造简称 CAM，计算机辅助教学简称 CAI，计算机辅助设计简称 CAD，计算机辅助检测简称 CAE。

4．下列描述中不正确的是_____。
A．多媒体技术最主要的两个特点是集成性和交互性
B．所有计算机的字长都是固定不变的，都是 8 位
C．计算机的存储容量是计算机的性能指标之一
D．各种高级语言的编译系统都属于系统软件

【答案】B

【解析】字长是指计算机一次能直接处理二进制数据的位数，字长越长，计算机处理数据的精度越强，字长是衡量计算机运算精度的主要指标。字长一般为字节的整数倍，如 8、16、32、64 位等。

5．将十进制数 257 转换成十六进制数是_____。
A．11　　　　　B．101　　　　　C．F1　　　　　D．FF

【答案】B

【解析】十进制数转换成十六进制数时，先将十进制数转换成二进制数，然后再由二进制数转换成十六进制数。十进制数 257 转换成二进制数为 100000001，二进制数 100000001 转换成十六进制数为 101。

6．以下选项中不是汉字输入码的是_____。
A．五笔字形码　　　B．全拼编码　　　C．双拼编码　　　D．ASCII 码

【答案】D

【解析】计算机中普遍采用的字符编码是 ASCII 码，它不是汉字码。

7．计算机系统由_____组成。
A．主机和显示器　　　　　B．微处理器和软件
C．硬件系统和应用软件　　D．硬件系统和软件系统

【答案】D

【解析】计算机系统是由硬件系统和软件系统两部分组成的。

8. 计算机运算部件一次能同时处理的二进制数据的位数称为_____。
   A. 位　　　　　　B. 字节　　　　　　C. 字长　　　　　　D. 波特
【答案】C
【解析】字长是指计算机一次能直接处理的二进制数据的位数，字长越长，计算机的整体性能越强。

9. 下列关于硬盘的说法中错误的是_____。
   A. 硬盘中的数据断电后不会丢失
   B. 每个计算机主机有且只能有一块硬盘
   C. 硬盘可以进行格式化处理
   D. CPU 不能够直接访问硬盘中的数据
【答案】B
【解析】硬盘的特点是存储容量大、存取速度快。硬盘可以进行格式化处理，格式化后，硬盘上的数据丢失。每台计算机可以安装一块以上的硬盘，扩大存储容量。CPU 只能通过访问硬盘存储在内存中的信息来访问硬盘。断电后，硬盘中存储的数据不会丢失。

10. 半导体只读存储器（ROM）与半导体随机存取存储器（RAM）的主要区别在于_____。
    A. ROM 可以永久保存信息，RAM 在断电后信息会丢失
    B. ROM 断电后，信息会丢失，RAM 则不会
    C. ROM 是内存储器，RAM 是外存储器
    D. RAM 是内存储器，ROM 是外存储器
【答案】A
【解析】只读存储器（ROM）和随机存储器（RAM）都属于内存储器（内存）。只读存储器（ROM）的特点是：
● 只能读出（存储器中）原有的内容，而不能修改，即只能读、不能写。
● 断电以后内容不会丢失，加电后会自动恢复，即具有非易失性。
随机存储器（RAM）的特点是：读写速度快，最大的不足是断电后内容立即消失，即易失性。

11. _____是系统部件之间传送信息的公共通道，各部件由总线连接并通过它传递数据和控制信号。
    A. 总线　　　　　　B. I/O 接口　　　　　　C. 电缆　　　　　　D. 扁缆
【答案】A
【解析】总线是系统部件之间传递信息的公共通道，各部件由总线连接并通过它传递数据和控制信号。

12. 计算机系统采用总线结构对存储器和外设进行协调。总线主要由_____3 部分组成。
    A. 数据总线、地址总线和控制总线　　　　B. 输入总线、输出总线和控制总线
    C. 外部总线、内部总线和中枢总线　　　　D. 通信总线、接收总线和发送总线
【答案】A
【解析】计算机系统总线是由数据总线、地址总线和控制总线 3 部分组成的。

13. 计算机软件系统包括_____。
    A. 系统软件和应用软件　　　　B. 程序及其相关数据
    C. 数据库及其管理软件　　　　D. 编译系统和应用软件

【答案】A

【解析】计算机软件系统分为系统软件和应用软件两种，系统软件又分为操作系统、语言处理程序和服务程序。

14．计算机硬件能够直接识别和执行的语言是_____。
　　A．C语言　　　　　B．汇编语言　　　　C．机器语言　　　　D．符号语言

【答案】C

【解析】机器语言是计算机唯一可直接识别并执行的语言，不需要任何解释。

15．计算机病毒破坏的主要对象是_____。
　　A．U盘　　　　　　B．磁盘驱动器　　　C．CPU　　　　　　D．程序和数据

【答案】D

【解析】计算机病毒主要破坏的对象是计算机的程序和数据。

16．下列有关计算机网络的说法中错误的是_____。
　　A．组成计算机网络的计算机设备是分布在不同地理位置的多台独立的"自治计算机"
　　B．共享资源包括硬件资源和软件资源以及数据信息
　　C．计算机网络提供资源共享的功能
　　D．计算机网络中，每台计算机核心的基本部件如CPU、系统总线、网络接口等都要求存在，但不一定独立

【答案】C

【解析】计算机网络中的计算机设备是分布在不同地理位置的多台独立的计算机。每台计算机核心的基本部件如CPU、系统总线、网络接口等都要求存在并且独立，从而使得每台计算机可以联网使用，也可以脱离网络独立工作。

17．下列有关Internet的叙述中，错误的是_____。
　　A．万维网就是互联网　　　　　　　　　B．互联网提供了多种信息
　　C．互联网是计算机网络的网络　　　　　D．互联网是国际计算机互联网

【答案】A

【解析】互联网（Internet）是通过路由器将世界不同地区、不同规模的网络相互连接起来的大型网络，属于广域网，它信息资源丰富。而万维网是互联网上多媒体信息查询工具，是互联网上发展最快和使用最广的服务。

18．Internet是覆盖全球的大型互连网络，用于连接多个远程网和局域网的互连设备主要是_____。
　　A．路由器　　　　　B．主机　　　　　　C．网桥　　　　　　D．防火墙

【答案】A

【解析】互联网（Internet）是通过路由器将世界不同地区、不同规模的网络相互连接起来的大型网络。

19．互联网上的服务都是基于某一种协议的，Web服务基于_____。
　　A．SMTP协议　　　　　　　　　　　　B．SNMP协议
　　C．HTTP协议　　　　　　　　　　　　D．TELNET协议

【答案】C

【解析】Web是建立在客户机/服务器模型之上的，以HTTP协议为基础。

20．IE 浏览器收藏夹的作用是_____。
　　A．收集感兴趣的页面地址　　　　B．记忆感兴趣的页面内容
　　C．收集感兴趣的文件内容　　　　D．收集感兴趣的文件名
【答案】A
【解析】IE 浏览器中收藏夹的作用是保存网页地址。

第三套选择题

1．现代计算机中采用二进制数字系统，是因为它_____。
　　A．代码表示简短，易读
　　B．物理上容易表示和实现、运算规则简单、可节省设备且便于设计
　　C．容易阅读，不易出错
　　D．只有 0 和 1 两个数字符号，容易书写
【答案】B
【解析】二进制避免了那些基于其他数字系统的电子计算机中必需的、复杂的进位机制，物理上便于实现，且适合逻辑运算。

2．无符号二进制整数 1000010 转换成十进制数是_____。
　　A．62　　　　　B．64　　　　　C．66　　　　　D．68
【答案】C
【解析】1000010 转换为十进制数是 $2^6+2^1=66$。

3．下列说法中，正确的是_____。
　　A．同一个汉字的输入码的长度随输入方法不同而不同
　　B．一个汉字的区位码与它的国标码是相同的，且均为 2 字节
　　C．不同汉字的机内码的长度是不相同的
　　D．同一汉字用不同的输入法输入时，其机内码是不相同的
【答案】A
【解析】B．一个汉字的区位码和国标码不同；C．一个汉字机内码的长度均为 2 字节；D．同一汉字输入法不同时，机内码相同。

4．1GB 的准确值是_____。
　　A．1024×1024Bytes　　　　　　　B．1024KB
　　C．1024MB　　　　　　　　　　　D．1000×1000KB
【答案】C
【解析】1GB=1024MB=1024×1024KB=1024×1024×1024B。

5．在互联网上，一台计算机可以作为另一台主机的远程终端，使用该主机的资源，该项服务称为_____。
　　A．TELNET　　　B．BBS　　　　C．FTP　　　　D．WWW
【答案】C
【解析】TELNET 为远程登录，BBS 为电子布告栏系统，WWW 为全球资讯网。

6．下列的英文缩写和中文名字的对照中，错误的是_____。
　　A．URL：统一资源定位器　　　　B．LAN：局域网
　　C．ISDN：综合业务数字网　　　　D．ROM：随机存取存储器
【答案】D

【解析】ROM 为只读存储器。

7. 标准的 ASCII 码用 7 位二进制位表示，可表示不同的编码个数是_____。
   A．127　　　　　　B．128　　　　　　C．255　　　　　　D．256

【答案】B

【解析】ASCII 码用 7 位表示 128 个不同编码。

8. 按操作系统的分类，UNIX 操作系统是_____。
   A．批处理操作系统　　　　　　　　B．实时操作系统
   C．分时操作系统　　　　　　　　　D．单用户操作系统

【答案】C

【解析】UNIX 是一个强大的多用户、多任务操作系统，支持多种处理器架构，按照操作系统的分类，属于分时操作系统。

9. 一个汉字的机内码与它的国标码之间的差是_____。
   A．2020H　　　　　B．4040H　　　　　C．8080H　　　　　D．A0A0H

【答案】C

【解析】国标码与机内码的关系为：机内码=国标码+8080H。

10. 十进制数 121 转换成无符号二进制整数是_____。
    A．1111001　　　　B．111001　　　　C．1001111　　　　D．100111

【答案】A

【解析】十进制转换为二进制：121=128-7=10000000-111=1111001。

11. 下列叙述中，错误的是_____。
    A．内存储器 RAM 中主要存储当前正在运行的程序和数据
    B．高速缓冲存储器（Cache）一般采用 DRAM 构成
    C．外部存储器（如硬盘）用来存储必须永久保存的程序和数据
    D．存储在 RAM 中的信息会因断电而全部丢失

【答案】B

【解析】高速缓冲存储器一般由 SRAM 组成。

12. 英文缩写 ISP 指的是_____。
    A．电子邮局　　　　　　　　　　　B．电信局
    C．Internet 服务提供商　　　　　　D．供他人浏览的网页

【答案】C

【解析】ISP（Internet Services Provider）国际互联网络服务提供商。

13. 下列关于计算机病毒的叙述中，错误的是_____。
    A．反病毒软件可以查、杀任何种类的计算机病毒
    B．计算机病毒是人为制造的、企图破坏计算机功能或计算机数据的一段小程序
    C．反病毒软件必须随着新病毒的出现而升级，提高查、杀病毒的功能
    D．计算机病毒具有传染性

【答案】A

【解析】反病毒软件并不能查杀全部计算机病毒。

14. 下列关于电子邮件的叙述中，正确的是_____。
    A．如果收件人的计算机没有打开时，发件人发来的电子邮件将丢失

B．如果收件人的计算机没有打开时，发件人发来的电子邮件将退回

C．如果收件人的计算机没有打开时，当收件人的计算机打开时再重发

D．发件人发来的电子邮件保存在收件人的电子邮箱中，收件人可随时接收

【答案】D

【解析】无论收件人的计算机是否打开，都可以将发件人发来的邮件保存在电子邮箱中。

15．计算机能直接识别、执行的语言是_____。

　　A．汇编语言　　　　B．机器语言　　　　C．高级程序语言　　　　D．C语言

【答案】B

【解析】计算机能直接识别机器语言。

16．在现代的CPU芯片中又集成了高速缓冲存储器（Cache），其作用是_____。

　　A．扩大内存储器的容量

　　B．解决CPU与RAM之间的速度不匹配问题

　　C．解决CPU与打印机的速度不匹配问题

　　D．保存当前的状态信息

【答案】B

【解析】高速缓冲存储器负责整个CPU与内存之间的缓冲。

17．在微机系统中，麦克风属于_____。

　　A．输入设备　　　　B．输出设备　　　　C．放大设备　　　　D．播放设备

【答案】A

【解析】麦克风属于输入设备。

18．目前，PC中所采用的主要功能部件（如CPU）是_____。

　　A．小规模集成电路　　B．大规模集成电路　　C．晶体管　　　　D．光器件

【答案】B

【解析】计算机采用的电子器件为：第一代是电子管，第二代是晶体管，第三代是中小规模集成电路，第四代是大规模、超大规模集成电路。目前的PC属于第四代。

19．冯·诺依曼体系结构的计算机硬件系统的五大部件是_____。

　　A．输入设备、运算器、控制器、存储器、输出设备

　　B．键盘和显示器、运算器、控制器、存储器和电源设备

　　C．输入设备、中央处理器、硬盘、存储器和输出设备

　　D．键盘、主机、显示器、硬盘和打印机

【答案】A

【解析】计算机硬件包括CPU（包括运算器和控制器）、存储器、输入设备、输出设备。

20．在计算机的硬件技术中，构成存储器的最小单位是_____。

　　A．字节（Byte）　　　　　　　　　　B．二进制位（bit）

　　C．字（Word）　　　　　　　　　　　D．双字（Double Word）

【答案】B

【解析】度量存储空间大小的单位从小到大依次为bit、B、KB、MB、GB、TB。

附录6.2 ASCII 码表

ASCII 值	控制字符	ASCII 值	控制字符	ASCII 值	控制字符	ASCII 值	控制字符
0	NUT	32	（space）	64	@	96	、
1	SOH	33	!	65	A	97	a
2	STX	34	"	66	B	98	b
3	ETX	35	#	67	C	99	c
4	EOT	36	$	68	D	100	d
5	ENQ	37	%	69	E	101	e
6	ACK	38	&	70	F	102	f
7	BEL	39	,	71	G	103	g
8	BS	40	(	72	H	104	h
9	HT	41	)	73	I	105	i
10	LF	42	*	74	J	106	j
11	VT	43	+	75	K	107	k
12	FF	44	,	76	L	108	l
13	CR	45	-	77	M	109	m
14	SO	46	.	78	N	110	n
15	SI	47	/	79	O	111	o
16	DLE	48	0	80	P	112	p
17	DCI	49	1	81	Q	113	q
18	DC2	50	2	82	R	114	r
19	DC3	51	3	83	X	115	s
20	DC4	52	4	84	T	116	t
21	NAK	53	5	85	U	117	u
22	SYN	54	6	86	V	118	v
23	TB	55	7	87	W	119	w
24	CAN	56	8	88	X	120	x
25	EM	57	9	89	Y	121	y
26	SUB	58	:	90	Z	122	z
27	ESC	59	;	91	[	123	{
28	FS	60	<	92	/	124	|
29	GS	61	=	93	]	125	}
30	RS	62	>	94	^	126	~
31	US	63	?	95	—	127	DEL

0～32 及 127（共 34 个）是控制字符或通信专用字符（其余为可显示字符），如控制符：

LF（换行）、CR（回车）、FF（换页）、DEL（删除）、BS（退格）、BEL（振铃）等；通信专用字符：SOH（文头）、EOT（文尾）、ACK（确认）等；ASCII 值为 8、9、10 和 13 分别转换为退格、制表、换行和回车字符。它们并没有特定的图形显示，但会依不同的应用程序，对文本显示有不同的影响。

33～126（共 94 个）是字符，其中 48～57 为 0～9，共十个阿拉伯数字。

65～90 为 26 个大写英文字母，97～122 为 26 个小写英文字母，其余为一些标点符号、运算符号等。

第 7 单元　综 合 实 训

【单元概述】

本单元依据全国计算机等级考试（一级）MS Office 考试大纲（2021）要求，编排了 5 个综合实训。目的是巩固和强化计算机综合知识的应用能力，为打算参加全国计算机一级考试的读者提供复习与训练。

【任务导入】

学生小李：张老师，您好！获得全国计算机等级考试的合格证书，对我们今后的学习、工作有什么作用呢？

张老师：你提的这个问题是很多同学经常问我的。全国计算机等级考试（National Computer Rank Examination，NCRE），是经原国家教育委员会（现教育部）批准，由教育部考试中心主办，面向社会，用于考查应试人员计算机应用知识与技能的全国性计算机水平测评体系。根据全国高等教育自学考试指导委员会办公室〔2000〕68 号和〔2004〕148 号文件规定：①凡获得 NCRE 一级及以上级别合格证书者，可以免考高等教育自学考试中的《计算机应用基础》（0018）或《计算机应用技术》（2316）课程（包括理论考试和上机考试两部分）；②凡获得 NCRE 二级 C 语言程序设计合格证书者，可以免考高等教育自学考试中的《高级语言程序设计》（0324）课程（包括理论考试和实践考核两部分）。计算机等级证书如图 7-1 所示。

图 7-1　计算机等级证书

除了国家的规定外，地方或者学校还有一些补充规定，例如，获得全国计算机等级证书，才能评奖学金和助学金，才能参加专接本入学考试，等等。

学生小李：哦，我明白了。那么每年报名时间和考试时间是什么时候呢？

张老师：NCRE 考试时间为每年 3 月、5 月、9 月、12 月，其中 3 月和 9 月的考试开考全部级别全部科目，5 月和 12 月的考试开考一、二级全部科目，省级承办机构根据情况决定是否开考 5 月和 12 月考试，每次考试具体报名时间由各省级承办机构规定，可登录各省级承办机构网站查询。

学生小李：哦，那我如何才能通过全国计算机等级考试一级考试呢？

张老师：要想通过这个考试，不能怀着侥幸的心理，必须反复进行模拟题的上机训练。下面提供 5 套模拟综合实训题供同学们上机练习。

学生小李：好的，谢谢老师！我一定加强训练，力求一次通过考试。

7.1 综合实训一

（时间：90 分钟）

一、选择题（20 分）

1. 十进制整数 127 转换为二进制整数为_____。
   A．1010000　　　B．0001000　　　C．1111111　　　D．1011000
2. 用 8 位二进制数能表示的最大的无符号整数为十进制整数_____。
   A．255　　　　　B．256　　　　　C．128　　　　　D．127
3. 计算机内存中用于存储信息的部件是_____。
   A．U 盘　　　　B．只读存储器　　C．硬盘　　　　D．RAM
4. 为了防止信息被别人窃取，可以设置开机密码，下列密码设置最安全的是_____。
   A．12345678　　B．nd@YZ@g1　　C．NDYZ　　　　D．Yingzhong
5. 电子计算机最早的应用领域是_____。
   A．数据处理　　B．科学计算　　　C．工业控制　　D．文字处理
6. 在标准 ASCII 码表中，已知英文字母 D 的 ASCII 码是 68，则英文字母 A 的 ASCII 码是_____。
   A．64　　　　　B．65　　　　　C．96　　　　　D．97
7. 以下关于 U 盘的描述中，错误的是_____。
   A．U 盘有基本型、增强型和加密型三种
   B．U 盘的特点是质量轻、体积小
   C．U 盘多固定在机箱内，不便携带
   D．断电后，U 盘还能保持存储的数据不丢失
8. 按计算机应用的分类，"铁路联网售票系统"属于_____。
   A．科学计算　　B．辅助设计　　　C．实时控制　　D．信息处理
9. 下列设备组中，完全属于外部设备的一组是_____。
   A．CD-ROM 驱动器、CPU、键盘、显示器
   B．激光打印机、键盘、CD-ROM 驱动器、鼠标
   C．内存储器、CD-ROM 驱动器、扫描仪、显示器
   D．打印机、CPU、内存储器、硬盘
10. 计算机之所以能按人们的意图自动进行工作，最直接的原因是采用了_____。
    A．二进制　　　　　　　　　　　　B．高速电子元件

C．程序设计语言　　　　　　　　D．存储程序控制
11．对一个图形来说，用位图格式存储文件比用矢量格式存储文件所占用的空间_____。
　　　A．更小　　　　B．更大　　　　C．相同　　　　D．无法确定
12．下列关于计算机病毒的描述中，正确的是_____。
　　　A．正版软件不会受到计算机病毒的攻击
　　　B．光盘上的软件不可能携带计算机病毒
　　　C．计算机病毒是一种特殊的计算机程序，因此数据文件中不可能携带病毒
　　　D．任何计算机病毒一定会有清除的办法
13．目前的许多消费电子产品（数码相机、数字电视机等）中都使用了不同功能的微处理器来完成特定的处理任务，计算机的这种应用属于_____。
　　　A．科学计算　　　B．实时控制　　　C．嵌入式系统　　　D．辅助设计
14．域名 MH.BIT.EDU.CN 中主机名是_____。
　　　A．MH　　　　　B．EDU　　　　　C．CN　　　　　　D．BIT
15．摄像头属于_____。
　　　A．控制设备　　　B．存储设备　　　C．输出设备　　　D．输入设备
16．在微机中，西文字符所采用的编码是_____。
　　　A．EBCDIC 码　　B．ASCII 码　　　C．国标码　　　　D．BCD 码
17．显示器的分辨率为 1024×768 像素，若能同时显示 256 种颜色，则显示存储器的容量至少为_____。
　　　A．192KB　　　　B．384KB　　　　C．768KB　　　　D．1536KB
18．微机内存按_____。
　　　A．二进制位编址　B．十进制位编址　C．字长编址　　　D．字节编址
19．液晶显示器（LCD）的主要技术指标不包括_____。
　　　A．显示分辨率　　B．显示速度　　　C．亮度和对比度　　D．存储容量
20．下列叙述中，错误的是_____。
　　　A．把数据从内存传输到硬盘的操作称为写盘
　　　B．Windows 属于应用软件
　　　C．把高级语言编写的程序转换为机器语言的目标程序的过程叫作编译
　　　D．计算机内部对数据的传输、存储和处理都使用二进制

二、基本操作（10 分）

1．将文件夹中的文件 CENT.PAS 设置为隐藏属性。
2．将考生文件夹下 BROAD\BAND 文件夹中的文件 GRASS.FOR 删除。
3．在考生文件夹下的 COMP 文件夹中建立一个新文件夹 COAL。
4．将考生文件夹下 STUD\TEST 文件夹中的文件夹 SAM 复制到考生文件夹下的 KIDS\CARD 文件夹中，并将文件夹改名为 HALL。
5．将考生文件夹下 CALIN\SUN 文件夹中的文件夹 MOON 移动到考生文件夹下 LION 文件夹中。

三、文字处理（25 分）

1．在考生文件夹下，打开文档 WORD1.docx，按照要求完成下列操作并以该文件名（WORD1.docx）保存文档。

（1）将文中所有"实"改为"石"。为页面添加内容为"锦绣中国"的文字水印。

（2）将标题段文字（"绍兴东湖"）设置为二号蓝色（标准色）空心黑体、倾斜、居中。

（3）设置正文各段落（"东湖位于……流连忘返。"）段后间距为 0.5 行，各段首字下沉 2 行（距正文 0.2 厘米）；在页面底端（页脚）按"普通数字 3"样式插入罗马数字型（"Ⅰ、Ⅱ、Ⅲ……"）页码。

2．在考生文件夹下，打开文档 WORD2.docx，按照要求完成下列操作并以该文件名（WORD2.docx）保存文档。

（1）将文档内提供的数据转换为 6 行 6 列表格。设置表格居中，表格列宽为 2 厘米，表格中文字水平居中。计算各学生的平均成绩并按"平均成绩"列降序排列表格内容。

（2）将表格外框线、第一行的下框线和第一列的右框线设置为 1 磅红色单实线，表格底纹设置为"白色，背景 1，深色 15%"。

四、电子表格（20 分）

1．在考生文件夹下打开 EXCEL.xlsx 文件。

（1）将工作表 Sheet1 更名为"降雨量统计表"，然后将工作表的 A1:H1 单元格区域合并为一个单元格，单元格内容水平居中；计算"平均值"列的内容（数值型，保留小数点后 1 位）；计算"最高值"行的内容置于 B7:G7 单元格内（某月三地区中的最高值，利用 MAX 函数，数值型，保留小数点后 2 位）；将 A2:H7 单元格区域设置为套用表格格式"浅蓝，表样式浅色 16"。

（2）选取 A2:G5 单元格区域内容，建立"带数据标记的折线图"，图表标题为"降雨量统计图"，图例靠右；将图插入表的 A9:G24 单元格区域内，保存 EXCEL.xlsx 文件。

2．打开工作簿文件 EXC.xlsx，对工作表"产品销售情况表"内数据清单的内容按主要关键字"分公司"的降序次序和次要关键字"产品名称"的降序次序进行排序，完成对各分公司销售额总和的分类汇总，汇总结果显示在数据下方，工作表名不变，保存 EXC.xlsx 工作簿。

五、演示文稿（15 分）

打开考生文件夹下的演示文稿 yswg.pptx，按照下列要求完成对此文稿的修饰并保存。

（1）使用"花纹"主题修饰全文，全部幻灯片切换方案为"蜂巢"。

（2）在第二张幻灯片前插入版式为"两栏内容"的新幻灯片，将第三张幻灯片的标题移到第二张幻灯片左侧，把考生文件夹下的图片文件 ppt1.png 插入第二张幻灯片右侧的内容区，图片的动画效果设置为"进入""螺旋飞入"，文字动画设置为"进入""飞入"，效果选项为"自左下部"。动画顺序为先文字后图片。

将第三张幻灯片版式改为"标题幻灯片"，主标题输入"Module 4"，设置为"黑体"、55 磅字，副标题输入"Second Order Systems"，设置为"楷体"、33 磅字。移动第三张幻灯片，使之成为整个演示文稿的第一张幻灯片。

六、上网（10 分）

1．某模拟网站的主页地址是 HTTP://LOCALHOST:65531/ExamWeb/new2017/index.html，打开此主页，浏览"李白"页面，将页面中"李白"的图片保存到考生文件夹下，命名为"LIBAI.jpg"，查找"代表作"的页面内容并将它以文本文件的格式保存到考生文件夹下，命名为"LBDBZ.txt"。

2．给王军同学（wj@mail.cumtb.edu.cn）发送 E-mail，同时将该邮件抄送给李明老师（lm@sina.com）。

（1）邮件内容为"王军：您好！现将资料发送给您，请查收。赵华"；

（2）将考生文件夹下的 jsjxkjj.txt 文件作为附件一同发送；
（3）邮件的"主题"栏中填写"资料"。

7.2 综合实训二

（时间：90 分钟）

一、选择题（20 分）

1. 字长是 CPU 的主要性能指标之一，它表示_____。
   A．CPU 一次能处理二进制数据的位数　　B．最长的十进制整数的位数
   C．最大的有效数字位数　　D．计算结果的有效数字长度
2. 字长为 7 位的无符号二进制整数能表示的十进制整数的数值范围是_____。
   A．0～128　　B．0～255　　C．0～127　　D．1～127
3. 下列不能用作存储容量单位的是_____。
   A．Byte　　B．GB　　C．MIPS　　D．KB
4. 十进制整数 64 转换为二进制整数为_____。
   A．1100000　　B．1000000　　C．1000100　　D．1000010
5. 下列软件中，属于系统软件的是_____。
   A．航天信息系统　　B．Office 2003
   C．Windows Vista　　D．决策支持系统
6. 汉字国标码（GB 2312—1980）把汉字分成_____。
   A．简化字和繁体字两个等级
   B．一级汉字、二级汉字和三级汉字三个等级
   C．一级常用汉字、二级次常用汉字两个等级
   D．常用字、次常用字、罕见字三个等级
7. 一个完整的计算机系统应该包含_____。
   A．主机、键盘和显示器　　B．系统软件和应用软件
   C．主机、外设和办公软件　　D．硬件系统和软件系统
8. 微机的硬件系统中，最核心的部件是_____。
   A．内存储器　　B．输入/输出设备　　C．CPU　　D．硬盘
9. 在 ASCII 码表中，根据码值由小到大的排列顺序是_____。
   A．空格字符、数字符、大写英文字母、小写英文字母
   B．数字符、空格字符、大写英文字母、小写英文字母
   C．空格字符、数字符、小写英文字母、大写英文字母
   D．数字符、大写英文字母、小写英文字母、空格字符
10. 在 CD 光盘上标记有 "CD-RW" 字样，此标记表明该光盘_____。
    A．只能写入一次、可以反复读出的一次性写入光盘
    B．可多次擦除型光盘
    C．只能读出、不能写入的只读光盘
    D．RW 是 Read and Write 的缩写

11. 下列叙述中，错误的是_____。
    A．硬盘在主机箱内，它是主机的组成部分
    B．硬盘是外部存储器之一
    C．硬盘的技术指标之一是每分钟的转速 RPM
    D．硬盘与 CPU 之间不能直接交换数据

12. 高级程序设计语言的特点是_____。
    A．高级语言数据结构丰富
    B．高级语言与具体的机器结构密切相关
    C．高级语言接近算法语言，不易掌握
    D．用高级语言编写的程序计算机可立即执行

13. 以下关于编译程序的说法中正确的是_____。
    A．编译程序属于计算机应用软件，所有用户都需要编译程序
    B．编译程序不会生成目标程序，而是直接执行源程序
    C．编译程序完成高级语言程序到低级语言程序的等价翻译
    D．编译程序构造比较复杂，一般不进行出错处理

14. 下列各项中，正确的电子邮箱地址是_____。
    A．L202@sina.com   B．TT202#yahoo.com
    C．A112.256.23.8   D．K201yahoo.com.cn

15. 现代微型计算机中所采用的电子器件是_____。
    A．电子管   B．晶体管
    C．小规模集成电路   D．大规模和超大规模集成电路

16. 下列叙述中，正确的是_____。
    A．一个字符的标准 ASCII 码占一个字节的存储量，其最高位二进制数总为 0
    B．大写英文字母的 ASCII 码值大于小写英文字母的 ASCII 码值
    C．同一个英文字母（如 A）的 ASCII 码和它在汉字系统下的全角内码是相同的
    D．一个字符的 ASCII 码与它的内码是不同的

17. 组成计算机硬件系统的基本部分是_____。
    A．CPU、键盘和显示器   B．主机和输入/输出设备
    C．CPU 和输入/输出设备   D．CPU、硬盘、键盘和显示器

18. 在计算机指令中，规定其所执行操作功能的部分称为_____。
    A．地址码   B．源操作数   C．操作数   D．操作码

19. 下列叙述中，正确的是_____。
    A．计算机病毒只在可执行文件中传染
    B．计算机病毒主要通过读/写移动存储器或 Internet 进行传播
    C．只要删除所有感染了病毒的文件就可以彻底消除病毒
    D．计算机杀病毒软件可以查出和清除任意已知的和未知的计算机病毒

20. 拥有计算机并以拨号方式接入 Internet 的用户需要使用_____。
    A．CD-ROM   B．鼠标   C．软盘   D．MODEM

二、基本操作（10 分）

1. 在考生文件夹下的 CCTVA 文件夹中新建一个文件夹 LEDER。

2．将考生文件夹下 HIGER\YION 文件夹中的文件 ARIP.BAT 重命名为 FAN.BAT。

3．将考生文件夹下 GOREST\TREE 文件夹中的文件 LEAF.MAP 设置为只读属性。

4．将考生文件夹下 BOP\YIN 文件夹中的文件 FILE.WRI 复制到考生文件夹下的 SHEET 文件夹中。

5．将考生文件夹下 XEN\FISHER 文件夹中的文件夹 EAT-A 删除。

三、文字处理（25 分）

1．在考生文件夹下，打开文档 WORD1.docx，按照要求完成下列操作并以该文件名（WORD1.docx）保存文档。

（1）将文中所有"电脑"替换为"计算机"；将标题段文字（"多媒体系统的特征"）设置为二号蓝色（标准色）阴影黑体、加粗、居中。

（2）将正文第二段文字（"交互性是……进行控制。"）移至第三段文字（"集成性是……协调一致。"）之后（但不与第三段合并）。将正文各段文字（"多媒体计算机……模拟信号方式。"）设置为小四号、宋体；各段落左右各缩进 1 字符，段前间距 0.5 行。

（3）设置正文第一段（"多媒体计算机……和数字化特征。"）首字下沉两行（距正文 0.2 厘米）；为正文后三段添加项目符号●。

2．在考生文件夹下，打开文档 WORD2.docx，按照要求完成下列操作并以该文件名（WORD2.docx）保存文档。

（1）制作一个 3 行 4 列的表格，设置表格居中，表格列宽 2 厘米，行高 0.8 厘米；将第 2～3 行的第 4 列单元格均匀拆分为两列，将第 3 行的第 2～3 列单元格合并。

（2）在表格左侧添加 1 列；设置表格外框线为 1.5 磅红色双窄线、内框线为 1 磅蓝色（标准色）单实线；为表格第 1 行添加"橙色，个性色 2，淡色 80%"底纹。

四、电子表格（20 分）

1．打开工作簿文件 EXCEL.xlsx。

（1）将 Sheet1 工作表更名为"上升案例数统计表"，然后将工作表的 A1:F1 单元格区域合并为一个单元格，内容水平居中；计算"上升案例数"（保留小数点后 0 位），其计算公式是：上升案例数=去年案例数×上升比率；给出"备注"列信息（利用 IF 函数），上升案例数大于 50 的给出"重点关注"，上升案例数小于 50 的给出"关注"；利用套用表格格式的"白色，表样式浅色 15"修饰 A2:F7 单元格区域。

（2）选择"地区"和"上升案例数"两列数据区域的内容建立"三维簇状柱形图"，图表标题为"上升案例数统计图"，图例靠上；将图插入表 A10:F25 单元格区域。保存 EXCEL.xlsx 文件。

2．打开工作簿文件 EXC.xlsx，对工作表"产品销售情况表"内数据清单的内容建立高级筛选，在数据清单前插入四行，条件区域设在 B1:F3 单元格区域，请在对应字段列内输入条件，条件是："西部 2"的"空调"和"南部 1"的"电视"，销售额均在 10 万元以上。工作表名不变，保存 EXC.xlsx 工作簿。

五、演示文稿（15 分）

打开考生文件夹下的演示文稿 yswg.pptx，按照下列要求完成对此文稿的修饰并保存。

1．使用"花纹"主题修饰全文。

2．在第一张幻灯片前插入版式为"标题和内容"的新幻灯片，标题为"公共交通工具逃生指南"，内容区插入 3 行 2 列表格，第 1 列的 1～3 行内容依次为"交通工具""地铁""公交车"，第 1 行第 2 列内容为"逃生方法"，将第四张幻灯片内容区的文本移到表格第 3 行第 2 列，将第五张幻灯片内容区的文本移到表格第 2 行第 2 列。表格样式为"中度样式 4-强调 2"。

在第一张幻灯片前插入版式为"标题幻灯片"的新幻灯片，主标题输入"公共交通工具逃生指南"，并设置为"黑体"，43 磅，红色（RGB 模式：193，0，0）；副标题输入"专家建议"，并设置为"楷体"，27 磅。

第四张幻灯片的版式改为"两栏内容"，将第三张幻灯片的图片移入第四张幻灯片内容区，标题为"缺乏安全出行基本常识"。图片动画设置为"进入""玩具风车"。

第四张幻灯片移到第二张幻灯片之前，并删除第四、五、六张幻灯片。

六、上网（10 分）

1．某模拟网站的地址为 HTTP://LOCALHOST/index.htm，打开此网站，找到此网站的首页，将首页上所有最强选手的姓名作为 Word 文档的内容，每个姓名之间用逗号分开，并将此 Word 文档保存到考生文件夹下，文件命名为"Allnames.docx"。

2．向科研组成员发一个讨论项目进度的通知邮件，并抄送部门经理汪某某。

具体如下：

【收件人】panwd@ncre.cn

【抄送】wangjl@ncre.cn

【主题】通知

【函件内容】各位成员：定于本月 3 日在本公司大楼五层会议室召开 AC-2 项目有关进度的讨论会，请全体出席。

7.3 综合实训三

（时间：90 分钟）

一、选择题（20 分）

1．下列叙述中，正确的是_____。
   A．CPU 能直接读取硬盘上的数据　　B．CPU 能直接存取内存储器
   C．CPU 由存储器、运算器和控制器组成　　D．CPU 主要用来存储程序和数据

2．1946 年首台电子数字计算机 ENIAC 问世后，冯·诺依曼在研制 EDVAC 计算机时，提出两个重要的改进，它们是_____。
   A．引入 CPU 和内存储器的概念　　B．采用机器语言和十六进制
   C．采用二进制和存储程序控制的概念　　D．采用 ASCII 编码系统

3．汇编语言是一种_____。
   A．依赖于计算机的低级程序设计语言　　B．计算机能直接执行的程序设计语言
   C．独立于计算机的高级程序设计语言　　D．面向问题的程序设计语言

4．假设某台式计算机的内存储器容量为 128MB，硬盘容量为 10GB。硬盘的容量是内存容量的_____。
   A．40 倍　　　　B．60 倍　　　　C．80 倍　　　　D．100 倍

5．计算机的硬件主要包括中央处理器（CPU）、存储器、输出设备和_____。
   A．键盘　　　　B．鼠标　　　　C．输入设备　　　　D．显示器

6. 20GB 的硬盘表示容量约为_____。
   A．20 亿字节   B．20 亿个二进制位
   C．200 亿字节   D．200 亿个二进制位

7. 在一个非零无符号二进制整数之后添加一个 0，则此数的值为原数的_____。
   A．4 倍   B．2 倍   C．1/2 倍   D．1/4 倍

8. Pentium（奔腾）微机的字长是_____。
   A．8 位   B．16 位   C．32 位   D．64 位

9. 下列关于 ASCII 编码的叙述中，正确的是_____。
   A．一个字符的标准 ASCII 码占一字节，其最高二进制位总为 1
   B．所有大写英文字母的 ASCII 码值都小于小写英文字母'a'的 ASCII 码值
   C．所有大写英文字母的 ASCII 码值都大于小写英文字母'a'的 ASCII 码值
   D．标准 ASCII 码表有 256 个不同的字符编码

10. 在 CD 光盘上标记有"CD-RW"字样，"RW"标记表明该光盘是_____。
    A．只能写入一次、可以反复读出的一次性写入光盘
    B．可多次擦除型光盘
    C．只能读出、不能写入的只读光盘
    D．其驱动器单倍速为 1350KB/S 的高密度可读写光盘

11. 一个字长为 5 位的无符号二进制数能表示的十进制数值范围是_____。
    A．1～32   B．0～31   C．1～31   D．0～32

12. 计算机病毒是指"能够侵入计算机系统并在计算机系统中潜伏、传播，破坏系统正常工作的一种具有繁殖能力的_____"。
    A．流行性感冒病毒   B．特殊小程序
    C．特殊微生物   D．源程序

13. 在计算机中，每个存储单元都有一个连续的编号，此编号称为_____。
    A．地址   B．位置号   C．门牌号   D．房号

14. 在所列出的：①字处理软件，②Linux，③UNIX，④学籍管理系统，⑤Windows 7 和⑥Office 2010 这六个软件中，属于系统软件的有_____。
    A．①②③   B．②③⑤   C．①②③⑤   D．全部都不是

15. 为实现以 ADSL 方式接入 Internet，至少需要在计算机中内置或外置的一个关键硬设备是_____。
    A．网卡   B．集线器
    C．服务器   D．调制解调器（MODEM）

16. 在下列字符中，具 ASCII 码值最小的是_____。
    A．空格字符   B．0   C．A   D．a

17. 十进制数 18 转换成二进制数是_____。
    A．010101   B．101000   C．010010   D．001010

18. 有一域名为 bit.edu.cn，根据域名代码的规定，此域名表示_____。
    A．政府机关   B．商业组织   C．军事部门   D．教育机构

19. 用助记符代替操作码、地址符号代替操作数的面向机器的语言是_____。
    A．汇编语言   B．FORTRAN 语言

C．机器语言　　　　　　　　　　　D．高级语言
20．在下列设备中，不能作为输出设备的是_____。
A．打印机　　　B．显示器　　　C．鼠标　　　D．绘图仪

二、基本操作题（10分）

1．将考生文件夹下 LI\QIAN 文件夹中的文件夹 YANG 复制到考生文件夹下的 WANG 文件夹中。

2．将考生文件夹下 TIAN 文件夹中的文件 ARJ.EXP 设置成只读属性。

3．在考生文件夹下的 ZHAO 文件夹中建立一个名为 GIRL 的新文件夹。

4．将考生文件夹下 SHEN\KANG 文件夹中的文件 BIAN.ARJ 移动到考生文件夹下的 HAN 文件夹中，并改名为 QULIU.ARJ。

5．将考生文件夹下的 FANG 文件夹删除。

三、文字处理（25分）

1．在考生文件夹下，打开文档 WORD.docx，按照要求完成下列操作并以该文件名（WORD.docx）保存文档。

（1）将文中所有错词"鹰洋"替换为"营养"；将标题段文字（"果品中的营养成分"）设置为二号、红色（标准色）、黑体、居中，文字间距加宽5磅；为标题段文字添加蓝色（标准色）双波浪下画线，并设置文字阴影效果为"外部/偏移：左"；设置段后间距为1行。

（2）设置正文各段落（"果品……身体健康。"）首行缩进2字符、1.25倍行距；为正文第三段至第六段（"糖类：……含磷较多。"）添加"1）、2）、3）……"样式的编号。为正文第八段至第十一段（"糖尿病患者：……较多的水果"）添加"◆"项目符号；为表题（"部分水果每100克食品中可食部分营养成分含量一览表"）添加超链接"http://www.baidu.com.cn"。

（3）设置页面上、下、左、右页边距均为3.5厘米，装订线位于左侧1厘米处；在页面底端插入"普通数字3"样式页码，并设置页码编号格式为"i、ii、iii……"、起始页码为"iii"；为文档添加文字水印，水印内容为"水果与健康"，水印颜色为红色（标准色）。

（4）将文中最后12行文字转换为12行6列的表格；设置表格居中，表格中第一行和第一列的内容水平居中，其余内容中部右对齐；设置表格列宽为2厘米、行高为0.6厘米；设置表格单元格的左边距为0.1厘米、右边距为0.4厘米。

（5）利用表格第一行设置表格"重复标题行"；按主要关键字"糖类（克）"列、依据"数字"类型升序，次要关键字"VC（毫克）"列、依据"数字"类型降序排列表格内容；设置表格外框线和第一、二行间的内框线为红色（标准色）1.5磅单实线，其余内框线为红色（标准色）0.5磅单实线。

四、电子表格（20分）

1．在考生文件夹下打开 EXCEL.xlsx 文件：

（1）将 Sheet1 工作表的 A1:G1 单元格区域合并为一个单元格，内容水平居中；计算2015年和2016年产品销售总量分别置于 B15 和 D15 单元格内，分别计算2015年和2016年每个月销量占各自全年总销量的百分比内容（百分比型，保留小数点后2位），分别置于 C3:C14 单元格区域和 E3:E14 单元格区域；计算同比增长率列内容（同比增长率=（2016年销量-2015年销量）/2015年销量，百分比型，保留小数点后2位）。将 F3:F14 单元格区域同比增长率大于或等于10%的月份在备注栏内填"较快"信息，其他填"一般"信息（利用 IF 函数），置于 G3:G14 单元格区域内。

（2）选取"月份"列（A2:A14）和"同比增长率"列（F2:F14）建立"簇状柱形图"，图表标题位于图表上方，图表标题为"同比增长率统计图"，图例位于底部；将图插入 A17:E32 单元格区域，将工作表命名为"产品销售统计表"，保存 EXCEL.xlsx 文件。

2．打开工作簿文件 EXC.xlsx，对工作表"产品销售情况表"内数据清单的内容进行筛选，条件为：所有东部和西部的分公司且销售额高于平均值。工作表名不变，保存 EXC.xlsx 工作簿。

五、演示文稿（15 分）

1．打开考生文件夹下的演示文稿 yswg.pptx，按照下列要求完成对此文稿的修饰并保存。

（1）为整个演示文稿应用"柏林"主题，全体幻灯片切换方式为"框"，效果选项为"自左侧"。放映方式为"观众自行浏览"。

（2）将第三张幻灯片的版式改为"双栏"，标题为"健康饮水"。将考生文件夹下的图片文件 ppt2.jpg 插入到第三张幻灯片右侧的内容区，图片样式为"旋转，白色"，图片效果为"发光：5 磅；玫瑰红，主题色 6"。图片动画设置为"进入/基本旋转"，效果选项为"垂直"。左侧文字设置动画"退出/十字形扩展"。动画顺序是先文字后图片。

（3）将第五张幻灯片的版式改为"双栏"，标题为"腹部按摩"，将考生文件夹下的图片文件 ppt1.jpg 插入到第五张幻灯片右侧的内容区。

（4）在第五张幻灯片前插入版式为"标题和内容"的新幻灯片，标题为"其他养胃的方法列表"，内容区插入 7 行 2 列表格，表格样式为"浅色样式 2-强调 3"，第 1 行第 1～2 列内容依次为"方法"和"备注"，参考第一、二、四、六张幻灯片的内容，按细嚼、少吃寒食、运动、保暖、卫生和心态的顺序将适当内容填入表格其余 6 行，表格第 1 行和第 1 列文字全部设置为"居中"和"垂直居中"对齐方式。表格动画设置为"强调/陀螺旋"，效果选项为"旋转两周"，设置动画"开始"为"上一动画之后"。

（5）在第一张幻灯片前插入版式为"标题幻灯片"的新幻灯片，主标题为"好胃是这样养出来的"，副标题为"养胃的方法"；主标题字体设置为华文彩云、47 磅字，副标题为 23 磅字；将幻灯片的背景设置为"顶部聚光灯-个性色 4"。

（6）使第七张幻灯片成为第二张幻灯片。删除第三、四、六张幻灯片。

六、上网（10 分）

1．某模拟网站的主页地址是 HTTP://LOCALHOST:65531/ExamWeb/new2017/index.html，打开此主页，浏览"节目介绍"页面，将页面中的图片保存到考生文件夹下，命名为"JIEMU.jpg"

2．接收并阅读由 xuexq@mailneaedu.cn 发来的 E-mail，将随信发来的附件以文件名 shenbao.doc 保存到考生文件夹下，并回复该邮件，主题为"工作答复"，正文内容为"你好，我们一定会认真审核并推荐，谢谢！"。

附录7　全国计算机等级考试一级 MS Office 考试大纲（2021 版）

基本要求

1．掌握算法的基本概念。
2．具有使用微型计算机的基础知识（包括计算机病毒的防治常识）。
3．了解微型计算机系统的组成和各部分的功能。

4．了解操作系统的基本功能和作用，掌握 Windows 7 的基本操作和应用。

5．了解计算机网络的基本概念和互联网（Internet）的初步知识，掌握 IE 浏览器和 Outlook Express 软件的基本操作和使用方法。

6．了解文字处理的基本知识，熟练掌握文字处理 Word 2016 的基本操作和应用，熟练掌握一种汉字（键盘）输入方法。

7．了解电子表格软件的基本知识，掌握电子表格软件 Excel 2016 的基本操作和应用。

8．了解多媒体演示软件的基本知识，掌握演示文稿制作软件 PowerPoint 2016 的基本操作和应用。

考试内容

一、计算机基础知识

1．计算机的发展、类型及其应用领域。

2．计算机中数据的表示、存储。

3．多媒体技术的概念与应用。

4．计算机病毒的概念、特征、分类与防治。

5．计算机网络的概念、组成和分类；计算机与网络信息安全的概念和防控。

二、操作系统的功能和使用

1．计算机软、硬件系统的组成及主要技术指标。

2．操作系统的基本概念、功能、组成及分类。

3．Windows 操作系统的基本概念和常用术语，文件、文件夹、库等。

4．Windows 操作系统的基本操作和应用：

（1）桌面外观的设置，基本的网络配置。

（2）熟练掌握资源管理器的操作与应用。

（3）掌握文件、磁盘、显示属性的查看、设置等操作。

（4）中文输入法的安装、删除和选用。

（5）掌握对文件、文件夹和关键字的搜索。

（6）了解软、硬件的基本系统工具。

5．了解计算机网络的基本概念和互联网的基础知识，主要包括网络硬件和软件，TCP/IP 协议的工作原理，以及网络应用中常见的概念，如域名、IP 地址、DNS 服务等。

6．能够熟练掌握浏览器、电子邮件的使用和操作。

三、文字处理软件的功能和使用

1．Word 的基本概念，Word 2016 的基本功能、运行环境、启动和退出。

2．文档的创建、打开、输入、保存等基本操作。

3．文本的选定、插入与删除、复制与移动、查找与替换等基本编辑技术；多窗口和多文档的编辑。

4．字体格式设置、文本效果修饰、段落格式设置、文档页面设置、文档背景设置和文档分栏等基本排版技术。

5．表格的创建、修改；表格的修饰；表格中数据的输入与编辑；数据的排序和计算。

6．图形和图片的插入；图形的建立和编辑；文本框、艺术字的使用和编辑。

7．文档的保护和打印。

四、电子表格软件的功能和使用

1．电子表格的基本概念和基本功能，Excel 2016 的基本功能、运行环境、启动和退出。

2．工作簿和工作表的基本概念和基本操作，工作簿和工作表的建立、保存和退出；数据输入和编辑；工作表和单元格的选定、插入、删除、复制、移动；工作表的重命名和工作表窗口的拆分和冻结。

3．工作表的格式化，包括设置单元格格式、设置列宽和行高、设置条件格式、使用样式、自动套用模式和使用模板等。

4．单元格绝对地址和相对地址的概念，工作表中公式的输入和复制，常用函数的使用。

5．图表的建立、编辑和修改以及修饰。

6．数据清单的概念，数据清单的建立，数据清单内容的排序、筛选、分类汇总，数据合并，数据透视表的建立。

7．工作表的页面设置、打印预览和打印，工作表中链接的建立。

8．保护和隐藏工作簿和工作表。

五、PowerPoint 的功能和使用

1．PowerPoint 2016 的功能、运行环境、启动和退出。

2．演示文稿的创建、打开、关闭和保存。

3．演示文稿视图的使用，幻灯片基本操作（编辑版式、插入、移动、复制和删除）。

4．幻灯片基本制作（文本、图片、艺术字、形状、表格等插入及其格式化）。

5．演示文稿主题选用与幻灯片背景设置。

6．演示文稿放映设计（动画设计、放映方式设计、切换效果设计）。

7．演示文稿的打包和打印。

考试方式

上机考试，考试时长 90 分钟，满分 100 分。

1．题型及分值

单项选择题（计算机基础知识和网络的基本知识）　　（20 分）

Windows 7 操作系统的使用　　（10 分）

Word 2016 操作　　（25 分）

Excel 2016 操作　　（20 分）

PowerPoint 2016 操作　　（15 分）

浏览器（IE）的简单使用和电子邮件收发　　（10 分）

2．考试环境

操作系统：Windows 7

考试环境：Microsoft Office 2016

参 考 文 献

[1] 陈俊，陈明锐．基于任务驱动大学计算机基础实训教程．北京：电子工业出版社，2016．

[2] 文杰书院．电脑入门与应用．北京：清华大学出版社，2017．

[3] 导向工作室．文秘办公自动化培训教程．北京：人民邮电出版社，2016．

[4] 姚志鸿．大学计算机基础（Windows 10+Office 2016）．北京：科学出版社，2021．

[5] 刘卉，张妍妍．大学计算机应用基础教程．北京：清华大学出版社，2020．

[6] 李畅．计算机应用基础（第2版）．北京：人民邮电出版社，2021．

[7] 林永兴．大学计算机基础——Office 2016．北京：电子工业出版社，2020．

[8] 武云云，熊曾刚．大学计算机基础教程（Windows 7+Office 2016）．北京：清华大学出版社，2020．

[9] 卞诚君．完全掌握Office 2016高效办公．北京：机械工业出版社，2016．

[10] 龙马高新教育．Word/Excel/PPT 2016从新手到高手．北京：人民邮电出版社，2016．

[11] 廖乾龙．手机移动客户端App的发展——以微信为例[J]．新闻研究导刊，2019.10(11)

[12] 陈国良，董荣胜．计算思维与大学计算机基础教育[J]．中国大学教学，2011(01):7-11+32．

[13] 杨建磊．关于我国大学计算机基础课程教学中"计算思维能力培养"的研究[D]．兰州大学，2014．

[14] 未来教育．全国计算机等级考试上机考试题库 一级计算机基础及MS Office应用．成都：电子科技大学出版社，2020．

反侵权盗版声明

  电子工业出版社依法对本作品享有专有出版权。任何未经权利人书面许可，复制、销售或通过信息网络传播本作品的行为，歪曲、篡改、剽窃本作品的行为，均违反《中华人民共和国著作权法》，其行为人应承担相应的民事责任和行政责任，构成犯罪的，将被依法追究刑事责任。

  为了维护市场秩序，保护权利人的合法权益，我社将依法查处和打击侵权盗版的单位和个人。欢迎社会各界人士积极举报侵权盗版行为，本社将奖励举报有功人员，并保证举报人的信息不被泄露。

举报电话：（010）88254396；（010）88258888
传　　真：（010）88254397
E-mail：　dbqq@phei.com.cn
通信地址：北京市海淀区万寿路 173 信箱
　　　　　电子工业出版社总编办公室
邮　　编：100036